分布式系统原理与工程实践

一致性、共识、Paxos、分布式事务、服务治理、微服务、幂等、消息系统、ZooKeeper

易哥 ◎ 编著

電子工業出版社
Publishing House of Electronics Industry
北京 • BEIJING

内 容 简 介

本书通过理论篇、实践篇、工程篇、总结篇（总计 13 章），介绍了分布式系统的知识体系。理论篇介绍了一致性、共识、分布式约束等知识；实践篇介绍了分布式锁、分布式事务、服务发现与调用、服务保护与网关、幂等接口等知识；工程篇介绍了消息系统中间件 RabbitMQ 和分布式协调中间件 ZooKeeper 等知识；总结篇则帮助大家厘清分布式系统的知识脉络。

本书适合想要学习分布式系统理论、实践、工程知识的学生、软件开发者。

图书在版编目（CIP）数据

分布式系统原理与工程实践：一致性、共识、Paxos、分布式事务、服务治理、微服务、幂等、消息系统、ZooKeeper / 易哥编著. —北京：电子工业出版社，2022.1

ISBN 978-7-121-42361-1

Ⅰ. ①分… Ⅱ. ①易… Ⅲ. ①分布式操作系统－研究 Ⅳ. ①TP316.4

中国版本图书馆 CIP 数据核字（2021）第 242336 号

责任编辑：李 冰　　　　特约编辑：田学清
印　　刷：三河市鑫金马印装有限公司
装　　订：三河市鑫金马印装有限公司
出版发行：电子工业出版社
　　　　　北京市海淀区万寿路 173 信箱　　　邮编：100036
开　　本：787×1092　1/16　印张：16.25　字数：364 千字
版　　次：2022 年 1 月第 1 版
印　　次：2022 年 1 月第 1 次印刷
定　　价：90.00 元

凡所购买电子工业出版社图书有缺损问题，请向购买书店调换。若书店售缺，请与本社发行部联系，联系及邮购电话：（010）88254888，88258888。

质量投诉请发邮件至 zlts@phei.com.cn，盗版侵权举报请发邮件至 dbqq@phei. com.cn。

本书咨询联系方式：libing@phei.com.cn。

前 言

随着软件复杂度的增加和用户规模的增长，分布式系统得到了广泛应用。对于软件开发者而言，掌握分布式系统的相关知识是十分必要的。

但分布式系统涉及理论、实践、工程等多方面内容。这些内容往往交织穿插在一起，给软件开发者的学习带来了不少困难，让许多软件开发者在学习过程中感到混乱和迷茫。

为了帮助读者学习分布式系统，本书对分布式系统的相关理论、实践、工程知识进行了详细的介绍，理论联系实践、实践结合工程，层层递进，力求让读者知其然并知其所以然，建立完整的分布式系统知识体系。

本书共分为 4 篇，13 章。

理论篇（第 1 章～第 4 章）介绍了分布式系统的概念，并讨论了分布式系统的优缺点及需要面对的问题。然后，从这些问题入手，讨论了一致性、共识、分布式约束等重要理论知识。该篇内容将为后续的实践篇、工程篇提供清晰、明确的理论指引。

实践篇（第 5 章～第 9 章）介绍了分布式锁、分布式事务、服务发现与调用、服务保护与网关、幂等接口等知识，向读者展示了理论篇所述的内容如何具体落地实施。读者通过该篇内容的学习，会了解许多架构思想和实践技巧。

工程篇（第 10 章～第 12 章）以搭建具体的工程项目为导向，向读者介绍了分布式系统中间件。其中，着重介绍了消息系统中间件 RabbitMQ 和分布式协调中间件 ZooKeeper。该篇与理论篇、实践篇相呼应，但更加贴近工程实际，可以直接将其中的内容作为工程开发时的参考资料。

总结篇（第 13 章）对前面 3 篇的内容进行了汇总梳理，帮助读者厘清分布式系统的知识脉络。

本书是一本向读者阐述分布式系统理论、实践、工程知识的书籍，更是一本帮助读者建立完整的分布式系统知识体系的书籍。

本书内容的涵盖范围很广，涉及数学、算法、架构、编程、中间件等多个领域。在本书的筹备过程中，作者阅读了众多书籍、查阅了许多论文，前后历时近两年。在本书写作过程中，为确保内容简单易懂，作者多次斟酌和修改了行文脉络。在本书完稿后，为保证内容的翔实可靠，作者邀请了国内外学术、工程领域的多位专家、学者对本书的数学、算法等内容进行了审阅。其中，周健博士等人从各自的专业领域出发，提出了很多宝贵的意见和建议。

本书的出版还得到了李冰编辑的大力支持。崔宝顺等人也参与写作并提供了大量帮助。

由于作者水平有限，书中难免有疏漏之处，敬请读者批评指正。

真心希望本书能够给读者带来架构能力和软件开发能力的提升。

易哥

2021 年 8 月

目　录

理论篇

实践篇

总结篇

理论篇

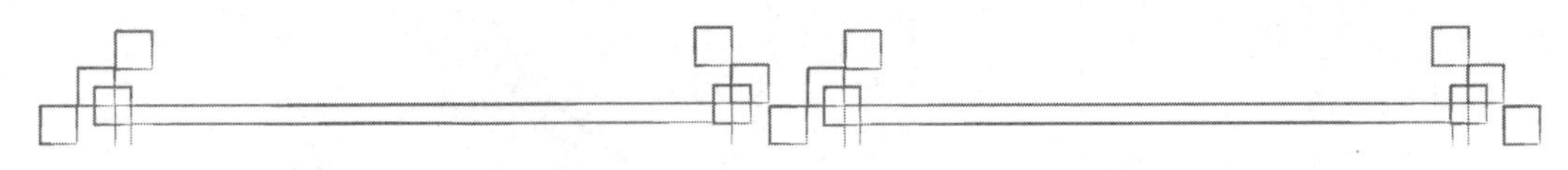

第 1 章　分布式概述

本章主要内容

- ◇ 应用结构的演进历程
- ◇ 分布式系统的判断标准与分类
- ◇ 分布式系统的优势和面临的问题

在软件开发的过程中，我们越来越多地接触到“分布式系统”这一概念。在这一章中，我们将从应用结构的演进历程谈起，分析分布式系统是如何产生的，并给出判断系统是否为分布式系统的依据。我们还会进一步分析分布式系统的优势和面临的问题，为后续各章内容的展开做好铺垫。

1.1　概述

随着软件规模、性能要求的不断提升，分布式系统得到快速发展。分布式系统通过众多低成本节点的协作来完成原本需要庞大单体应用才能实现的功能，在降低硬件成本的基础上，提升了软件的可靠性、扩展性、灵活性。

然而，分布式系统在带来上述优点的同时，也带来了许多技术问题。

首先，分布式系统的架构和实现需要众多分布式理论和算法作为基础，如 CAP 定理、BASE 定理、Paxos 算法、两阶段提交算法、三阶段提交算法等。如果不能理解这些算法的具体含义，则会给架构和开发工作带来困扰。

其次，分布式系统的实现依赖大量的技术方案，如分布式锁、分布式事务、服务发现、服务调用、服务保护、服务网关等。如果对这些技术的具体实施方案和关键点理解不透彻，则可能会在项目中引入漏洞。

最后，分布式系统的部署需要依赖许多中间件，如消息系统中间件、分布式协调中间件等。如果对这些中间件的功能和实现原理不清楚，则可能会导致选型和使用上的错误，增加应用的开发成本。

可见要想顺利完成分布式系统的架构、开发、部署工作，需要对相关理论知识、技术实践、工程组件都有着全面的理解。本书的写作目的便是增加软件架构师和开发者对这些方面的理解，提升大家的架构和开发能力。

本书将从理论到实践，再从实践到工程，帮助大家建立完整的分布式系统知识体系。

开展上述讨论的前提是弄清楚分布式系统的具体含义。我们经常会说起分布式系统，但却不了解其明确定义。

学术界对分布式系统的定义并不统一。例如，有的学者将分布式系统定义为“一个其硬件或软件组件分布在联网的计算机上，组件之间通过传递消息进行通信和动作协调的系统”[1]；还有的学者将分布式系统定义为“若干独立计算机的集合，这些计算机对于用户来说就像是单个相关系统”[2]。显然，这些定义都可以涵盖分布式系统，但又过于宽泛和模糊，与软件开发者日常讨论的分布式系统的概念相差甚远。

工程界对分布式系统的定义也是模糊的。例如，我们会说 ZooKeeper 是分布式系统，也会说微服务系统是分布式系统，但实际上，两类系统的差别很大（后面我们会详细分析两者的差别）。

那我们平时所说的分布式系统到底是什么，其判断标准是怎样的呢？

接下来，我们就要回答上述问题。我们会从应用演化历程的角度介绍应用如何一步步从单体发展到分布式，然后在此基础上，给出分布式系统的确切定义。

1.2　应用的演进历程

本节我们要了解应用如何从单体结构逐渐演变为分布式结构，并详细介绍演变过程中出现的各种结构的优势与缺陷。

1.2.1　单体应用

单体应用是最简单和最纯粹的应用形式，它就是部署在一台机器上的单一应用。单体应用中可以包含很多模块，模块之间会互相调用。这些调用都在应用内展开，十分方便。因此，单体应用是一个高度内聚的个体，其内部各个模块间是高度耦合的。

单体应用的开发、维护、部署成本低廉，适合实现一些功能简单、并发数低、容量小的应用的开发需求。

当应用的功能变得复杂、并发数不断增高、容量不断变大时，单体应用的规模也会不断扩大。这会带来以下两个方面的挑战。

- 硬件方面。庞大的单体应用需要与之对应的服务器提供支持，这种服务器被称为“大型机”，其购买、维护费用都极其高昂。
- 软件方面。单体应用内模块间是高度耦合的，应用规模的增大让这种耦合变得极为复杂，这使得应用软件的开发维护变得困难。

因此，当应用的功能足够复杂、并发数足够高、容量足够大时，就需要对单体应用进行拆分，以便于对功能、并发数、容量进行分散。这就演变成了集群应用。

1.2.2 集群应用

集群应用可以对应用的并发数、容量进行分散。集群应用包含多个同质的应用节点，这些节点组成集群共同对外提供服务。这里说的“同质”是指每个应用节点运行同样的程序、有着同样的配置，它们像是从一个模板中复制出来的一样。

为了让集群应用中的每个节点都承担一部分并发数和容量，可以通过反向代理等手段将外界请求分散到应用的多个节点上。集群应用的结构如图 1.1 所示。

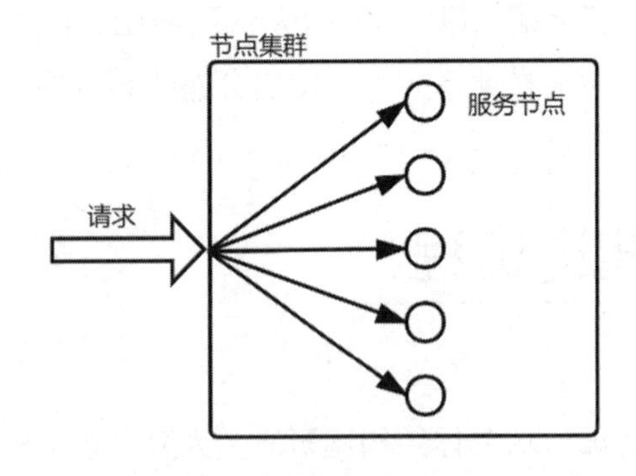

图 1.1 集群应用的结构

但集群应用带来的一个最明显的问题是同一个用户发出的多个请求可能会落在不同的节点上，打破了服务的连贯性。

例如，用户发出R1、R2两个请求，且R2的执行要依赖R1的信息（如R1触发一个任务，R2用来查询任务的执行结果）。如果R1和R2被分配到不同的节点上，则R2的操作可能无法正常执行。

为了解决上述问题，演化出以下几种集群方案。

无状态的节点集群

无状态应用是最容易从单体形式扩展到集群形式的一类应用。对于无状态应用而言，假设用户先后发出R1、R2两个请求，则无状态应用无论是否在之前接收过请求R1，总对请求R2返回同样的结果。即无状态应用给出的任何一个请求的结果都和该应用之前收到的请求无关。

要想让应用满足无状态，必须保证应用的状态不会因为接口的调用而发生变化。查询接口能满足这点，例如，对于用户而言，一个新闻展示应用是无状态的。

即使是无状态的节点集群，也要面对协作问题。并行唤醒问题就是一个典型的协作问题，例如，一个无状态节点集群需要在每天凌晨对外发送一封邮件，我们会发现该集群中的所有节点会在凌晨同时被唤醒并各自发送一封邮件。

我们希望整个节点集群对外发送一封邮件而不是让每个节点都发送一封邮件。

在这种情况下，可以通过外部请求唤醒来解决无状态节点集群的并行唤醒问题。在指定时刻由外部应用发送一个请求给服务集群触发任务，该请求最终只会交给一个节点处理，因此实现了独立唤醒。

无状态节点集群设计简单，可以方便地进行扩展，较少遇到协作问题，但只适合无状态应用，有很大的局限性。

很多应用是有状态的，如某个节点接收到外部请求后修改了某对象的属性，后面的请求再查询对象属性时便应该读取到修改后的结果。如果后面的请求落到了其他节点上，则可能读取到修改前的结果。这类应用无法扩展为无状态的节点集群。

单一服务的节点集群

许多服务是有状态的，用户的历史请求在应用中组成了上下文，应用必须结合上下文对用户的请求进行回复。例如，在聊天应用中，用户之前的对话（通过过去的请求实现）便是上下文；在游戏应用中，用户之前购买的装备、晋升的等级（通过过去的请求实现）便是上下文。

有状态的服务在处理用户的每个请求时必须读取和修改用户的上下文信息，这在单体应用中是容易实现的，但在节点集群中，这一切就变得复杂起来。其中一个最简单的办法是在节点和用户之间建立对应关系：

- 任意用户都有一个对应的节点，该节点上保存该用户的上下文信息。
- 某个用户的请求总落在与之对应的节点上。

用户与指定节点的对应关系如图 1.2 所示。其典型特点就是各个节点是完全隔离的。这些节点运行同样的代码，有着同样的配置，然而却保存了不同用户的上下文信息，各自服务自身对应的用户。

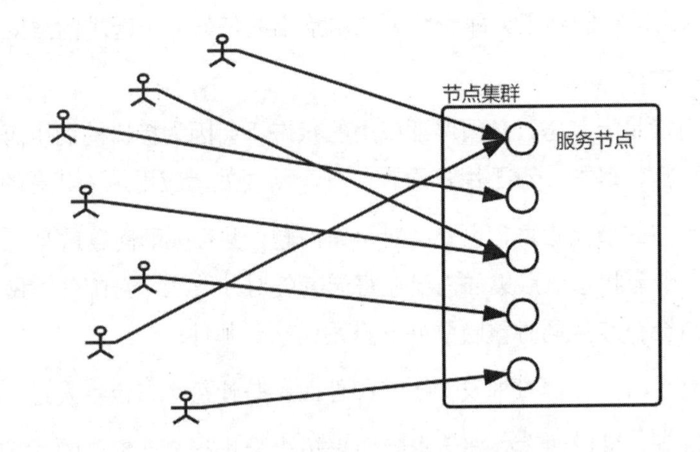

图 1.2　用户与指定节点的对应关系

虽然集群包含多个节点，但是从用户角度来看，服务某个用户的始终是同一个节点，因此我们将这种集群称为单一服务的节点集群。

实现单一服务的节点集群要解决的一个问题是，如何建立和维护用户与节点之间的对应关系。具体的实现有很多种，我们列举常用的几种。

- 在用户注册账号时由用户自由选择节点。很多游戏服务就采用这种方式，让用户自由选择账号所在的区。
- 在用户注册账号时根据用户所处的网络分配节点。一些邮件服务就采用这种方式。
- 在用户注册账号时根据用户 ID 随机分配节点。许多聊天应用就采用这种方式。
- 在用户登录账号时随机或者使用规则分配节点，然后将分配结果写入 cookie，接下来根据请求中的 cookie 将用户请求分配到指定节点。

其中，最后一种方式与前几种方式略有不同。前几种方式能保证用户对应的节点在整个用户周期内不改变，而最后一种方式则只保证用户对应的节点在一次会话周期内不改变。最后一种方式适合用在两次会话之间无上下文关系的场景中，如一些登录应用、权限应用等，它则只需要维护用户这次会话内的上下文信息。

无论采用了哪种方式，用户的请求都会被路由传输到其对应的节点上。根据应用分流方案的不同，该路由操作可以由反向代理、网关等组件完成。

单一服务的节点集群能够解决有状态服务的问题，但因为各个节点之间是隔离的，无法互相备份。当某个服务节点崩溃时，会使得该节点对应的用户失去服务。因此，这种设计方案的容错性比较差。

共享信息池的节点集群

有一种方案既可以解决有状态服务问题，又可以保证不会因为某个服务节点崩溃而造成对应的用户失去服务，那就是共享信息池的节点集群。在这种集群中，所有服务节点连接到一个公共的信息池上，并在这个信息池中存储所有用户的上下文信息。共享信息池的节点集群如图 1.3 所示。

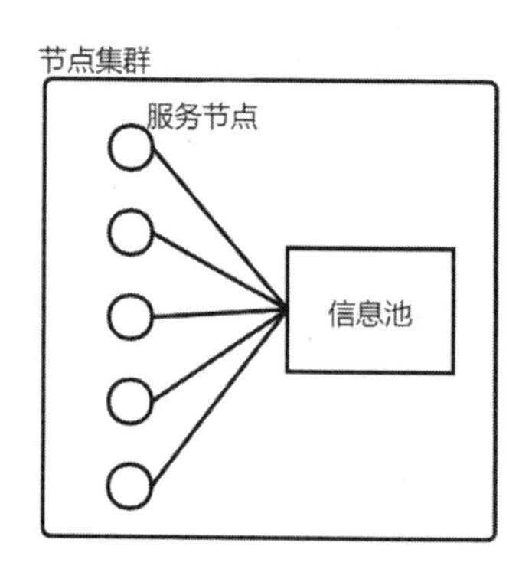

图 1.3　共享信息池的节点集群

共享信息池的节点集群是一种常见的将单体应用扩展为多节点应用的方式。通常我们会将服务进程在不同的机器上启动多份，并将它们连接到同一个信息池，这样便可以获得这种形式的集群。

任何一个节点接收到用户请求，都会从信息池中读取该用户的上下文信息，然后进行请求处理。处理结束后，立刻将新的用户状态写回信息池中。信息池可以采用传统数据库，也可以采用其他新型数据库。例如，可以使用 Redis 作为共享内存，存储用户的 Session 信息。

在共享信息池的节点集群中，每个节点都从同一个信息池中读写信息，因此对于用户而言，每个节点都是等价的，用户的请求落在任意一个节点上都会得到相同的结果。

在这种集群中，节点之间可以基于信息池进行通信，进而开展协作。

例如，要实现独立唤醒，共享信息池的节点集群可以在任务被触发时，让每个节点都向信息池中以同样的键写入一个不允许覆盖的数据。显然只有一个节点能够写入成功，则写入成功的节点获得执行任务的权限。

共享信息池的节点集群通过增加服务节点，提升了集群的计算能力、容错能力。但因为多个节点共享信息池，受到信息池容量、读写性能的影响，应用在数据存储容量、数据吞吐能力等方面的提升并不明显，并且信息池成了应用中的故障单点。

信息一致的节点集群

为了避免信息池成为整个应用的瓶颈，我们可以创建多个信息池，在分散信息池压力的同时也避免单点故障。

为了继续保证应用提供有状态的服务，我们必须确保各个信息池中的信息是一致的，这就组成了如图 1.4 所示的信息一致的节点集群。

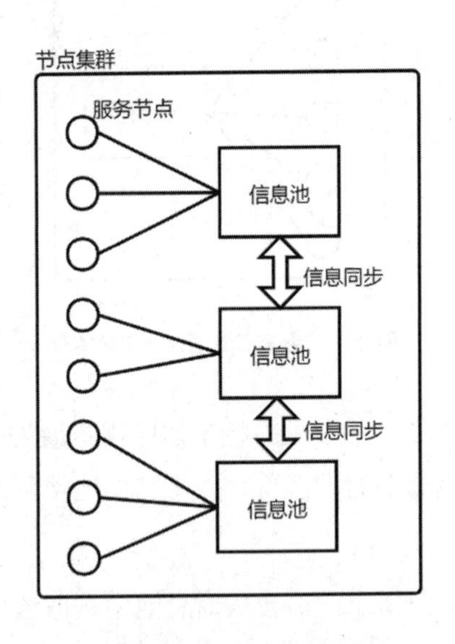

图 1.4 信息一致的节点集群形式（一）

通常，我们会让每个节点独立拥有信息池，并且将信息池看作节点的一部分，即演化为如图 1.5 所示的形式，这是一种更为常见的形式。

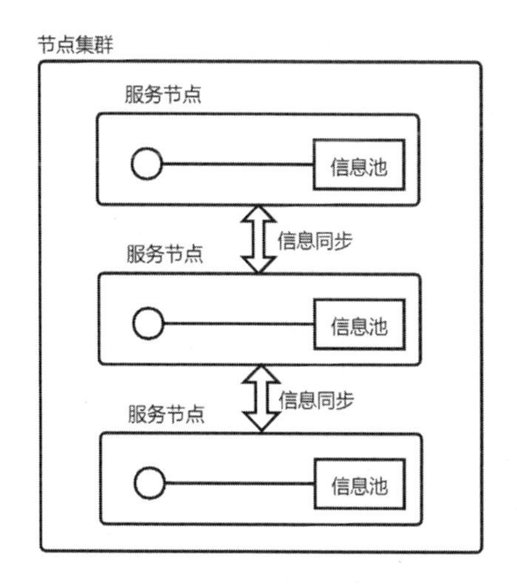

图 1.5　信息一致的节点集群形式（二）

在这种形式的应用中，每个节点都具有独立的信息池，保证了节点的容量和读写性能。同时，因为各个节点的信息池中的数据是一致的，任何一个节点宕机都不会导致整个应用瘫痪。

应用中的任何一个节点接收到外界变更请求后，都需要将变更同步到所有节点上，这一同步工作的实施成本是巨大的。因此，信息一致的节点集群适合用在读多写少的场景中。在这种场景中，较少发生节点间的信息同步，且能充分发挥多个信息池的吞吐能力优势。

1.2.3　狭义分布式应用

应用从诞生之初便不断发展，在这个发展过程中，应用的边界可能会扩展，应用的功能可能会增加，进而包含越来越多的模块，使应用的规模不断扩大。

应用规模的扩大会带来诸多问题。

- 硬件成本提升：应用规模的扩大会增加对 CPU 资源、内存资源、I/O 资源的需求，这需要更昂贵的硬件设备来满足。
- 应用性能下降：当硬件资源无法满足众多模块的资源需求时，会引发性能下降。
- 业务逻辑复杂：应用包含了众多功能模块，而每个模块都可能和其他模块存在耦合。应用开发者必须了解应用所有模块的业务逻辑才可以进行开发，这给开发者，尤其是团队的新开发者带来了挑战。
- 变更维护复杂：应用的任何一个微小的变动与升级都必须重新部署整个应用，随之而来的还有各种回归测试等工作。

- 可靠性变差：任何一个功能模块的异常都可能导致整个应用不可用，应用模块的众多又使得应用很难在短时间内恢复。

以上这些问题都不能通过将单体应用扩展为集群应用的方式来解决。因为集群应用只能减少应用的并发数和容量，并不能缩减应用自身的规模。

为了解决以上问题，我们可以将单体应用拆分成为多个子应用，让每个子应用部署到单独的机器上，然后让这些子应用共同协作完成原有单体应用的功能。这时，单体应用变成了狭义分布式应用，如图 1.6 所示。

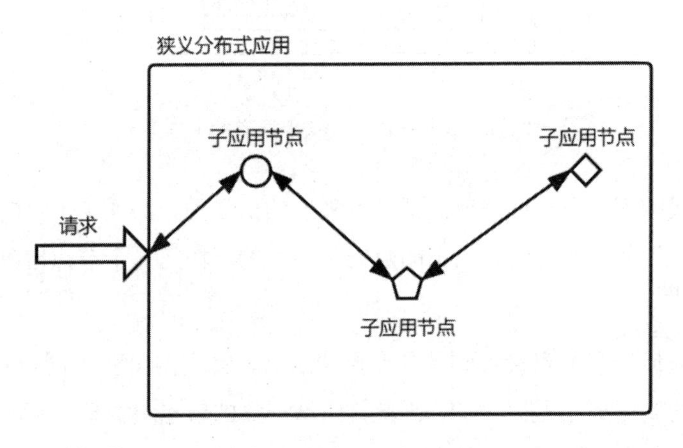

图 1.6　狭义分布式应用

我们将其称为狭义分布式应用，是为了和 1.3.1 节中讨论的概念进行区分。

与集群应用不同，狭义分布式应用中的不同节点上可能运行着不同的应用程序，因此各个节点是异质的。

通过将单体应用拆分为子应用，狭义分布式应用既能将原本集中在一个应用/机器上的压力分散到多个应用/机器上，又便于单体应用内部模块之间的解耦，使得这些子应用可以独立地开发、部署、升级、维护。

在实际生产中，建议优先对大的单体应用进行拆分，将其拆分为狭义分布式应用，然后再将各个子应用分别扩展为集群；而不是一上来便直接将单体应用扩展为集群。

当拆分后的狭义分布式应用遇到性能或容量瓶颈时，再有针对性地将并发数过高的子应用按需扩展为集群，如图 1.7 所示。

这种先拆子应用再扩展集群的方式，使得每个子应用能够根据自身所需资源情况进行扩展。例如，有的子应用需要扩展计算能力，有的子应用需要扩展存储能力；有的子应用需要布置 3 个节点，有的子应用只需要布置 1 个节点。这避免了对大的单体应用直接进行扩展所造成的资源浪费，更为合理和高效。

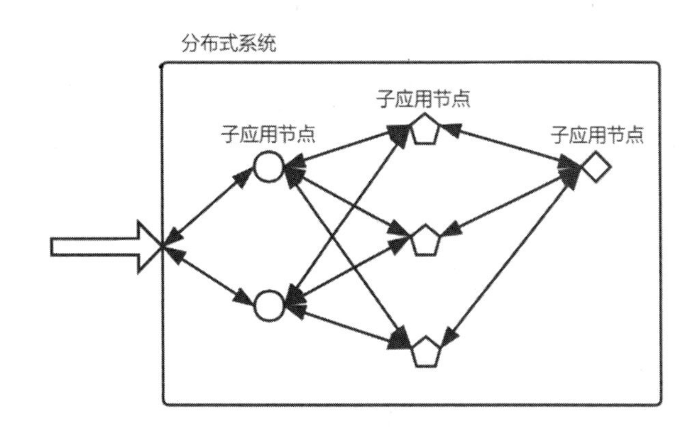

图 1.7　分布式集群

1.2.4　微服务应用

在狭义分布式应用中，子应用存在的目的是完成分布式应用中的部分功能。子应用和应用之间存在严格的从属关系，然而，这种严格的从属关系可能造成资源的浪费。

例如，存在一个应用 A，它包含三个子应用，分别是负责商品订单管理功能的子应用 A1，负责库存管理功能的子应用 A2，负责金额核算功能的子应用 A3。当我们需要进行销售金额核算（涉及订单管理和金额核算）时，需要调用应用 A。此时，应用 A 下的子应用 A2 与这次操作请求无关，它是闲置的。这个例子是说，当应用 A 在执行某些操作时，与操作无关的相关子应用是闲置的，无法发挥其性能。

这就相当于商店只提供汉堡、可乐、薯片组成的套餐，而当我们不需要可乐时，购买这种套餐便造成了浪费。避免浪费的办法是允许自由组合购买。

于是，我们可以在进行销售金额核算（涉及订单管理和金额核算）时直接调用子应用 A1 和子应用 A3，而在进行库存资产核算（涉及库存管理和金额核算）时直接调用子应用 A2 和 A3。这样，我们不需要在子应用的外部封装一个应用 A，而是直接让各个子应用对外提供服务。外部的调用者可以根据需要自由地选择服务，这便组成了微服务应用。

在微服务应用中，每个微服务子应用都是完备的，可独立对外提供服务，也可以在自由组合后对外提供服务，具有很高的灵活性。图 1.8 所示为微服务应用。

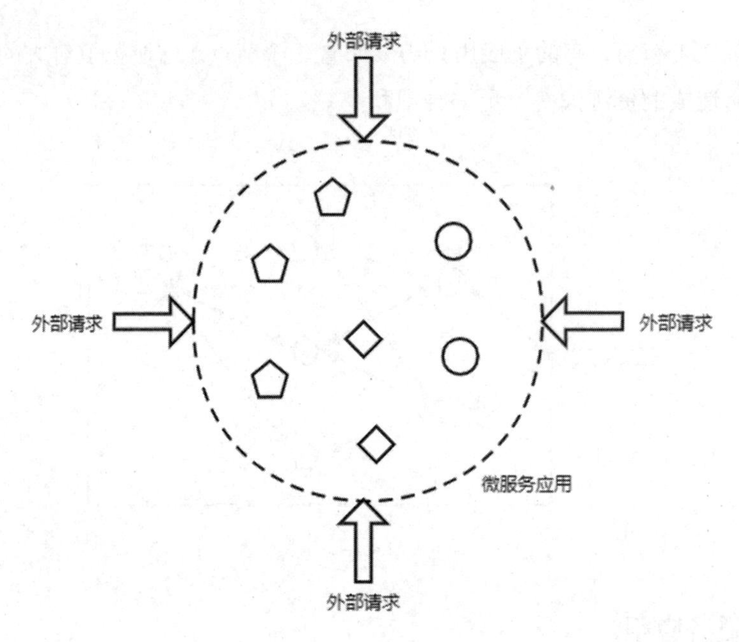

图 1.8　微服务应用

每个微服务子应用对各类资源的依赖程度是不同的，被调用的频次也是不同的。因此，我们可以针对每个微服务子应用进行资源配置、集群扩展，从而提升每个微服务子应用的性能、资源利用率、容量。

在单体应用内部，任何一个模块都有可能和其他模块存在耦合。而在微服务应用中，每个微服务的内聚性很高，与其他微服务的耦合度较低。因此，对于某个微服务而言，只要保证对外接口不变，便可以自由修改内部逻辑。这使得每个微服务可由独立的团队开发、维护、升级，而不需要了解其他微服务的实现细节。这有利于提升应用的成熟度、可用性、容错性、可恢复性。

1.3　分布式系统概述

1.3.1　分布式系统的定义

“分布式系统”也常被称为“分布式应用”，是软件从业者经常遇到的一个概念。在本书的讨论中，为了与“单体应用”对应，我们也会采用“分布式应用”这一称呼。它们具体指代什么呢？本节将对这个问题进行讨论。

我们平时所说的“分布式应用”包含 1.2.3 节中所述的狭义分布式应用，但范围更广，是一个广义的概念。

例如，我们会说 ZooKeeper 集群是一个分布式应用，但是它的内部并没有拆分子应用，其各个节点运行的程序、配置是完全相同的（节点中 Leader、Follower、Learner 的角色划分只是程序运行过程中的中间变量）。因此，准确地说，ZooKeeper 集群是一个由同质节点组成的信息一致的节点集群。

例如，我们会说包含订单服务、库存服务、支付服务的电商应用是一个分布式应用。更准确地说，如果所有服务只能作为应用的一部分联合起来对外提供服务，那么这是一个狭义分布式应用；如果每个服务既可以独立对外提供服务，又可以联合对外提供服务，那么这是一个微服务应用。

我们平时所说的“分布式应用”到底指的是什么呢？判断一个应用是否为“分布式应用”的依据是什么呢？

我们在 1.2 节中详细介绍了应用从单体发展为分布式的过程，以及期间可能产生的各种形式，如图 1.9 所示。

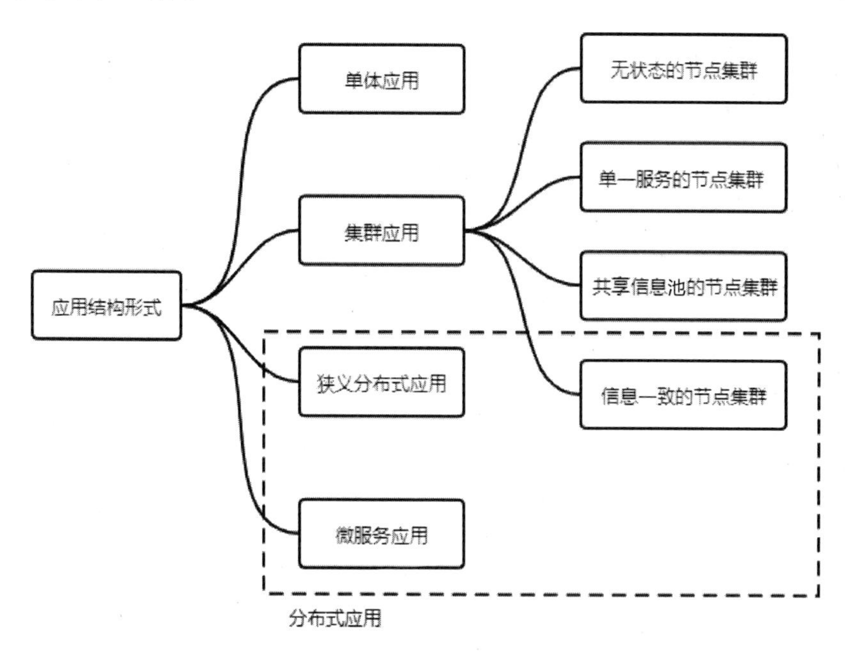

图 1.9　本书所述的分布式应用的范围

我们平时所说的“分布式应用”，包含了信息一致的节点集群、狭义分布式应用、微服务应用三大类，如图 1.9 所示。本书要讨论的分布式应用也是指这个范围。

判断一个应用是否为分布式应用的主要依据是：应用节点是否使用多个一致的信息池。

在无状态的节点集群中，不存在存储用户上下文的信息池；单体应用、共享信息池的节点集群中都只存在一个信息池；单一服务的节点集群中每个节点都具有一个信息池，但是它们是各自独立的，不需要一致变更。因此，以上这些形式的应用都不是分布式应用。

信息一致的节点集群、狭义分布式应用、微服务应用中都包含多个信息池，每个信息池可以独立提供数据读写能力，但它们又要一致变更。因此，以上几种形式的应用都是分布式应用。

使用多个一致的信息池是分布式应用的重要特点，这意味着应用需要面临分布式一致性问题。

1.3.2 分布式一致性问题

分布式一致性要求集群中某个节点上发生变更并经过一定时间后，能够从应用中的每一个节点上读取到这个变更。

我们可以通过如图 1.10 所示的例子来说明分布式一致性问题。

在图 1.10 中，调用方首先将分布式应用的变量 a 的值设置为 5，然后读取变量 a 的值，结果读取到变量 a 的值为 3。

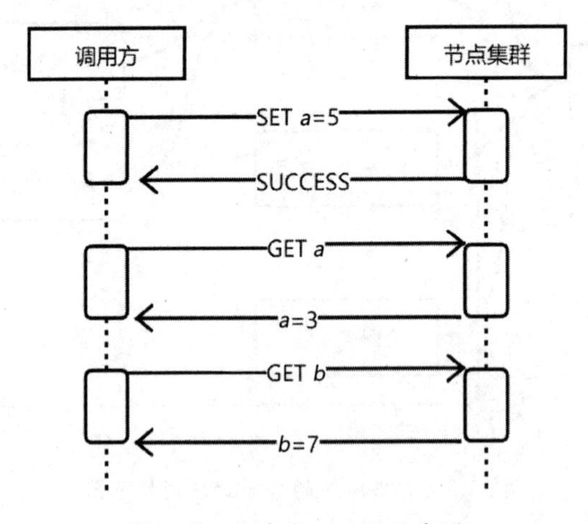

图 1.10　分布式一致性示意图

这种情况是完全有可能发生的，因为用户的读操作和写操作可能访问的是两个节点，如果节点之间的信息不同步或者同步存在时延，那么便会出现这种情况。

如果图 1.10 中的情况有可能发生，那么该应用便不满足一致性（至少不满足线性一致性，关于一致性的级别划分将在 2.2 节中介绍）。如果分布式应用不满足一致性，那么从应用中读出的值便是不可信的。例如，某个调用方从节点集群中读出 *b*=7，其他调用方有可能在同一时刻读出 *b*=8。

如果图 1.10 中的情况不会发生，即将变量 *a* 的值设置为 5 后，读取变量 *a* 的值恒为 5，那么该分布式应用便满足一致性。外部访问者可以和访问一个单体应用一样访问该分布式应用中的值。

以上示例描述的就是分布式一致性问题。

如果一个应用不需要面临上述分布式一致性问题，那么说明它只存在一个信息池或者多个信息池是独立的。**因此，应用节点使用多个一致的信息池的另一种表述是：应用需要面临分布式一致性问题。**

如果一个应用要面临分布式一致性问题，那么它便是分布式应用。

1.3.3　分布式应用中的节点

我们已经讨论清楚，信息一致的节点集群、狭义分布式应用、微服务应用都属于分布式应用。上述三类应用包含的节点可能是同质的，也可能是异质的。因此，分布式应用中的节点可能是同质的，也可能是异质的。分布式应用中的同质节点和异质节点如图 1.11 所示。

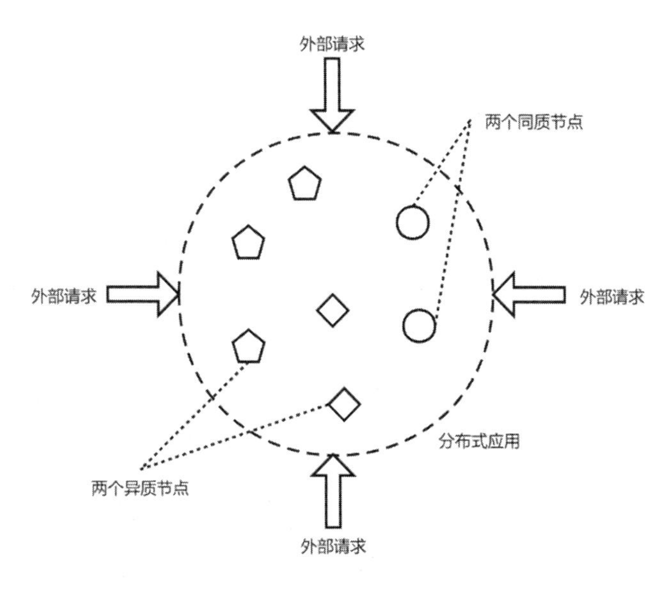

图 1.11　分布式应用中的同质节点和异质节点

在同质节点组成的分布式应用中，当应用发生变更时，各个信息池的变更是完全相同的。例如，ZooKeeper 集群接收到客户端发来的创建 znode 的请求后，各个节点都需要进行 znode 的创建。

在异质节点组成的分布式应用中，当应用发生变更时，各个信息池的变更不一定完全相同。例如，一个分布式的电商应用接收到购买请求后，订单服务节点需要创建订单，而库存服务节点则要扣减库存。

但以上这两种变更都是一致变更。因此，这里的“一致”是一个比“相同”更广的概念。

分布式应用接收到外界的变更请求后，其内部节点会进行一致变更，以保证整个应用满足一致性。同质节点、异质节点会在具体的变更操作上略有不同。在之后的讨论中，除非特别说明，我们所述的分布式节点可能是同质的也可能是异质的，不再单独区分。

1.4 分布式应用的优势

相比于单体应用，分布式应用具有许多优势，这也是分布式应用得以广泛应用的原因。

接下来，我们将对这些优势进行介绍。

降低应用成本

能够降低应用的实施成本是分布式应用产生和发展的最初动力。

对于单体应用而言，当应用负担的功能、承载的并发量和数据量逐渐提升时，应用对硬件的要求也逐步提高。这时只能升级应用的硬件设施，即采用运算能力、存储能力、I/O 能力更强的计算机，这类计算机通常被称为大型机。然而，大型机的购买和维护费用十分高昂。

分布式应用的出现使得单体应用可以被拆分为小应用部署到小型服务器集群上，以此来实现高并发、大数据、多功能。这大大降低了应用的实施成本。

增强应用可用性

单体应用存在单点故障风险。应用节点运行出现异常意味着整个应用不可用，而分布式应用则避免了这一问题。

分布式应用在工作时由众多节点共同对外提供服务，当其中一个节点出现故障时，其请求会被其他节点分摊。同时，应用可以在运行过程中根据负载情况动态增删节点，极大地提升了应用的可用性。

提升应用性能

单体应用所能承载的容量、并发数是有限的，当数据量过大时会产生性能瓶颈。分布式应用可以通过众多节点来分担容量压力和并发压力，有利于提升整个应用的性能。

降低了开发与维护难度

单体应用中糅合了众多功能模块，这些功能模块互相调用、交织耦合在一起，共同组成了一个庞大复杂的整体。任何一个功能模块的升级改造都可能对其他模块造成影响，这增加了开发和维护的难度。

在分布式应用中，所有功能模块都分离开来作为独立的应用节点存在，实现了模块化。这降低了功能模块之间的耦合度，只要我们维持应用节点的原有对外接口不变，便可以安全地增加新接口或者优化内部实现。

模块化也为模块复用提供了可能。并且各个模块可以采用并行的方式进行开发，提升了开发的效率。

在升级部署时，单体应用需要对整个应用进行重新发布，分布式应用则只需要重新发布发生变化的模块化应用，降低了升级部署失败的风险，提升了应用升级部署的速度。

1.5　分布式应用的问题

分布式应用具有很多优势，但也给应用架构工作带来了许多问题。本节我们对这些问题进行介绍。

在后面的各个章节中，我们将从理论角度理解这些问题产生的原因，并给出解决它们的实践、工程方案。

分布式一致性问题

分布式一致性问题是分布式应用面临的最为复杂的问题。

在单体应用中，应用本身只有一个节点，外部的任何变更请求都由该节点直接处理，并在接下来向外给出最新的结果。

在分布式应用中，应用包括多个节点。外部的变更请求会落到应用的某个节点上，随后，外部的读取请求可能会落到其他节点上。因此，外部读取到的可能是一个变更前的结果，即出现了读写不一致问题。

为了避免读写不一致问题，分布式应用需要及时将一个节点上的变更反映到所有节点上，即实现分布式一致性。然而，实现分布式一致性是一个涉及理论、实践的十分复杂的过程，稍有不慎便会对应用的性能造成影响。

在实现分布式一致性的过程中，要确保各个节点对某次变更达成共识，即所有节点都认可这一变更。这就涉及另一个复杂的问题——共识问题。

为了解决分布式一致性问题、共识问题，人们提出了许多算法。在第 2 章、第 3 章中，我们将会详细介绍分布式一致性问题、共识问题，及其相关的算法。

节点发现问题

单体应用只有一个节点，这个节点的地址便是整个应用对外提供服务的地址。因此，提供服务的地址是静态的。

分布式应用包含众多节点，每一个节点都可以对外提供服务，而且应用集群会增删节点，这让能提供服务的节点变成了一个动态变化的节点集合。我们需要设计一种机制来帮助调用方发现分布式应用中的可用节点，即解决节点发现问题。

在第 8 章中，我们会详细介绍节点发现问题及其解决方案。

节点调用问题

单体应用内部存在模块间的调用，这种调用发生在应用内，是高频的，也是低成本、高效的。

应用之间也会存在调用，调用常基于接口实现。这种调用是相对低频的，也是高成本、低效的。

分布式应用内部的节点之间也会存在调用，这种调用由单体应用模块间的调用演化而来，其调用频率是相对较高的。但是，因为要跨节点，它们之间的调用已经无法通过应用的内部调用来实现，基于接口的调用则成本太高、效率太低。这时需要一种能够跨节点的、相对低成本和高效的方式来解决节点间的调用问题，如图 1.12 所示。

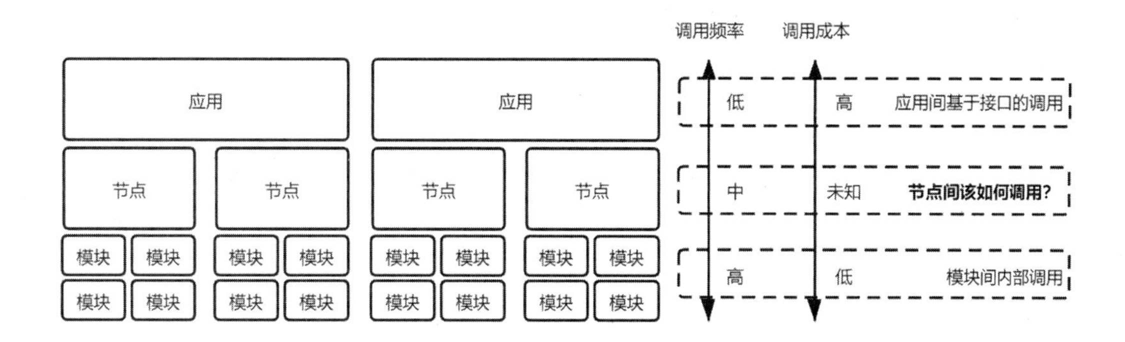

图 1.12　节点调用问题

在第 8 章中，我们会详细介绍节点调用问题及其解决方案。

节点协作问题

单体应用的所有资源均由单一节点调用，不需要协作。但在分布式应用中，情况变得复杂起来。

例如，在一个由同质节点组成的分布式应用中，一个定时汇总任务只需要应用中的某一个节点执行。但如果不采取特殊的机制进行约束，分布式应用中的各个节点都会在指定时间同时执行任务，进而产生多份汇总结果。

由异质节点组成的分布式应用也会面临类似的问题。例如，分布式应用中的一部分节点作为生产者，另一部分节点作为消费者。只有两类节点互相协作才能保证应用的生产、消费过程顺利展开。

如何让分布式应用中的各个节点进行协作就是分布式应用面临的节点协作问题。

在第 5 章、第 7 章中，我们会详细介绍节点协作问题及其解决方案。

1.6 本章小结

本章首先介绍了应用的演进历程，介绍了单体应用、集群应用、狭义分布式应用、微服务应用这四种应用形式，并分析了各个应用形式的特点。

然后本章给出了分布式应用的判断标准，即分布式应用的各个应用节点要使用多个一致的信息池，这意味着分布式应用要面临分布式一致性问题。本章还简要介绍了分布式一致性问题的相关内容。

本章还介绍了分布式应用的优势，分布式应用可以降低应用成本、增强应用可用性、提升应用性能、降低开发与维护难度。本章也介绍了分布式应用面临的问题，包括分布式一致性问题、节点发现问题、节点调用问题、节点协作问题等。

本章是本书的开篇和基础，后续各章节的讨论都在本章划定的分布式应用范围内展开，并着重讨论如何从理论、实践、工程等各个层面解决分布式应用面临的各项问题。

例如，接下来的第 2～4 章将从理论层面细致地分析分布式应用面临的各项问题，以及这些问题的准确定义、相关算法、解决方案等。

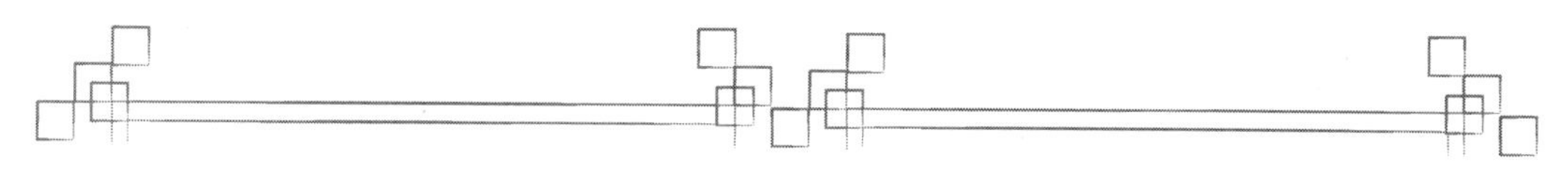

第 2 章 一致性

本章主要内容

- ◇ 一致性的概念
- ◇ 常见一致性级别的定义与判定方法
- ◇ 常用一致性算法的内容与证明

接触过分布式系统的开发者对“一致性”这一词语一定不陌生。然而，“一致性”一词有多种含义。在本章中，我们将区分“一致性”的两种常见含义：ACID 一致性和 CAP 一致性。

我们还会详细讨论 CAP 一致性的强弱分类，以及一些常用的一致性算法。

通过本章的学习，大家将了解分布式系统中常见的一致性级别，并掌握常用的一致性算法。

2.1 一致性的概念

说起“一致性”，大家都不陌生。随着分布式、微服务、区块链等技术的发展，“一致性”一词出现的频率越来越高。然而，“一致性”这一词语所代表的概念却并不唯一。例如，我们常听到“事务的一致性”“最终一致性”“一致性哈希”等，它们表述的并不是同一个概念。

在这一节，我们先对“事务的一致性”和“最终一致性”中所述的两种“一致性”概念进行区分，即 ACID 一致性和 CAP 一致性。

2.1.1 ACID 一致性

我们知道，事务要满足 ACID 约束，即原子性（Atomicity）、一致性（Consistency）、隔离性（Isolation）、持久性（Durability）。**其中的一致性是指事务的执行不会破坏数据的完整性约束，这里的完整性约束包括数据关系和业务逻辑两方面。**

如图 2.1 所示，假设完整性约束要求事务执行前后总有变量 A 和变量 B 的和为 10，那么在图 2.1 中的事务执行完后，变量 A 和变量 B 依然满足和为 10。因此，这个事务满足一致性。

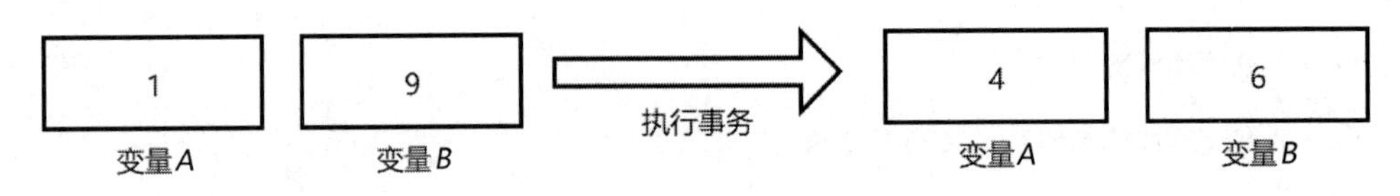

图 2.1　事务的一致性示意图

假设完整性约束要求事务执行前后总有变量 B 减去变量 A 的差为 8，那么在图 2.1 中的事务便不成立，因为它执行结束后不再满足变量 B 减去变量 A 的差为 8（$6-4\neq8$），即不满足一致性。

为了便于表述，我们将这种一致性称为 ACID 一致性。“事务的一致性”中的“一致性”就是指 ACID 一致性。

备注

与 ACID 中的其他三个特性相比，一致性确实有些特殊。

原子性、隔离性、持久性均是由事务内在保证的，而一致性的约束条件是由外部业务逻辑规定的。这就意味着，同样的一个操作，根据外部业务逻辑规定的完整性约束的不同，可能满足事务要求，也可能不满足事务要求。

例如，将图 2.1 所示的完整性约束由“变量 A 和变量 B 的和为 10”修改为“变量 B 减去变量 A 的差为 8”，则上述示例便不再满足一致性，也不再是事务。

一个固定的操作集合，其是不是事务却要由外部业务逻辑规定，显然不是很合理。基于此，有学者怀疑一致性是为了凑数而加到 ACID 约束中的，提议将一致性从 ACID 中剔除。

2.1.2　CAP 一致性

我们所说的“最终一致性”中的“一致性”是说，如果数据副本存放在分布式系统中的不同节点上，在用户修改了系统中的数据并经过一定时间后，用户能从系统中读取到修改后的数据。

或者换一种说法，**如果用户在分布式系统的某个节点上进行了变更操作，那么在一定时间后，用户能从系统的任意节点上读取到这个变更结果。**

因此，这里的“一致性”指的是针对分布式系统的各个节点对外的表现是一致的。

例如，在图 2.2 所示的分布式系统中存在大量的节点。如果设置 a=5，这一操作可能落在任意一个节点上（图中写请求落在了节点 A 上），在一定时间后，访问该系统一定能读到 a=5（图中读请求落在了节点 H 上），则说明这个分布式系统满足一致性。

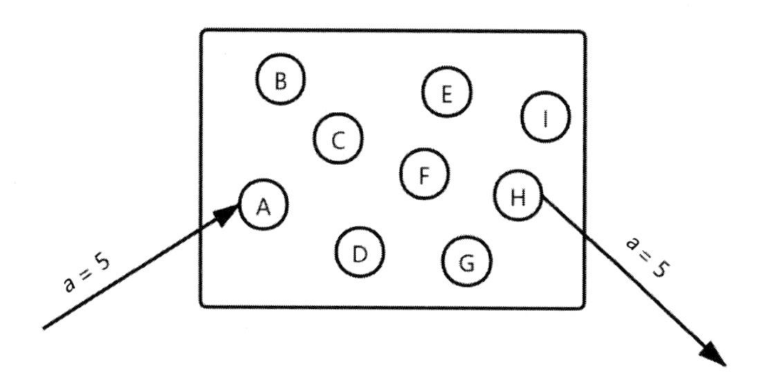

图 2.2　分布式系统的一致性示意图

为了便于表述，我们将这种一致性称为 CAP 一致性。因为这里的一致性概念和第 4 章所述的 CAP 定理中的一致性概念是相同的。

要注意的是，我们虽然以同质节点进行了举例，但是 CAP 一致性对于异质节点同样也是成立的。例如，分布式应用中存在异质的订单处理节点 A 和库存管理节点 B。如果该分布式应用满足 CAP 一致性，那么当我们向订单处理节点 A 发送生成新订单的请求，并经过一定时间后，将能从库存管理节点 B 上读取到新订单引发的库存变化。

2.1.3　两种一致性的关系

可见，ACID 一致性和 CAP 一致性并不相同。那它们两者有没有关联呢？

有，但只发生在一些特殊的场景下。

我们已经知道 ACID 一致性讨论的是事务，CAP 一致性讨论的是分布式。那么，在分布式事务中，这两种一致性会存在交集，如图 2.3 所示。

假设存在一个支持事务的分布式数据库。作为数据库，该分布式数据库应该满足 CAP 一致性，否则数据库中的值没有意义。如果从数据库的某个节点中读取到变量的值为 1，而从数据库的另一个节点中读取到同一变量的值为 3，则无法判断哪个值是正确的。这样无论值为 1 还是值为 3 都没有意义。

又因为这个分布式数据库支持事务，所以它应该满足 ACID 一致性。

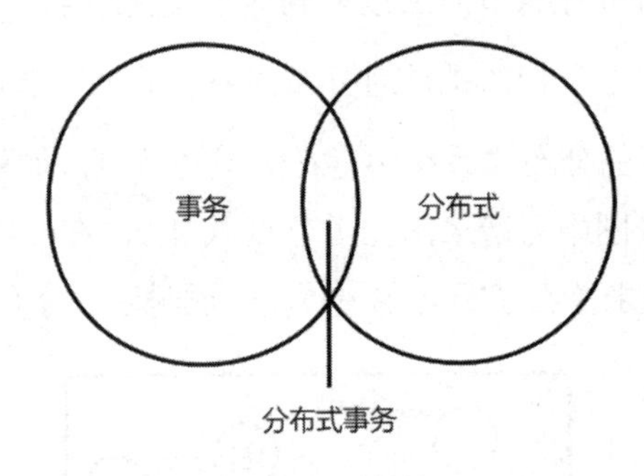

图 2.3　分布式事务示意图

这时候我们发现，CAP 一致性是 ACID 一致性的基础，即如果 CAP 一致性不成立，则分布式数据库各个节点的数据不一致且没有意义，必然无法满足 ACID 一致性要求的完整性约束。

除了如图 2.3 所示的情况，CAP 一致性和 ACID 一致性很少有交集。在平时的理论学习和工程实践中，区分好这两种一致性概念非常重要，否则很容易陷入疑惑和混沌。

本书讨论的是分布式系统，除非特殊说明，接下来我们所述的一致性都是 CAP 一致性。

2.2　一致性的强弱

在介绍一致性的概念时，我们说分布式系统满足一致性意味着用户通过某个节点修改了数据并经过一定时间后，用户可以在任意节点上读取到修改后的数据。

为什么总要强调“经过一定时间”呢？这个时间到底要多长呢？在这个时间之前读取又会得到怎样的结果呢？

解答上述问题需要我们掌握一致性的强弱概念，正是根据一致性强弱的不同，我们把一致性分成了很多类。接下来我们将详细介绍一致性的强弱和分类。

2.2.1　严格一致性

严格一致性（Strict Consistency）是说当用户修改分布式系统中的某个数据时，这个修改会瞬间同步到该系统的所有节点上。实现该一致性是一种极为理想的情况，实际是无法实现的。因为通信、信息处理等各个环节都会消耗时间，操作引发的变更不可能瞬间从一个节点传递到另一个节点。

在实际生产中，可以将要求放宽，即要求所有同步操作都在一个工作周期内完成，系统只有完成了上一步的操作，才会接收下一步操作。这其实就是将所有操作串行化，会极大影响系统的性能。

由于严格一致性过于理想，分布式系统往往不会实现严格一致性。

2.2.2　顺序一致性

顺序一致性（Sequential Consistency）提出了两个约束：

- 单个节点的所有事件在全局事件历史上符合程序的先后顺序。
- 全局事件历史在各个节点上一致。

我们可以根据这两个约束来判断一个系统是否满足顺序一致性：如果在系统中找不到任何一个符合上述两个约束的全局事件历史，则说明该系统一定不满足顺序一致性；如果能找到一个符合上述两个约束的全局事件历史，则说明该系统在这段过程内是满足顺序一致性的。

上述两个约束描述起来可能有些拗口，我们通过示例来解释说明这两个约束。

假设分布式系统由 A、B、C 三个节点组成，保存有初始值 x=0、y=0 的两个变量。节点上发生 A1、A2、B1 等事件，事件所处的节点和时间顺序如图 2.4 所示。

事件 B2 读出 y=3 意味着在全局事件历史中 A2 在 B2 之前（记作 A2→B2），事件 B3 读出 x=0 意味着在全局事件历史中 B3 在 A1 之前（记作 A2→B2，且 B3→A1），而节点 A 的事件历史决定了 A1 在 A2 之前（记作 B3→A1→A2→B2），节点 B 的事件历史决定了 B2 在 B3 之前（记作 B3→A1→A2→B2，且 B2→B3）。这时发生了矛盾，B3→A1→A2→B2 要求 B3 在 B2 之前，而 B2→B3 要求 B2 在 B3 之前，于是不存在一个全局事件历史能够将事件 A1、A2、B2、B3 排列起来。所以，如图 2.4 所示系统不满足顺序一致性。

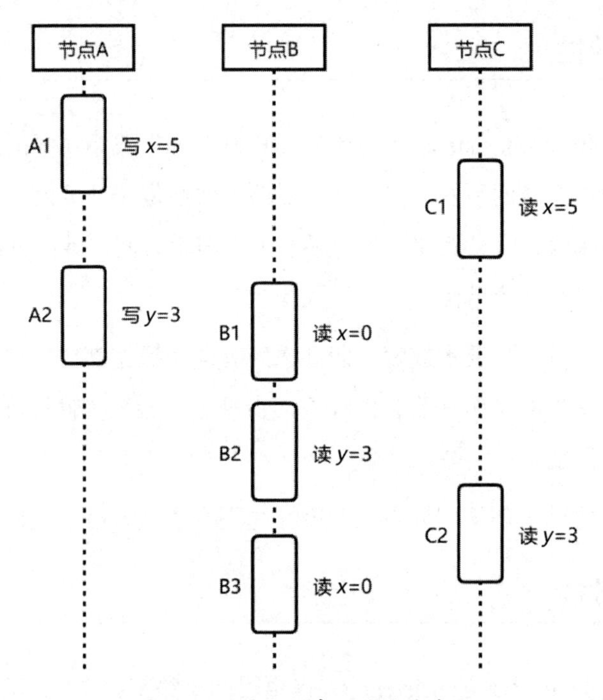

图 2.4　不满足顺序一致性的系统

而如图 2.5 所示的系统是满足顺序一致性的。因为在该系统中我们能够找到多组满足顺序一致性的两个约束的全局事件历史，如：

- B1→B2→A1→B3→A2→C1→C2
- B1→A1→B2→B3→A2→C1→C2
- B1→A1→C1→B2→A2→C2→B3

备注

顺序一致性弱于线性一致性。我们将顺序一致性放到前面来讲述，是因为顺序一致性是在 1979 年提出的，而线性一致性是于 1987 年在顺序一致性的基础上增加了约束得来的。所以说，从推导和理解的逻辑上看，顺序一致性是线性一致性的基础。

顺序一致性的提出者是莱斯利 · 兰伯特（Leslie Lamport），他在分布式领域的建树颇丰，在后面的章节中我们还会介绍到他的一些理论。

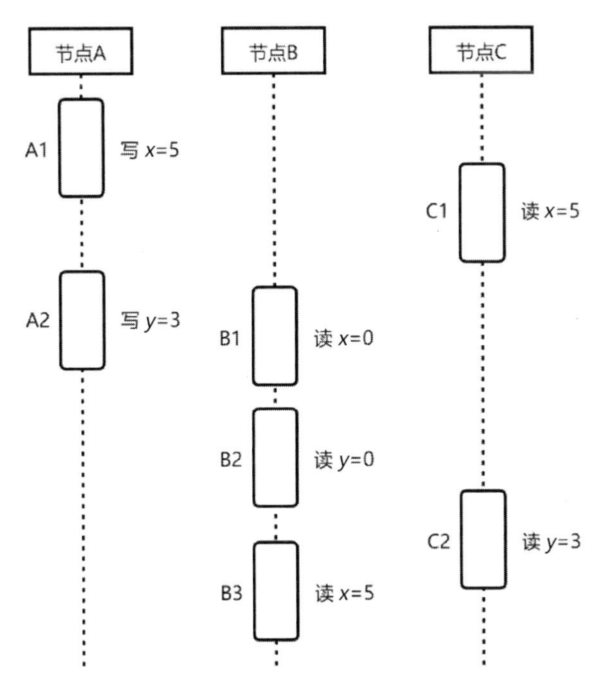

图 2.5　满足顺序一致性的系统

2.2.3　线性一致性

线性一致性（Linearizability）又称为原子一致性（Atomic Consistency），通常是分布式系统的最高追求。除非特别说明，在不加限定的情况下，我们所说的一致性便是指线性一致性。

线性一致性在顺序一致性的基础上增加了一个约束：

- 如果事件 A 的开始时间晚于事件 B 的结束时间，则在全局事件历史中，事件 B 在事件 A 之前。

有了这一约束之后，我们就可以发现图 2.5 中所示的满足顺序一致性的系统不满足线性一致性。因为根据线性一致性新增的约束，事件 B1 的开始时间晚于事件 A1 的结束时间，在全局事件历史中，事件 A1 要在事件 B1 之前。但是事件 B1 却没有读到事件 A1 的操作结果，这显然是相悖的。

同样地，事件 A2 要在事件 B2 之前，但事件 B2 却没有读到事件 A2 的结果，这里是相悖的；事件 C1 要在事件 B1 之前，事件 C1 读到了事件 A1 的结果，但事件 B1 却没有读到事件 A1 的结果，这里也是相悖的。

在时序图中，越往下代表时间越晚。通过时序图我们可以清楚地知道各个节点中事件在全局的先后顺序。

然而，时序图实际上是全局视角。在节点程序的运行中，每个节点都只知道自身事件的先后顺序（如事件 A1 在事件 A2 之前），但是不知道节点间事件的先后顺序（如事件 A1 到底是在事件 B2 之前还是事件 B2 之后）。

线性一致性要求节点间事件满足全局先后顺序的约束，这就要求分布式系统必须协调出一个全局同步的时钟。这一全局同步时钟不要求绝对精准，只要求能区分出事件的先后顺序即可。即便如此，这也是一个成本很高的工作。因此，线性一致性新增加的约束是一个很强的约束。

全局锁（如第 5 章要介绍的分布式锁）就是一个常用的全局同步时钟。全局锁将全局时间分割为锁存在前、锁存在中、锁释放后三个阶段。这三个阶段的先后关系是绝对成立的。基于此，便可以实现事件先后顺序的区分。

如图 2.6 所示，假设我们为事件 B1 增加全局锁，则事件 A1、A2、C1 发生在锁存在前，一定在事件 B1 之前；事件 C2 发生在锁释放后，一定在事件 B1 之后。这样，便确定了事件 B1 在全局中的位置为晚于事件 A1、A2、C1，且早于事件 C2。

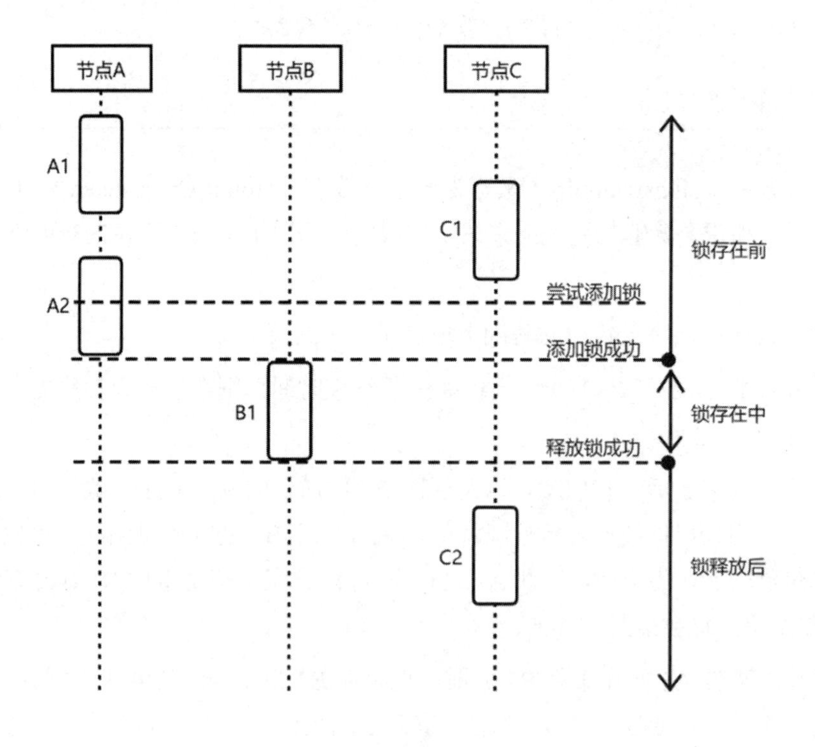

图 2.6　全局锁的作用

线性一致性通过“事件 A 的开始时间晚于事件 B 的结束时间”这样的描述增加了对节点间先后事件的限制，但没有对并发事件进行限制。在图 2.7 中，事件 A1 和事件 C1 是并发的，因此事件 C1 无论读出的是 x=5 还是 x=0，都不违反线性一致性约束。

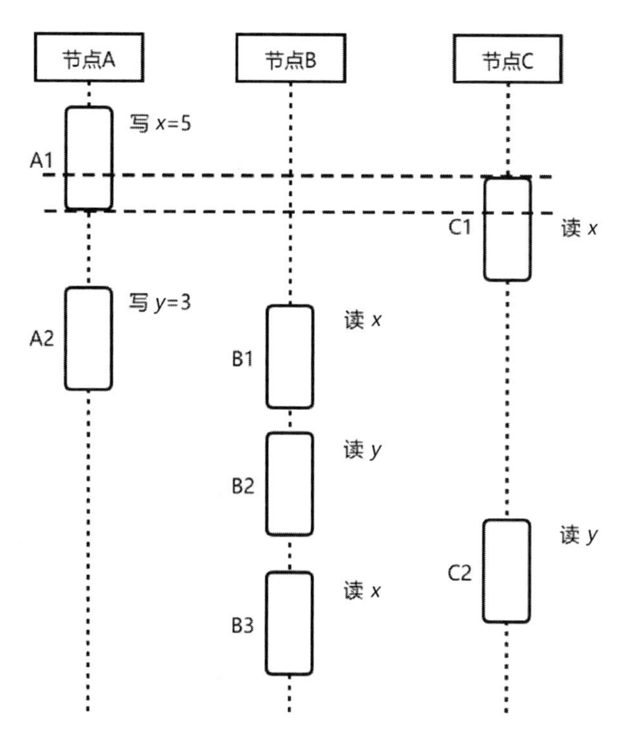

图 2.7　事件的并发示意图

可是，什么样的系统能做到线性一致性呢？

为了实现线性一致性，需要将数据的变更操作和同步操作整合成一个整体，不允许外界读取一个已经变更但尚未完全同步的数据。

简单来说，我们可以给每个操作都增加全局锁，从而使得全局串行化，保证系统满足线性一致性要求，如图 2.8 所示。

但全局串行化对系统并发性能的损耗太大，因此在实践中很少被使用。在实践中，存在许多效率更高的满足线性一致性的算法，我们会在 2.3 节对这些算法进行介绍。

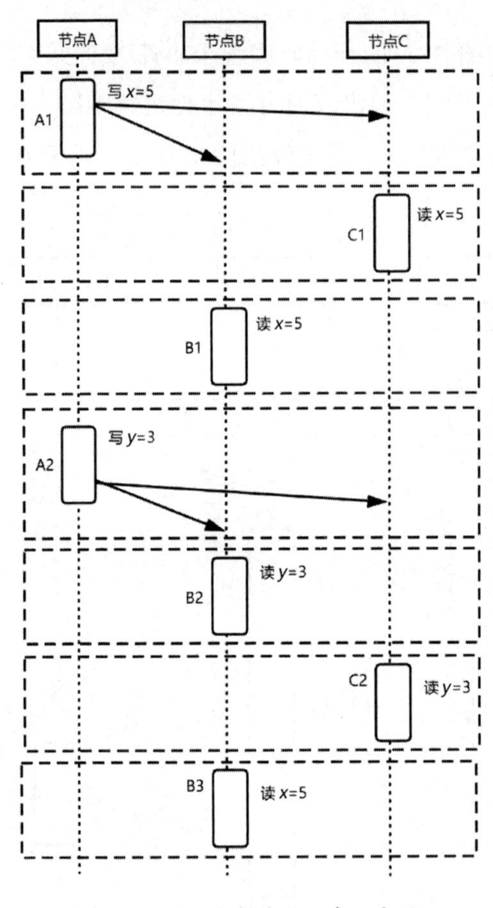

图 2.8 系统内部节点同步示意图

2.2.4 最终一致性

最终一致性（Eventually Consistency）是说如果更新了系统中的某个数据后不再进行任何其他操作，那么在节点间通信正常的情况下，等待有限的时间后，这个数据可以被稳定读出。

从控制论的角度来分析，满足最终一致性的系统是一个收敛的系统，系统的状态会收敛到最后一次操作结束后的状态上。

备注

根据使用场景的不同，还会有一些其他的一致性级别，如因果一致性、会话一致性、单调读一致性、单调写一致性等。

但本书不涉及这些一致性级别，因此不展开讨论。留给感兴趣的读者继续探索。

2.2.5　总结

为了便于大家对上述几个一致性级别的理解，我们通过图 2.9 展示了常见一致性级别的强弱关系。

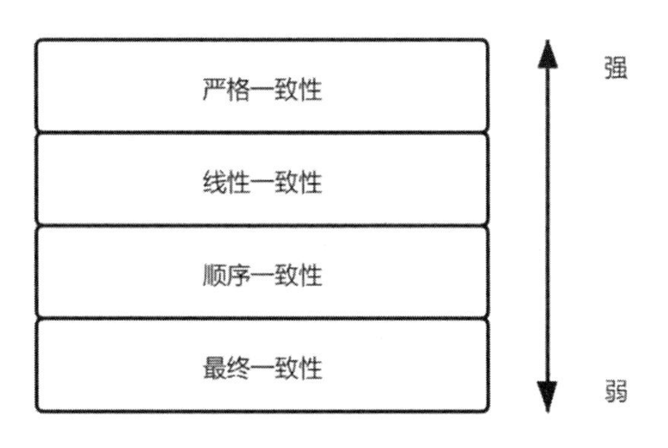

图 2.9　常见一致性级别的强弱关系

拓展阅读

强一致性和弱一致性

在平时的讨论中，我们还常听说强一致性和弱一致性的概念。也有资料给出哪些级别的一致性属于强一致性、哪些级别的一致性属于弱一致性的结论。

但我们要理解，“强”和“弱”代表的是一致性程度的倾向，而不是确定的范围。

例如，严格一致性、线性一致性都很强，将其归为强一致性没有问题。又如，最终一致性很弱，将其归为弱一致性也没有问题。可顺序一致性应该归为哪一类呢？

有资料将顺序一致性归为强一致性，也有资料将顺序一致性归为弱一致性。但是双方都无法给出明确的证据。

况且，还有因果一致性、会话一致性、单调读一致性、单调写一致性等众多一致性级别需要归类。

就像我们形容空调温度设定值的高低。50℃可以归为高，0℃可以归为低。但 25℃归为高还是低就很难确定了，而且，确定清楚这一点也没有太大意义。

同样地，明确强一致性包含什么、弱一致性包含什么也并没有太大意义。在平时的讨论中，我们需要将强一致性、弱一致性理解为一种倾向，而不是确定的范围。

在本书的讨论中，除非表达倾向，否则我们会使用确定的一致性级别。

2.3 一致性算法

在这一节中，我们将讨论一个问题：怎样才能在一个分布式系统中实现一致性？

假设分布式系统中存在如图 2.10 所示的多个节点，其中节点 A 收到了数据变更请求。如果要让系统满足一致性，那么节点 A 在完成自身数据变更的同时必须协调其他节点完成数据变更。在这种情况下，我们将发起操作的节点称为协调者（Coordinator），将接受操作的节点称为参与者（Participants）。在图 2.10 中，节点 A 是协调者，节点 B 和节点 C 是参与者。

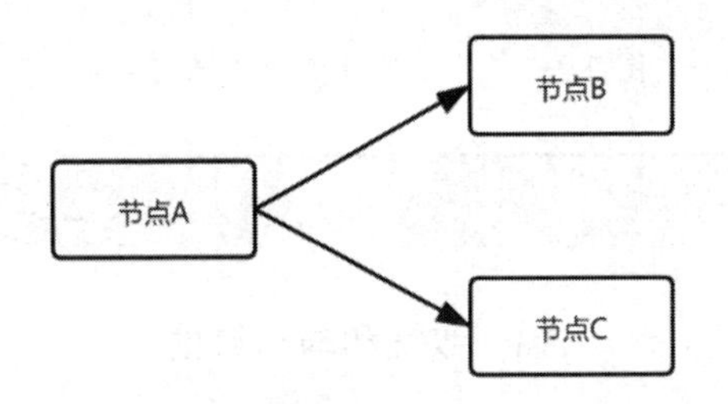

图 2.10　一致性操作中的角色划分

具体实现似乎很简单，作为协调者的节点 A 只要在更新自身数据的同时将变更通知发送给各个参与者，参与者收到协调者的变更通知后，各自完成自身变更即可，如图 2.11 所示。这样，用户再从系统中读取该数据时，无论读请求落在哪个节点上，读取到的结果都是一致的，系统便满足了一致性。

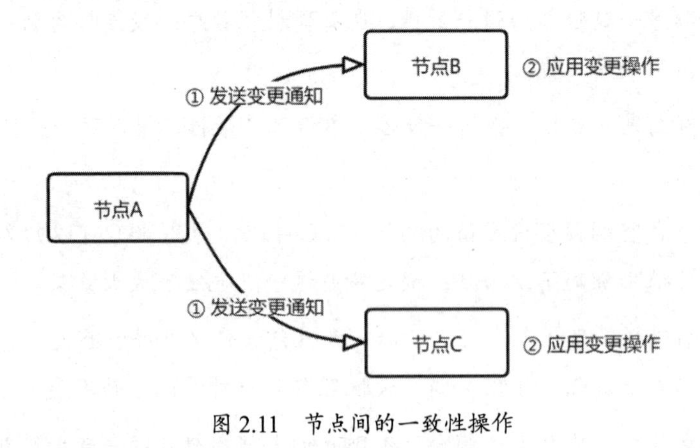

图 2.11　节点间的一致性操作

可在实际应用中并没有这么理想：协调者和参与者之间的通信可能不可靠，参与者也可能因为各种原因导致更新失败。于是用户便可能从集群中读取到不一致的结果，这样系统的一致性便被打破。

类比后面要介绍的两阶段提交和三阶段提交，我们可以将如图 2.11 所示的操作称为一阶段提交，因为整个一致性操作过程中只有一个阶段。显然我们设计的一阶段提交并不能很好地实现一致性操作。接下来，我们要学习的就是一些更好的、更实用的一致性算法。

下面各种一致性算法能够实现的一致性都是指线性一致性。而弱一致性算法，如最终一致性算法，是在线性一致性的基础上放宽约束实现的。在 4.4 节我们会介绍实现最终一致性的相关方案。

2.4　两阶段提交

两阶段提交（Two-Phase Commit，2PC）是一种比较简单的一致性算法（或者协议）。它将整个提交过程分成准备（Prepare）、提交（Commit）两个阶段。

2.4.1　具体实现

准备阶段可以细分成如下的操作步骤。

（1）协调者给参与者发送“Prepare”消息，“Prepare”消息中包含此次更新要进行的所有操作，然后协调者等待各个参与者的响应。

（2）参与者收到“Prepare”消息后，将消息中的操作封装为一个事务并执行，但不提交。

（3）参与者在执行事务的过程中如果遇到任何问题导致事务中的操作无法完成，则向协调者回复“No”消息；如果事务中的操作能够完成，则向协调者回复“Yes”消息。

经过准备阶段，所有参与者已经尝试完成了所有操作，并把自身能否完成操作的结果回复给协调者，但是并没有提交操作。接下来，便进入了第二个阶段——提交阶段。

在提交阶段，协调者会根据收集的各个参与者的回复，而执行不同的操作。

如果协调者收到了所有参与者的“Yes”消息，则进行如下操作。

（1）协调者向参与者发送“Commit”消息。

（2）参与者收到“Commit”消息后，提交在准备阶段已经完成但尚未提交的事务。

（3）参与者向协调者发送“Done”消息。

（4）协调者收到所有参与者的“Done”消息，表明该一致性操作以成功的形式结束。

如果协调者在一定时间内没有收齐所有参与者的消息，或者收到的消息中有“No”消息，则进行如下操作。

（1）协调者向参与者发送“Rollback”消息。

（2）参与者收到“Rollback”消息后，回滚在准备阶段已经完成但尚未提交的事务。

（3）参与者向协调者发送“Done”消息。

（4）协调者收到所有参与者的“Done”消息，表明该一致性操作以回滚的形式结束。

可见，在提交阶段，无论是“Commit”还是“Rollback”，整个一致性操作都能结束。

图 2.12 展示了两阶段提交的消息流。其中，图 2.12 左侧部分表示一致性操作成功的消息流；图 2.12 右侧部分表示因部分参与者回复“No”消息导致的一致性操作失败的消息流。

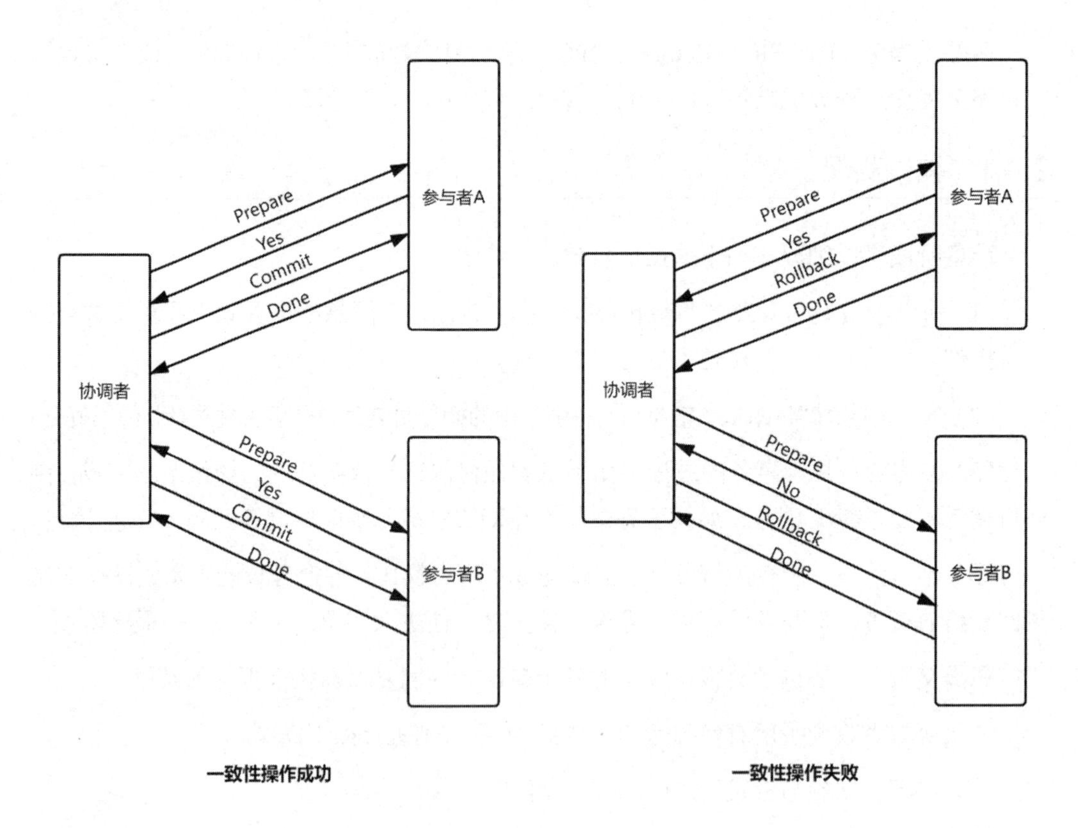

图 2.12　两阶段提交的消息流

在上述过程中，协调者可以是一个专门起到协调作用而不参与一致性操作的节点，也可以是一个参与一致性操作的节点。如果协调者是一个参与一致性操作的节点，那么它也要将操作封装成事务执行、回复“No”消息或“Yes”消息、提交或回滚事务等。

2.4.2 线性一致性证明

两阶段提交可以实现线性一致性，下面我们证明这一点。

在证明之前，我们要知道，在现实环境中，考虑到网络延迟、节点处理速度等的不同，存在如下不确定因素：

- 各个节点收到“Prepare”消息并创建事务是有先后顺序的。
- 各个节点收到“Commit”消息并提交事务是有先后顺序的。

但无论如何，在一次成功的两阶段提交操作中一定存在一个全局锁时段。这一时段从准备阶段的最后一个“Yes”消息发出开始，到提交阶段的第一个“Commit”消息被接收结束。在这一时段中，所有的节点都已经创建事务但未提交事务。

在全局锁时段之后是提交时段，这一时段从提交阶段的第一个“Commit”消息被接收开始，到提交阶段的最后一个“Done”消息发出为止。在这一时段中，各个节点陆续完成事务的提交，如图 2.13 所示。

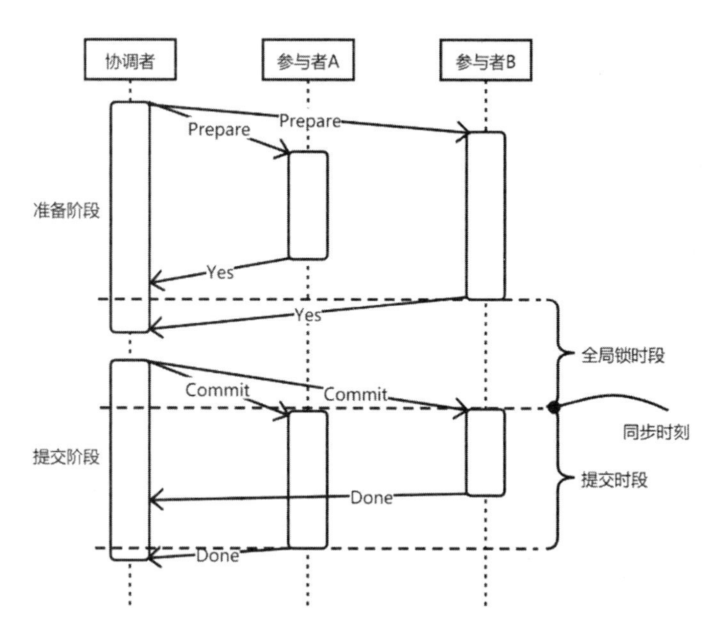

图 2.13　全局锁时段与提交时段示意图

这里我们假设参与者开启事务和发出“Yes”消息是同时进行的，参与者收到“Commit”

消息和提交事务也是同时进行的。实际情况下可能并非如此，但这不会影响最终的结论。

在全局锁时段和提交时段之间存在一个同步时刻。同步时刻在全局事件历史中的位置是确定的，且这一时刻具有以下特点：

- 除当前的两阶段提交操作外，没有其他操作正在集群中开展。全局锁时段中在各个节点创建的锁可以共同保证这一点。
- 对于任何一个节点而言，该时刻之后进行的第一个操作一定是当前两阶段提交操作。

于是，我们可以等价地认为两阶段提交操作引发的变更就是在同步时刻发生的。这样，两阶段提交操作在全局事件历史中的位置就被确定下来了。因此，任何通过两阶段提交操作开展的事件都可以唯一地映射到全局事件历史中，这样的操作显然可以保证线性一致性。

接下来，我们从一个更宏观的视角来理解这一过程。

在图 2.14 中，节点 A 作为协调者通过操作 A2 发起了一次两阶段提交，并触发了参与者节点 B 的操作 B2 和节点 C 的操作 C1，即操作 A2、B2、C1 共同组成了一次两阶段提交，我们将这次两阶段提交操作记为Φ。

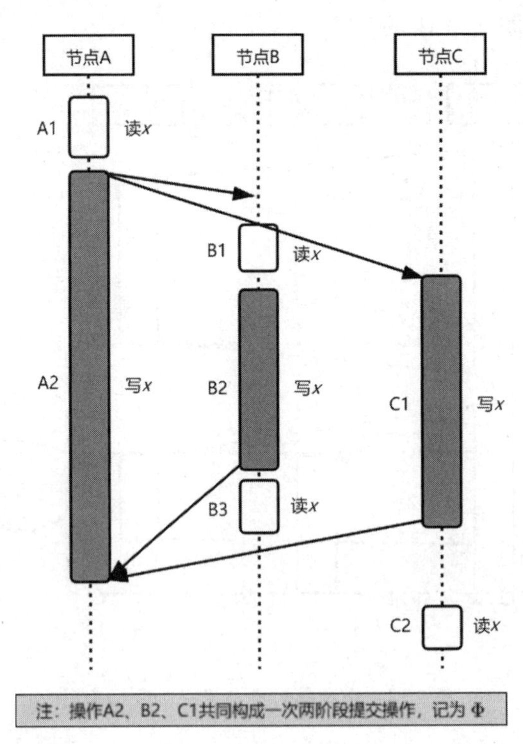

图 2.14　两阶段提交操作示例

可以看出，两阶段提交事件Φ和另外的事件 B1、B3 是并发的。我们可以给出线性一致性要求的全局事件历史：

- A1→Φ、B1、B3→ C2

根据线性一致性的约束，事件 A1 发生在事件Φ之前，读到的变量 *x* 必须为旧值；事件 C2 发生在事件Φ之后，读到的变量 *x* 必须为新值。显然在两阶段提交中这二者都是满足的。

线性一致性要求单个节点的事件历史在全局事件历史上符合程序的先后顺序，但是对于并发事件没有约束。因此，关于事件 B1、B3 读取变量 *x* 的操作存在以下几种情况，且都不违背线性一致性的所有约束。

- 事件 B1 和事件 B3 都读到事件Φ变更前的旧值。
- 事件 B1 读到事件Φ变更前的旧值、事件 B3 读到事件Φ变更后的新值。
- 事件 B1 和事件 B3 都读到事件Φ变更后的新值。

进一步，我们可以把两阶段提交操作Φ的细节标注出来，如图 2.15 所示。

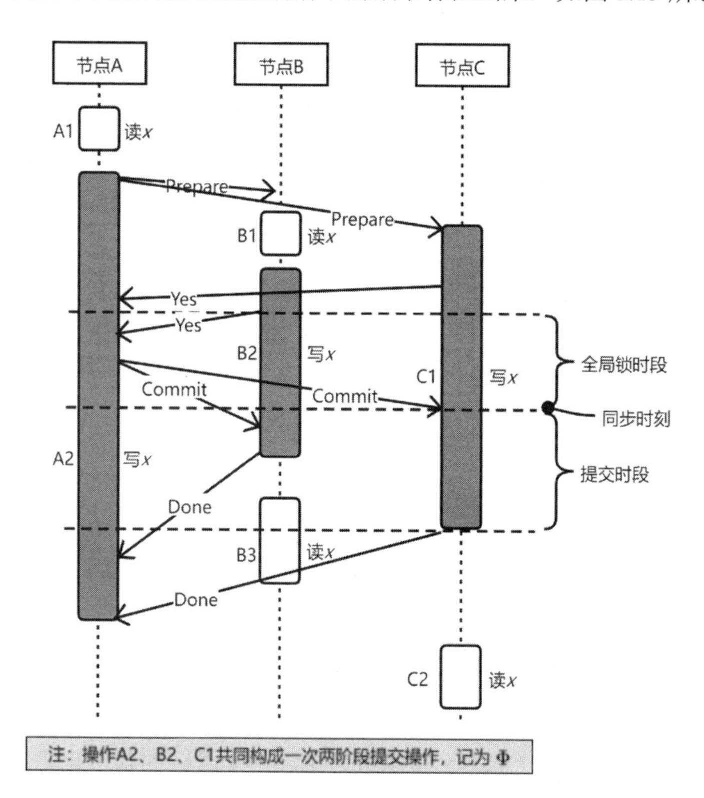

图 2.15　两阶段提交操作细节示例

这时我们可以得出结论：

- 在同步时刻，一定不会发生读取变量 x 的操作。
- 在同步时刻之前，读到的变量 x 一定是旧值。
- 在同步时刻之后，读到的变量 x 一定是新值。

上述两阶段提交细节是我们臆想绘制出来的。在实际的两阶段提交操作中，同步时刻在两阶段提交中的具体位置难以确定。因此，两阶段提交不对并发事件给予保证。但我们知道，一定存在一个同步时刻，将两阶段提交映射到全局事件历史上。这个时刻可能在事件 B1 之前，也可能在事件 B1 和事件 B3 之间，还可能在事件 B3 之后，如图 2.16 所示。

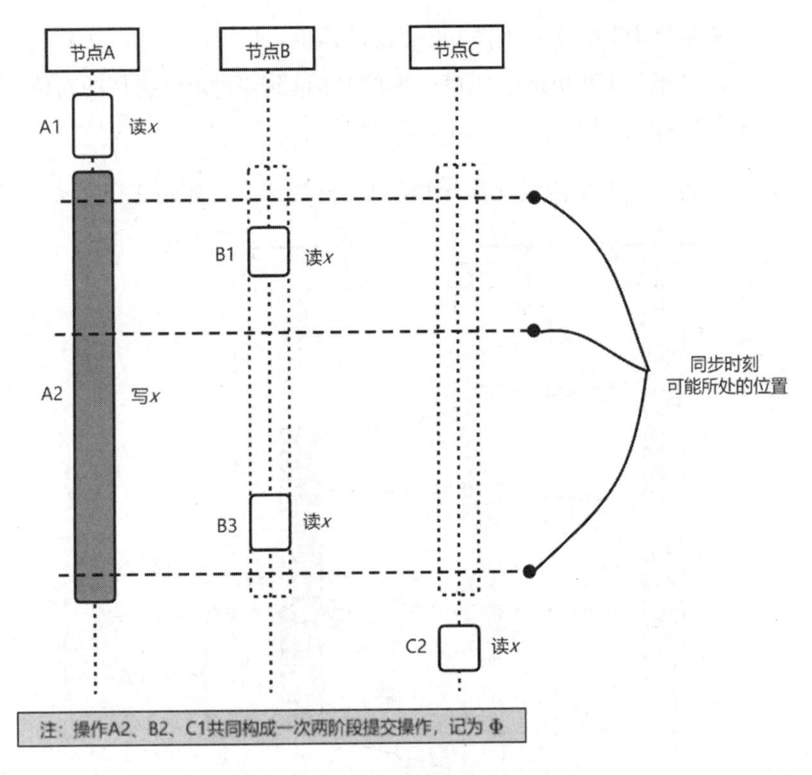

图 2.16　同步时刻可能所处的位置示意图

本质上，两阶段提交通过给各个节点同时增加全局锁实现了一个全局同步的时钟，这个时钟并不能用来记录时间的长短，但足以标定出两阶段提交在全局事件历史中的位置，借此实现了线性一致性。当然，**实现这一全局同步时钟的代价也是很高的，它直接导致了所有节点的阻塞，影响了分布式系统的并发性。**

2.4.3 优劣

两阶段提交的操作步骤比较简单，但也有几个明显的问题。

首先，两阶段提交存在同步阻塞问题。参与者收到协调者发出的“Prepare”消息后，会开启事务完成消息中的操作。事务的开启意味着参与者的并发处理能力将会受到很大的影响。而且，参与者不是一个节点而是一群节点，所以整个系统中的节点都会因为事务的开启而阻塞。这个过程可能很长，要等待协调者收集完参与者的消息并进一步发布消息后，该过程才能结束。

其次，两阶段提交高度依赖协调者发出的消息，因此存在单点故障。如果协调者在两阶段提交的过程中出现问题，则会导致系统失控。尤其是在准备阶段开始后、提交阶段开始前，如果此时协调者宕机，则会导致已经开启了事务的各个参与者既不能收到“Commit”消息，也不能收到“Rollback”消息。这样事务会无法结束，从而造成系统全局阻塞。

再次，两阶段提交其实设置了一个假设：如果参与者能够收到和正常回复“Prepare”消息，那么它应该也能正常收到“Commit”消息或者“Rollback”消息。通常，这个假设是成立的。但是，再小的概率也有可能发生，尤其是在高并发和多节点的情况下。一旦因为网络抖动导致部分参与者无法收到“Commit”消息，则会出现一部分参与者提交了事务，另一部分参与者未提交事务这种不一致的情况。

最后，两阶段提交存在状态丢失问题。如果协调者在发出“Commit”消息或者“Rollback”消息后宕机，一部分参与者收到了这条消息后提交事务或者回滚了事务，另一部分参与者没有收到这条消息。那么，即使重新选举出一个新的协调者，新的协调者也无法确定各个参与者到底处在哪个状态。

为了解决两阶段提交的缺陷，出现了三阶段提交。

2.5 三阶段提交

三阶段提交（Three-Phase Commit，3PC）是对两阶段提交的改进，它修复了两阶段提交的一些缺陷，但也使整个一致性操作过程多出了一个阶段，变得更为复杂。此外，三阶段提交还引入了一些超时机制，以便节点在失去或者部分失去与外界的联系时进行一些操作。

三阶段提交一共分为三个阶段：CanCommit 阶段、PreCommit 阶段、DoCommit 阶段。

2.5.1 具体实现

CanCommit 阶段可以细分为以下步骤：

（1）协调者向参与者发送“CanCommit”消息，询问参与者能否完成消息中的操作，然后协调者等待各个参与者的响应。

（2）参与者接收到“CanCommit”消息后，判断自身是否能顺利完成操作。如果自身可以完成操作，则向协调者回复“Yes”消息；如果自身不可以完成操作，则向协调者回复“No”消息。

在 CanCommit 阶段，协调者和参与者只是就能否完成操作进行了交流，并没有进行实际工作。接下来进入 PreCommit 阶段。

PreCommit 阶段的操作根据协调者收到参与者的反馈不同而不同。如果协调者收到了所有参与者的“Yes”消息，则进行以下操作：

（1）协调者向参与者发送“PreCommit”消息，然后协调者等待各个参与者的响应。

（2）参与者收到“PreCommit”消息后，将此次要进行的操作封装成事务，并执行，但不要提交。

（3）如果参与者完成了各项操作，则向协调者回复“ACK”消息。

在这种情况下，一致性操作则会进入 DoCommit 阶段。

如果协调者在一定时间内没有收齐所有参与者的消息，或者收到的消息中有“No”消息，则进行以下操作：

（1）协调者向所有参与者发送“Abort”消息，表明取消此次一致性操作。

（2）参与者收到“Abort”消息后，中止当前的操作。如果参与者在一定时间内没有收到协调者发来的操作消息，也将中止当前的操作。

在这种情况下一致性操作结束，不需要再进入 DoCommit 阶段。

在 DoCommit 阶段中，协调者会根据参与者的回复采取不同的操作。如果协调者收到了所有参与者的“ACK”消息，则进行以下操作：

（1）协调者向参与者发送“Commit”消息。

（2）参与者收到“Commit”消息后，提交在准备阶段已经完成但尚未提交的事务。

（3）参与者向协调者发送“Done”消息。

（4）协调者收到所有参与者的“Done”消息，表明该一致性操作以成功的形式结束。

如果协调者在一定时间内没有收齐参与者的“ACK”消息，则进行以下操作：

（1）协调者向参与者发送“Rollback”消息。

（2）参与者收到“Rollback”消息后，回滚在准备阶段已经完成但尚未提交的事务。

（3）参与者向协调者发送“Done”消息。

（4）协调者收到所有参与者的“Done”消息，表明该一致性操作以失败的形式结束。

图 2.17 展示了三阶段提交的消息流。其中，图 2.17 左侧部分表示一致性操作成功情况下的消息流；图 2.17 右侧部分表示因部分参与者在 CanCommit 阶段回复“No”消息，导致一致性操作失败的情况下的消息流。

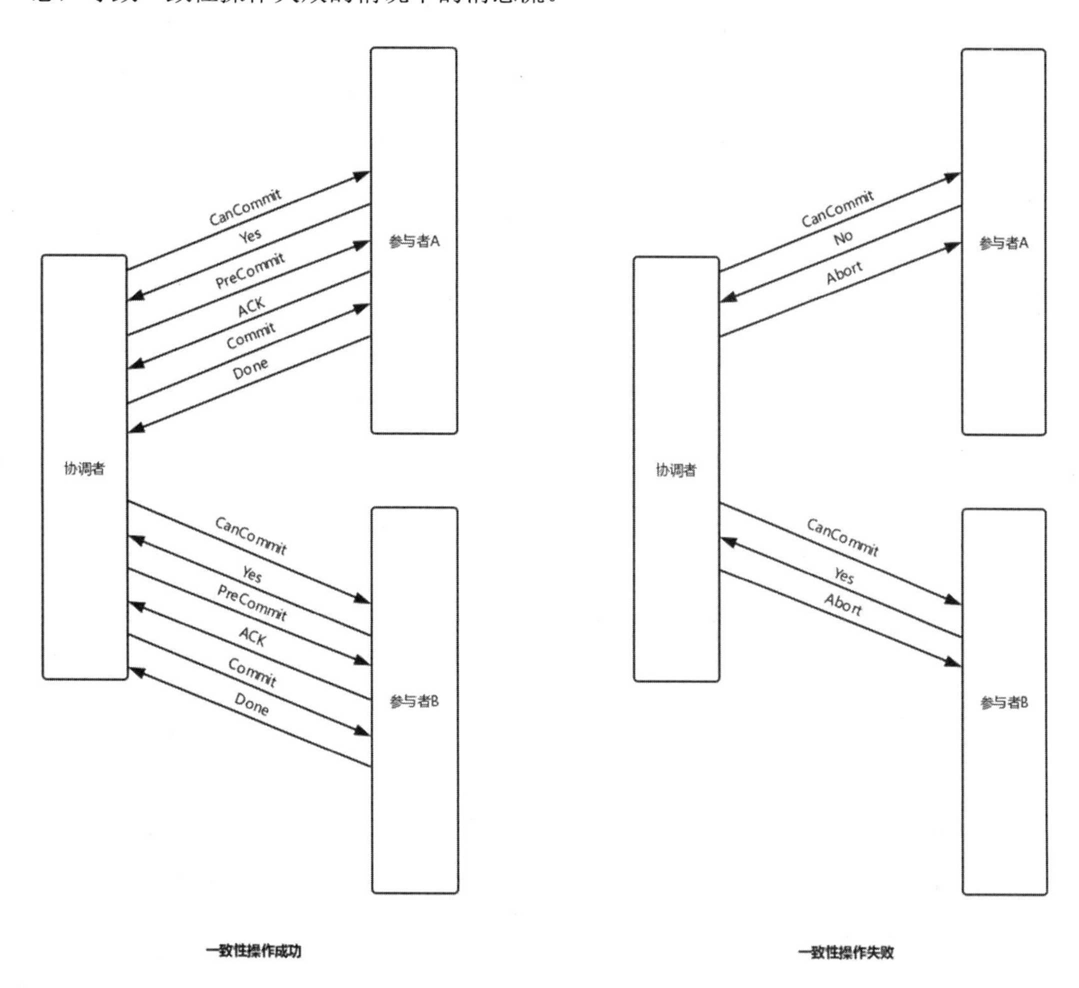

图 2.17　三阶段提交的消息流

在 DoCommit 阶段中，如果参与者在一定时间内没有收到“Commit”消息或者“Rollback”消息，那么参与者会提交事务。这是因为既然能够进入 DoCommit 阶段，说明所有参与者在 CanCommit 都回复了“Yes”消息。此时，所有参与者都应该可以正确地提交事务，从而完成该一致性操作。这解决了两个问题：

- 首先，整个一致性操作不会因为协调者的突然宕机，而导致参与者开启的事务无法关闭，从而阻塞整个系统。
- 其次，如果协调者在发送“Commit”指令前后宕机，则整个系统的状态是确定的，因为各个参与者都会默认提交事务。

三阶段提交也同样存在一个同步时刻，其线性一致性证明和两阶段提交类似，我们不再赘述。

2.5.2 优劣

当然，三阶段提交仍然存在漏洞。如果协调者在发送“Rollback”消息的过程中宕机，一部分参与者收到“Rollback”消息回滚事务，另一部分参与者因为没有收到“Rollback”消息便会默认提交事务。这将导致系统的一致性被打破，而且即使选举出新的协调者，也无法判断哪些参与者回滚了事务，哪些参与者提交了事务。

不过，这种漏洞的发生概率极小。“Rollback”消息在 DoCommit 阶段发出，既然能够进入该阶段，说明所有参与者在 CanCommit 阶段都回复了“Yes”消息，则大概率会在 PreCommit 阶段正常回复“ACK”消息。因此，协调者因为无法收起“ACK”消息而发出“Rollback”消息的概率很低，而在发送“Rollback”消息的过程中恰好宕机的概率更低。

因此，三阶段提交通过加入一个新的阶段和引入超时机制减少了两阶段提交的同步阻塞问题，减弱了对协调者的依赖，降低了系统状态丢失的概率。然而，正如我们上面所分析的，三阶段提交依然存在漏洞，并不完美。

总体而言，两阶段提交和三阶段提交的实现比较简单，且能够实现线性一致性。尤其是三阶段提交，其发生故障的概率很低，在实践中应用十分广泛。

在本书的第 6 章中，我们会介绍分布式事务。两阶段提交和三阶段提交也是实现分布式事务的重要方法。

拓展阅读

两军问题

我们发现两阶段提交算法比我们设计的一阶段提交算法更可靠，三阶段提交算法则比两阶段提交算法更可靠。那是不是说，继续引入更多的阶段，就可以实现绝对可靠的一致性提交呢？

要回答上述疑问，我们可以先了解两军问题（Two Generals' Problem）。

如图 2.18 所示，山顶的两支蓝军将白军左右围困在山谷。两支蓝军必须派信使跨过白军驻守的山谷才能通信。信使在跨过山谷时，可能被白军俘虏，进而导致信息丢失。

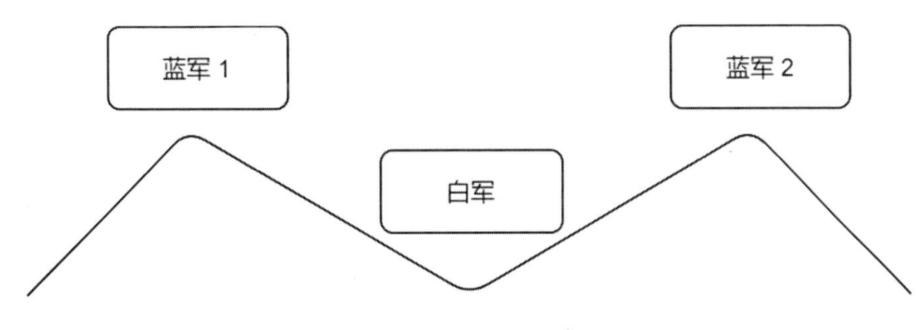

图 2.18　两军问题示意图

假设两支蓝军必须在同一天从两侧夹击白军才能成功，而任意一支蓝军单独发起进攻都会失败。请问蓝军能必胜吗？蓝军怎样通信才能商定一个进攻日期？

假设蓝军 1 派出信使，传递信息"第五天发起进攻！"

然后，第五天时，蓝军 1 能放心地发起进攻吗？

不能，因为蓝军 1 并不能确定蓝军 2 收到了自己的信息。

于是，需要蓝军 2 在收到信息后，派出一个信使告知蓝军 1 自己收到了信息。

这样，第五天时，蓝军 2 能放心地发起进攻吗？

不能，因为蓝军 2 并不能确定蓝军 1 收到了自己的确认信息。

于是，需要蓝军 1 在收到了蓝军 2 的确认信息后，再派出一个信使告诉蓝军 2 自己已经收到了蓝军 2 的确认信息。

这样，第五天时，蓝军 1 能放心地发起进攻吗？

不能，因为蓝军1并不能确定蓝军2收到了自己的确认信息。

于是，需要蓝军2在收到蓝军1的确认信息后，再派出一个信使告诉蓝军1……

这时我们发现，要想可靠地传递包含进攻日期的信息，互派信使的过程似乎要无穷无尽地进行下去。这意味着，两支蓝军无法实现信息的可靠传递。

我们可以使用反证法证明这个结论。

假设双方共派出 n 个必要的信使后，能够可靠地传递信息。双方在不派信使的情况下，显然无法可靠地传递信息，故 $n \geq 1$。由于信使可能会被俘，所以第 n 个信使可能会被俘。而 n 个信使都是必要的，这意味着，信息无法可靠传递。

两军问题讨论的是在信道不可靠的情况下，能否可靠传递信息的问题。结论：如果信道不可靠，则无法可靠传递信息。

举一反三，我们可以将两军问题的思路和结论迁移到一致性提交算法中，讨论能否在通信、节点均不稳定的分布式系统中实现可靠的一致性提交。

假设经过 n 个必要的阶段后，能够实现可靠的一致性提交。不经过任何阶段，显然无法完成提交，故 $n \geq 1$。由于分布式系统的通信、节点均不稳定，所以第 n 个阶段可能因为通信故障或节点宕机无法顺利完成。而 n 个阶段都是必要的，这意味着，无法实现可靠的一致性提交。

可见，即使引入更多的阶段，也无法在通信、节点均不稳定的分布式系统中实现绝对可靠的一致性提交。

2.6 本章小结

本章首先介绍了一致性的概念，并将ACID一致性和CAP一致性这两个平时经常被混淆的概念进行了区分，并总结了它们的异同。通常，我们在分布式系统中所述的一致性是指CAP一致性。

CAP一致性是说如果用户在分布式系统的某个节点上进行了变更操作，则在一定时间后，用户能从系统的任意节点上读到这个变更结果。

CAP一致性有强弱之分，我们常接触的几种级别按照由强到弱排列：严格一致性、线性一致性、顺序一致性、最终一致性。

然后，我们介绍了常见的两种一致性算法——两阶段提交算法和三阶段提交算法。这两种算法都能在分布式系统中实现线性一致性，我们还给出了它们的线性一致性证明。

两阶段提交算法包括准备和提交两个阶段，其实现比较简单，但是可能存在同步阻塞、单点故障、节点不一致、状态丢失等问题。

三阶段提交算法是对两阶段提交算法的改进，其包括 CanCommit、PreCommit、DoCommit 三个阶段，其实现更为复杂。三阶段提交算法也存在一些漏洞，但发生概率极低。

通过本章的学习，我们已经掌握了一致性的概念，以及常用的一致性算法。在第 3 章中，我们将介绍分布式系统面临的另一类问题：共识。共识问题往往会被错误地归为一致性问题，接下来我们会厘清它们之间的关系。

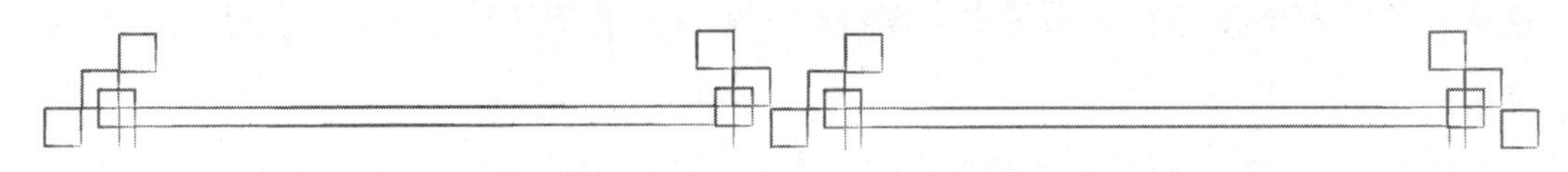

第 3 章　共识

本章主要内容

- ◇ 共识的概念及其与一致性的区别
- ◇ Paxos 算法的推导与内容介绍
- ◇ Raft 算法的实现思路和实现机制介绍

共识这一概念似乎并不出名，这是因为它常被错误地归为一致性。本节将详细阐述共识这一概念，并将它和一致性概念进行区分。

我们将讨论算法的容错性，并引出赫赫有名的 Paxos 算法。

Paxos 算法是一个有名的共识算法，且它较为晦涩。在讨论 Paxos 算法的过程中，我们不仅给出 Paxos 算法的提出过程、证明思路、具体内容，还会给出它的实现分析、应用示例，以帮助大家理解该算法。

进一步，我们会引出 Paxos 算法的衍生算法 Raft 算法。Raft 算法在工程界得到了广泛应用。

通过本章的学习，你将清晰地掌握分布式系统中的共识概念，并了解常见的共识算法。本章内容也是后续学习 ZooKeeper 等分布式一致性系统的基础。

3.1　共识与一致性

共识与一致性是两个紧密关联但又彼此独立的概念，然而，在日常的讨论中我们常将两者混淆。这会给理解和使用带来许多麻烦。

在这一章中，我们将先对共识和一致性这两个概念进行区分，再汇总我们讨论过的各种一致性，帮助我们厘清相关的概念。

3.1.1 共识的概念

共识（Consensus）是指分布式系统中各个节点对某项内容达成一致的过程。这里内容的含义很广泛，可以是某个变量的值，也可以是某个变更请求，等等。

一致性（Consistency）是指系统各个节点对外表现一致，而共识则是各个节点就某项内容达成共识的内部过程。因此，一致性和共识并不是同一个概念，它们在英文中也不是一个单词。但是，两者却在很多文章、书籍中被混淆，这一点我们要特别注意。

共识和一致性也有紧密的关系，这应该是它们容易被混淆的原因。在一个分布式系统中，数据副本存放在不同节点上。用户修改了某个节点的数据，经过一定时间后，如果用户能从系统任意节点读取到修改后的数据，那么该分布式系统实现了一致性。既然用户能从系统中读取到修改后的数据，则说明分布式系统中所有节点对这次的数据修改达成了共识。**因此，一致性是目的，而共识是实现一致性这一目的所要经历的一个过程。**

此外，一致性有强弱之分，而共识没有。共识需要所有节点对某个提案内容达成一致，只要达成一致，就实现了共识；只要达不成一致，就没有实现共识。只有成与不成，没有强和弱之分。

我们可以通过策划班级春游的例子来理解共识和一致性这两个概念。

某班级的几个班委会成员在会议室讨论全班同学要去哪里春游，讨论的过程就是一个共识过程。可能有的成员提议去西湖，有的成员提议去西溪湿地，有的成员提议去太子湾。期间可能会涉及多轮的提议、投票等，最终大家不断讨论得出一个确定结果的过程就是共识。

当班委会成员讨论并确定春游的地点之后，需要向全班同学公布这一结果。如何公布这一结果就是一个一致性问题。如果选择张贴班级公告栏，则所有同学看到公告的时间会不同（这时其他班级的同学询问起来，可能有人回答“不知道”，有人回答“公告说了，我们去西湖。”），这就不满足线性一致性；如果选择群发短信，则所有同学会同时收到通知（这时其他班级的同学询问起来，大家都会回答“短信通知过了，我们春游去西湖。”），这就满足线性一致性。

可见，共识是一致性的基础。如果班委会成员不能就春游地点达成共识，就无法向全班同学公布结果。但是，共识和一致性的概念并不相同，不能混为一谈。

考虑到大家经常将共识和一致性混淆。我们再举一个例子，帮助大家更好地区分这两个概念。

假设存在一个由 500 个节点组成的分布式系统，其已经完成了第 315 号变更，正准备进行第 316 号变更。

接下来，该系统收到了多个变更请求，如“令变量 *a*=happy”“令变量 *b*=cui”“令变量 *c*=yeecode”等。共识算法要做的是让系统对选取哪个变更成为第 316 号变更达成共识。假设由 7 个节点进行表决，决定让“令变量 *c*= yeecode”成为第 316 号变更，那么共识算法的工作就完成了。

进行到这一步，我们可以看出共识算法具有以下特点：

- 只需要部分节点参与表决。为了效率，往往不会让全部节点都参与表决，而且为了避免平票，参与表决的节点一般是奇数个。例如，上述例子中，选取 7 个节点参与表决。
- 只需要系统就变更内容达成共识，而不需要真正执行这项变更。例如，上述例子中，所有节点都不需要切实执行“令变量 *c*=yeecode”的操作。

现在已经确定第 316 号变更是“令变量 *c*=yeecode”，接下来需要在系统的 500 个节点上执行这个变更，这就是一致性算法需要完成的工作。在这一步，可以让所有节点同时开启事务后一起完成变更，也可以让节点分批次变更，还可以让各个节点自由选择变更时机，等等。不同的一致性算法决定了不同的变更方式，也将决定系统的一致性级别。

这时，我们可以看出一致性算法具有以下特点：

- 需要所有节点共同参与。
- 需要节点切实完成变更。

通过上述两个例子，相信大家已经了解了共识的含义，也进一步明确了共识和一致性的区别。接下来我们会详细探讨共识的相关问题。

备注

曾经，我对一致性和共识的认识也存在混淆。

有一次，我将一致性算法推演到工程中来完成某个系统的架构设计。对前两种算法的推演是十分顺利的，可当我尝试推演第三种算法时，却几次碰壁。

我停下来分析，可能造成推演失败的原因有两种：

- 我将算法推演到工程的能力不足或方法错误。
- 我推演的算法不是一致性算法。

很快，我就将注意力放到了第二种可能上。查找文献、阅读论文、分析逻辑，果然，它并不是一致性算法。这意味着，推演必然不会成功。

当时，我面对的第三种算法是 Paxos 算法，在本章中我们还会详细介绍它。它是一个共识算法，却常被称为一致性算法。

于是，我更加坚信理论联系实际的重要性，也认识到错误的认知确实会对软件开发者的工作造成巨大困扰。

于是我决定写一本书，一本理论联系实际的书，一本纠正错误认知的书，以帮助更多的开发者。

这就是我写作本书的原因。

3.1.2 再论“一致性”

到这里，我们有必要总结一下现在已经厘清的各种“一致性”。

- ACID 一致性：指事务的执行不会破坏数据库的完整性约束，这里的完整性约束包括数据关系的完整性和业务逻辑的完整性。
- CAP 一致性：指在一个数据副本存放在不同节点的分布式系统中，如果用户修改了系统中的数据，则在一定时间后，用户能从系统任意节点读取到修改后的数据。
- 共识：指分布式系统中某个节点给出内容后，分布式系统中的各个节点对这个内容达成共识的过程。

其中，ACID 一致性和 CAP 一致性经常被混淆的原因是它们有着同样的英文名称：Consistency。但实际上它们的来源和描述的对象完全不同。

共识经常被误称为一致性，是因为它是实现 CAP 一致性的过程。但实际上两者概念完全不同，且对应的英文单词也不同。一致性是 Consistency，而共识是 Consensus。

此外，还有一个常见的概念也和“一致性”有关，那就是一致性哈希（Consistent Hashing）。其中的“一致性”又是截然不同的概念。

一致性哈希是一种哈希算法。在分布式系统中新增或者删除一个节点后，需要对节点上的数据或请求进行重新分配。一致性哈希能减少重新分配对系统带来的影响。

拓展阅读

一致性哈希

假设存在一个系统，其用户信息由系统中的四个节点存储。四个节点的编号为0～3。我们可以使用哈希函数“nodeId = userId%4”将用户映射到某一个节点上。

在分布式系统中，扩容和缩容是十分常见的。如果系统要新增或者删除一个节点，那么哈希函数将会变为“nodeId = userId%5”或者“nodeId = userId%3”。这意味着用户和节点的对应关系发生了非常大的变化，会使大量的数据、请求等在节点间重新分配，带来巨大的工作量，并使系统不稳定。

一致性哈希可以解决上述问题。它能保证分布式系统在新增或删除一个节点时受到的影响较小。

一致性哈希的具体思路就是将哈希算法的输出空间设为一个环形。例如，该环形区域可以用 $0\sim2^{32}-1$ 表示。从正上方开始为0，沿顺时针逐渐增大，2^{32} 与0重合。四个节点也映射到该环形区域上。一致性哈希的环形输出空间如图3.1所示。

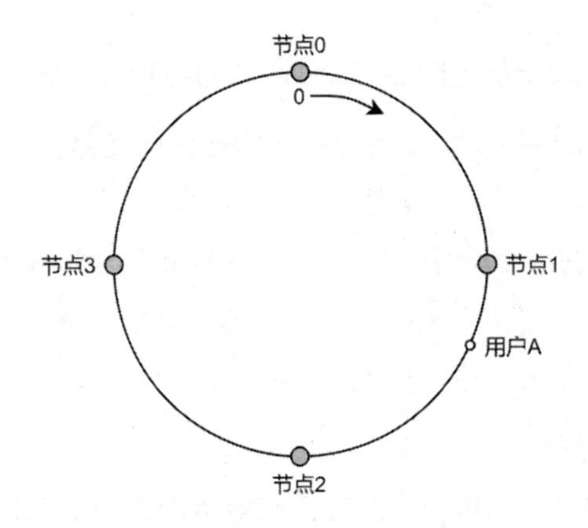

图3.1 一致性哈希的环形输出空间

同样地，用户也会被映射到环形区域上。然后，用户的映射点沿着环形顺时针旋转，遇到的第一个服务器节点就是该用户对应的节点。例如，在图3.1中，用户A对应的节点是节点2。

一致性哈希对于扩容和缩容是友好的。如图3.2左图所示，假设在图中位置新增节点4，则只会减少节点2对应的用户，不影响节点0、节点1、节点3。如图3.2右图所示，假设删除节点3，则只会增加节点0对应的用户，不影响节点1、节点2。这大大降低了扩容和缩容对系统造成的影响。

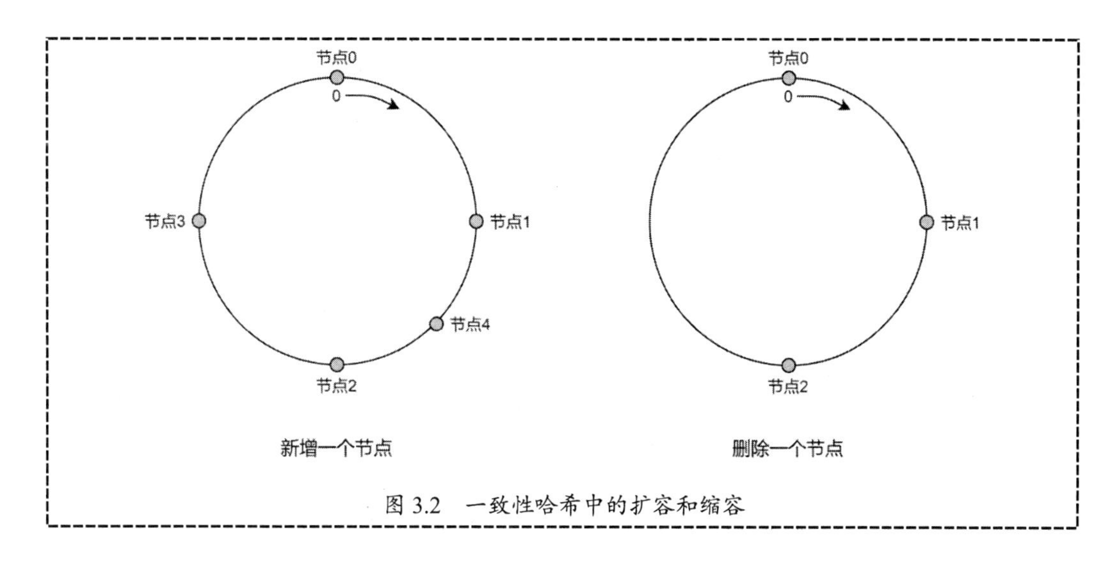

图 3.2　一致性哈希中的扩容和缩容

可见，在分布式领域，一致性是一个被广泛使用的修饰词。常见的有四种场景：ACID 一致性、CAP 一致性、共识、一致性哈希。它们的含义各不相同。因此，当遇到“一致性”一词时要注意辨别，分清其所指的具体含义。

3.2　拜占庭将军问题

谈到共识机制，经常会涉及拜占庭将军问题（Byzantine Generals Problem）。拜占庭将军问题到底是什么问题？它和共识算法有什么关系？我们将在这一节介绍相关内容。

拜占庭将军问题是由莱斯利·兰伯特（Leslie Lamport）于 1982 年在论文中提出的一个分布式网络的通信容错问题。

论文中假设了下面的场景。

拜占庭军队围困了一座敌方城池。整个拜占庭军队可以分为 n 部分，而每个部分均只听命于对应的将军。任意两个将军之间可以通过信使进行通信，现在，军队的各个将军必须要制定一个统一的行动计划，即某个时刻进攻还是撤退。然而，在将军中存在叛徒，他们会通过说谎等手段尽力阻挠忠诚的将军达成共识。当叛徒将军的数目 t 和将军总数 n 满足什么要求时，忠诚将军们才能达成共识呢？

对于该问题已经有了多种证明方式，结论是当满足 $n \geqslant 3t+1$ 时，忠诚的将军可以达成共识。

我们通过示例来理解这一结论。假设有三个将军，其中存在一个叛徒。接下来我们从他们三者中选择一个作为提议者，由该提议者给出一个进攻还是撤退的提案，然后让所有将军共同表决。

假设选中的提议者将军 A 不是叛徒，而将军 C 是叛徒，如图 3.3 所示。假设提议者给出的提案是进攻，则将军 A 会向将军 B 和将军 C 发送进攻信号。将军 B 无法判断将军 A 是否是叛徒，因此会向将军 C 询问。将军 C 是叛徒，因此他会错误地给出撤退信号。这时，将军 B 收到一个进攻信号和一个撤退信号，他能感知到将军 A 和将军 C 中存在叛徒，但却无法判断是谁，他也无法判断到底另一个忠诚的将军是要进攻还是要撤退。于是，忠诚的将军 A 和将军 B 之间无法达成共识。

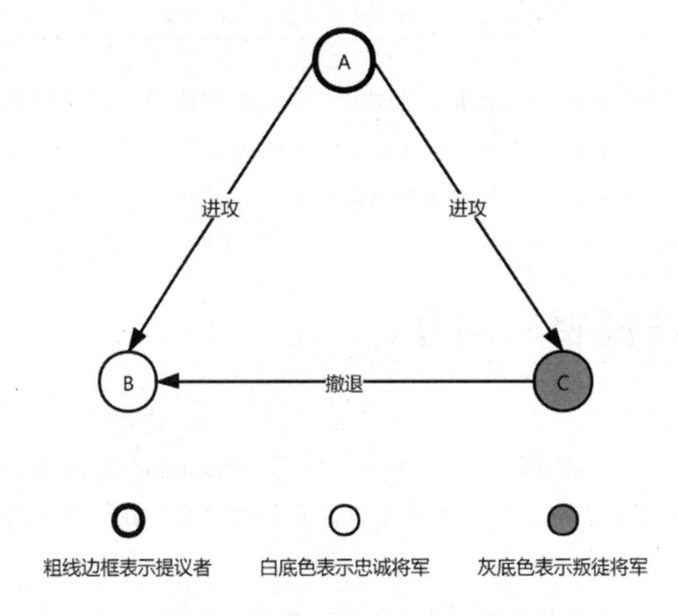

图 3.3　提议者不是叛徒（三个将军）

假设选中的提议者将军 A 是叛徒，如图 3.4 所示。叛徒将军 A 则可以向将军 B 和将军 C 分别发送进攻和撤退信号。将军 B 收到进攻信号后向将军 C 确认，忠诚将军 C 如实回复自己收到的是撤退信号。这时将军 B 收到一个进攻信号和一个撤退信号，无法判断哪个信号是正确的，将军 C 也面临同样的境况。因此，忠诚的将军 B 和将军 C 无法达成共识。

可见，无论哪种情况，当三个将军中存在一个叛徒时，共识总是无法达成。

当四个将军中间存在一个叛徒时，则共识是可以达成的。

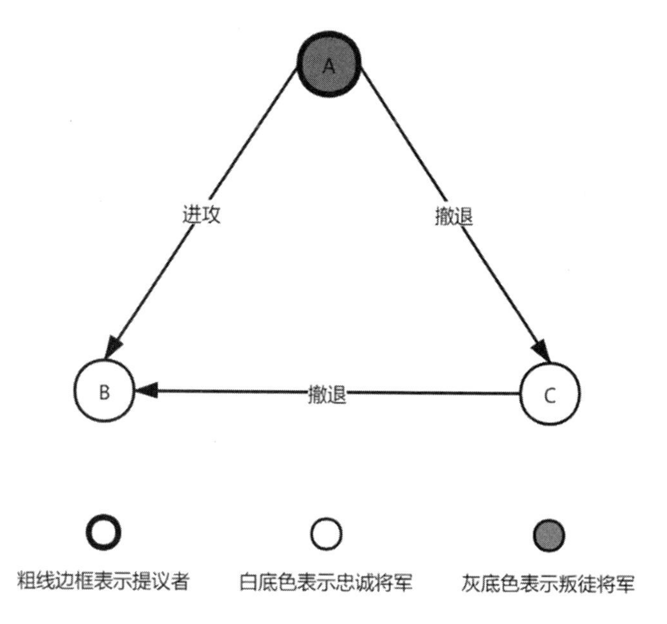

图 3.4　提议者是叛徒（三个将军）

假设提议者将军 A 不是叛徒，而将军 D 是叛徒，如图 3.5 所示。假设提议者将军 A 向其他将军发出的是进攻信号，则当将军 B 向其他将军寻求确认时，可以从忠诚将军 C 那里得到进攻信号，从叛徒将军 D 那里得到错误的撤退信号。将军 B 会按照多数原则认定正确的信号是进攻信号，于是和将军 A 达成共识。同理，忠诚将军 C 也会和将军 A 达成共识。这时，忠诚将军之间的共识操作完成。

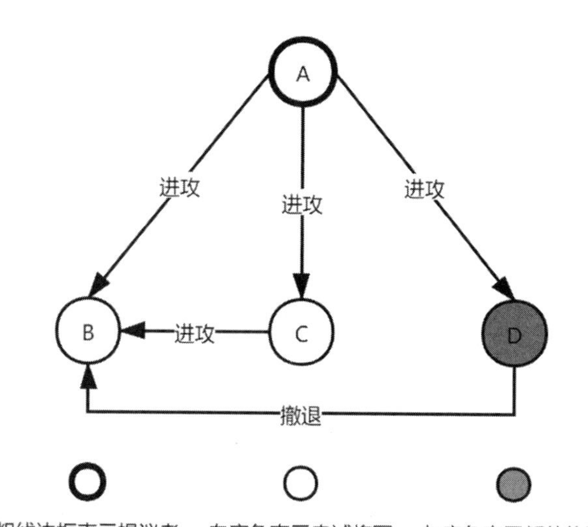

图 3.5　提议者不是叛徒（四个将军）

假设提议者将军 A 是叛徒，如图 3.6 所示。叛徒将军 A 可以跟将军 B、将军 C 发出进攻信号，而对将军 D 发出撤退信号。将军 B 在进行消息确认时，会从将军 C 获得进攻信号，从将军 D 获得撤退信号。因此将军 B 得到了来自将军 A 和将军 C 的进攻信号，来自将军 D 的撤退信号。按照多数原则，将军 B 会认为进攻信号是正确的。同理，将军 C 也会认为进攻信号是正确的。将军 D 在进行信号确认时，会从将军 B 和将军 C 处获得进攻信号，加之从将军 A 处获得的撤退信号，按照多数原则，将军 D 也会认为进攻信号是正确的。因此，忠诚将军就进攻达成共识。

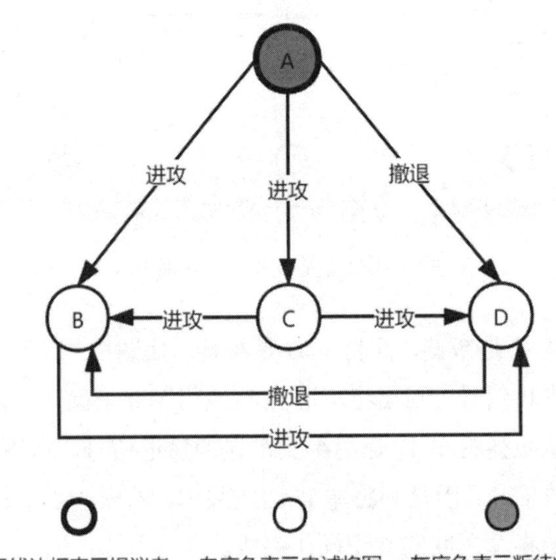

图 3.6　提议者是叛徒（四个将军）

这样，我们通过示例证明了在 $n=3$，$t=1$ 时，忠诚将军之间无法达成共识，在 $n=4$，$t=1$ 时可以达成共识。通过递归，最终可以推导出当满足 $n \geqslant 3t+1$ 时，忠诚将军之间可以达成共识。

拜占庭将军问题讨论了分布式系统在存在恶意节点的情况下达成共识的问题，具有重要的意义。

3.3　算法的容错性

拜占庭将军问题在共识过程中引入了恶意节点的干扰，使得形成共识的难度大大增加。在实际使用中，并不是所有的场景都会出现恶意节点。因此，并不是每一个共识算法都需要解决拜占庭将军问题。

根据能否解决拜占庭将军问题，我们把共识算法划分为两类：非拜占庭容错算法、拜占庭容错算法。

接下来我们简要介绍这两类算法。

3.3.1 非拜占庭容错算法

非拜占庭容错算法又称为故障容错算法（Crash Fault Tolerance，CFT）。这类算法不能解决分布式系统中存在恶意节点的共识问题，但是允许分布式系统中存在故障节点。故障节点和恶意节点的区别在于故障节点不会发出信息，而恶意节点会发出恶意信息。

在分布式系统的运行过程中，其中的节点也许会宕机成为故障节点，但它们不会发送恶意信息而成为恶意节点（黑客劫持等不在讨论之列）。因此，通常在进行分布式系统设计时，使用非拜占庭容错算法就足够了。

Paxos 算法就是一个出色的非拜占庭容错的共识算法。在它的基础上又演化出了一些更容易理解的算法。在接下来的小节中，我们会对这些算法进行介绍。

3.3.2 拜占庭容错算法

在一些更为开放的分布式系统中，各个节点都是独立的、自由的，完全有可能出现恶意节点。

例如，在比特币系统中，每个节点都是一个由用户控制的客户端。为了私利，用户完全有动机修改节点的程序使之成为恶意节点。这时便需要拜占庭容错算法（Byzantine Fault Tolerance，BFT）来协助分布式系统达成共识。

拜占庭容错算法中往往会加入奖惩机制或信任管理机制，发现节点的善意行为则对该节点进行奖励，如提升其收益、增加其信任度等；发现节点的恶意行为便对其进行惩罚，如降低其收益、减小其信任度等。这样可以让节点在发出恶意信息时有所忌惮。

工作量证明（Proof-of-Work，PoW）算法要求请求服务的节点必须解决一个难以解答但又易于验证的问题，以此来提升其请求成本，从而保证系统资源被分配到真正需要服务的节点上。这种算法可以用来增加恶意节点的作恶成本。

能够实现拜占庭容错的比特币系统就使用了工作量证明算法，它要求记账节点进行大量的哈希计算，这些计算的目的是提升节点的记账成本，从而排除恶意节点。毕竟对于一个节点来说，花费大量的计算代价争取来的记账权（能获得比特币奖励）却因自己恶意记录了错误的账本信息而被剥夺，这样的惩罚还是很惨痛的。也正因如此，获得记账权的节点通常不会在自身记录的账本中加入错误的信息（如给自己的账户多加点比特币）。

在工作量证明算法的基础上又演化出了权益证明（Proof-of-Stake，PoS）算法、委托权益证明（Delegated Proof-of-Stake，DPoS）算法等。

拜占庭容错算法可以引申出许多有趣的问题，但这类算法并不是我们设计分布式系统时需要关注的重点，因此这里仅提及。对相关内容感兴趣的读者可以自己展开研究。

3.4 共识算法

在 3.5 节和 3.6 节中，我们将介绍常见的共识算法，它们都是非拜占庭容错算法。

在这些共识算法中，Paxos 算法最有名，也是其他共识算法的基础，但该算法也略微难以理解。其难以理解的原因是 Paxos 算法将争夺提议权和表决提案这两个过程混在一起，使得整个算法很复杂。

Raft 算法则将 Paxos 算法分成了两个阶段：Leader 选举阶段和变更处理阶段。在 Leader 选举阶段，只解决 Leader 选举问题；在变更处理阶段，只处理外部变更请求。这样的拆分使得 Raft 算法更易被理解，因此 Raft 算法在工程领域得到了广泛的应用。

接下来，我们将详细介绍以上各种算法的推导过程和具体内容。读懂以上算法对于理解分布式思想、弄清 ZooKeeper 等分布式协调中间件的工作原理都十分重要。

3.5 Paxos 算法

Paxos 算法是一个完备的共识算法，甚至有人这样称赞它：“世上只有一种共识算法，那就是 Paxos 算法。”

备注

Paxos 算法通常会被误归为“一致性算法”。事实上，Paxos 算法是一个共识算法。

Paxos 算法的提出者莱斯利·兰伯特在描述该算法的论文 *Paxos Made Simple* 中写道：“At its heart is a consensus algorithm—the ‘synod’ algorithm of（这个“会议”算法的核心是个共识算法）。”而论文第二章的名字就叫“*The Consensus Algorithm*（共识算法）”。甚至，论文通篇都没有出现过“Consistency（一致性）”这一单词。

Paxos 算法可以在存在故障节点但没有恶意节点的情况下，保证系统中节点达成共识，它也是众多共识算法的基础。

3.5.1　提出与证明

问题描述

Paxos 算法是莱斯利·兰伯特在 1990 年提出的。为了描述这个问题，莱斯利·兰伯特虚拟了一个叫做 Paxos 的希腊城邦。城邦按照民主制制定法律。城邦上的公民分为以下三种角色。

- Proposer：负责给出提案。
- Acceptor：收到提案后可以接受提案。如果一个提案被多数的 Acceptor 接受，则该提案被批准。
- Learner：负责学习被批准的提案。

每种角色都可以有多个公民，任何一个公民都可以身兼数职。公民可能因为忙于其他事情而耽误时间，但是，只要时间足够长，每个公民都会履行自己角色的职责，并且不会发出虚假的信息。

城邦中存在多个 Proposer，每个 Proposer 都可能会给出包含不同 value 的提案。value 就是提案的内容，不过为了减少论述时的歧义，我们仍然使用 value 这一单词。

共识算法要做的就是让这些 value 中，最终只有一个被确定下来。接下来，所有的 Learner 都要获知这个确定的 value。

如果将城邦看作一个分布式系统，将公民看作分布式系统中的节点，我们就会发现，Paxos 算法就是在讨论分布式系统中的共识问题。

共识达成后，显然会满足如下要求：

- 一个 value 只有被提出后，才会被批准。
- 在一次共识中，只能批准一个 value。
- 节点最后获知的是被批准的 value。

接下来我们跟随算法作者的思路，在上述要求的基础上不断推进，最终得出 Paxos 算法。

为了便于大家理解，我们将 Paxos 算法分为提案批准和提案学习两个阶段。

提案批准

为了对提案进行追踪和区别，我们对提案进行全局递增编号，越往后提出的提案编号越大。于是，提案包括提案编号和 value 两部分。

为了保证被批准的 value 的唯一性，我们要求被批准的 value 应该是被多数 Acceptor 接受的那一个。多数 Acceptor 指的是超过一半的 Acceptor。这种机制能够避免多个不同的 value 被批准。

算法运行的目的是选中一个 value。因此，如果只有一个 Proposer 提出了唯一的 value，那么我们要去选中这个 value。为此，我们给出下面的约束。

P1：Acceptor 必须接受第一次收到的提案。

共识要求最终只能批准一个 value，但是并不是只能批准一个提案。所以其实可以批准多个提案，只要这些提案的 value 相同。于是我们给出下面的约束。

P2：一旦一个 value V 的提案被批准，那么之后批准的提案必须是 value V。

有了约束 P2，就保证了只会批准一个 value。

批准一个 value 是指多数 Acceptor 接受了这个 value。因此，可以将 P2 所述的约束施加给所有的 Acceptor，毕竟是由它们来落实算法的。于是我们可以得到下面的约束。

$P2^a$：一旦一个 value V 的提案被批准，那么之后任何 Acceptor 再次接受的提案必须是 value V。

这时我们假设一种场景，一个 Proposer 和一个 Acceptor 休眠了。在它们休眠过程中，一个新的 value V 被批准，然后 Proposer 和 Acceptor 苏醒了，并且 Proposer 给 Acceptor 提出了一个新的提案 value W。根据 P1，Acceptor 应该接受这个提案；而根据 $P2^a$，因为新提案不是 value V，所以 Acceptor 不应该接受这个提案。在这里，P1 和 $P2^a$ 就产生了矛盾。

于是，我们将 $P2^a$ 这一约束往前推，进一步加强。不再对 Acceptor 进行约束，而是对 Proposer 进行约束，得到 $P2^b$。

$P2^b$：一旦一个 value V 的提案被批准，那么以后任何 Proposer 提出的提案必须是 value V。

这样，休眠后苏醒的 Proposer 要检查当前的提案批准情况，确保不违背 $P2^b$。于是这个 Proposer 不会再提出 value W，而休眠后苏醒的 Acceptor 也不会在 P1 和 $P2^a$ 这两个约束之间不知所措。所以在本质上，$P2^b$ 是对 $P2^a$ 的进一步加强。

但是，Proposer 如何才能知道哪个提案已经被批准了呢？

一个被批准的提案一定被多数 Acceptor（假设这个 Acceptor 集合为 C_1）接受。于是，Proposer 只需要询问多数 Acceptor（假设这个 Acceptor 集合为 C_2）接受了哪个 value，就能找出已经被批准的 value。这一点能够成立是因为两个多数 Acceptor 的集合 C_1 和 C_2 一定会有交集。

于是就产生了下面的约束 $P2^c$。相对于约束 $P2^b$，约束 $P2^c$ 更容易落实。

$P2^c$：如果一个编号为 n 的提案是 value V，那么存在一个多数派，要么他们都没有接受编号小于 n 的任何提案，要么他们接受的所有编号小于 n 的提案中编号最大的那个提案是 value V。

备注

上面所述的约束 $P2^c$ 的内容引自莱斯利·兰伯特的论文 Paxos Made Simple。但是，上述内容在表述上更像一个数学结论而不像一个约束。

为了方便大家理解，我们对其进行改写，改写后的约束 $P2^c$ 内容如下。

Proposer 在提出编号为 n 的提案时需要向多数 Acceptor 询问它们是否已经接受过编号小于 n 的提案。Acceptor 如果接受过，则它要返回其中编号最大的提案。经过这次询问，如果 Proposer 收到的回复中编号最大的提案的 value V，则该 Proposer 提出的提案的 value 也必须为 V。

Proposer 按照约束 $P2^c$ 就能确定出目前已经被批准的 value，具体做法如下。

Proposer 在给出提案前，向多数的 Acceptor 询问它们是否已经接受过编号小于 n 的提案。Acceptor 如果接受过，则它要返回其中编号最大的提案。然后，Proposer 汇总收到的所有回复，并执行下面的操作。

- 如果确实收到了 Acceptor 返回的提案，假设这些提案中编号最大的一个的 value V，则该 Proposer 给出的提案的 value 也只能是 V。

- 如果没有收到 Acceptor 返回的提案，则该 Proposer 给出的提案可以是任意的 value。

根据约束 $P2^c$，便可以满足约束 $P2^b$，因此约束 $P2^c$ 是对约束 $P2^b$ 的加强。

我们继续来看约束 $P2^c$，它要求“存在一个多数派，要么他们都没有接受编号小于 n 的任何提案，要么他们接受的所有编号小于 n 的提案中编号最大的那个提案是 value V。”对于多数派中的节点而言，让它们对过去接受的提案进行保证是可以的。可是，这些节点并未保证它们未来不会接受编号小于 n 的提案，进而打破约束 $P2^c$。

于是，我们可以对 Acceptor 能接受的提案进行约束。

$P1^a$：Acceptor 可以接受编号为 n 的提案，前提是它之前没有回复任何编号大于 n 的提案。

显然，约束 $P1^a$ 是约束 P1 的加强。

最终通过推导，得到了约束 $P1^a$ 和约束 $P2^c$，这就是 Paxos 算法在提案批准阶段的核心约束。通过约束 $P1^a$ 和约束 $P2^c$ 便可以完成提案的批准工作。

提案学习

提案被批准之后，Learner 便可以学习提案。在这个过程中，Learner 需要知道哪个提案被批准，即被多数 Acceptor 接受，其有多种实现方式。

最简单的一种实现方式是在每个 Proposer 接受提案后，都向所有的 Learner 发送提案的内容。Learner 可以汇总接收到的所有提案，判断出哪个提案被多数 Proposer 接受，也就是被批准，然后进行学习。但是，这种实现方案的通信量很大。假设有 m 个 Acceptor、n 个 Learner，则每当一个新提案被批准和学习时，Acceptor 共需要向 Learner 发送 $m \times n$ 个请求。

Paxos 算法讨论的是非拜占庭容错情况下的共识问题，各个角色之间的通信中都没有虚假信息。因此，我们可以让 Learner 之间传递信息，从而减少 Acceptor 向 Learner 发送的请求数，即在 Learner 中选出 k 个主 Learner，它们接收 Acceptor 的请求，并把批准的提案学习后传递给其他 Learner。这样，每当一个新提案被批准和学习时，Acceptor 共需要向 Learner 发送 $m \times k$ 个请求。

3.5.2 算法的内容

经过 3.5.1 节的推导，我们知道 Paxos 算法的提案批准阶段要满足约束 $P1^a$ 和约束 $P2^c$。

具体而言，可以用下面的流程实现 Paxos 算法的提案批准过程。

1. Prepare 阶段

- Proposer 选择一个提案编号 *n* 放入 Prepare 请求中，发送给 Acceptor。
- 如果 Acceptor 收到的 Prepare 请求的编号 *n* 大于它已经回复的所有的 Prepare 请求的编号，则回复 Proposer 表示接受该 Prepare 请求。在回复 Proposer 的请求中，Acceptor 会将自己之前收到的编号最大的提案（如果有的话）回复给 Proposer。进行了这次回复后，Acceptor 承诺不会再回复任何编号小于 *n* 的提案请求。

当 Proposer 收到了多数 Acceptor 对 Prepare 请求的回复后，进入 Accept 阶段。

2. Accept 阶段

- Proposer 向 Acceptor 集合发出 Accept 请求。Accept 请求中包含编号 *n* 和根据 $P2^c$ 约束决定出的 value。具体来说，这个 value 是它在 Prepare 请求的回复中收到的编号最大的提案中的 value。如果不存在这个 value，则该 Proposer 可以自由指定一个 value。
- Acceptor 收到这个 Accept 请求后立刻接受。除非，该 Acceptor 又已经回复了编号大于 *n* 的提案的 Prepare 请求。

从效率的角度考虑，当一个 Acceptor 发现某个 Proposer 发出的 Prepare 请求的编号小于该 Acceptor 回复过的 Prepare 请求编号时，它可以及时通知 Proposer 停止后续操作。因为该 Proposer 的 Prepare 阶段必然是失败的，没有必要继续下去。

当 Acceptor 批准一个决议时，它可以将 value 发送给 Learner 的子集，由这个子集通知所有的 Learner。

在整个算法运行过程中，在任何时间中断都不会引发状态的混乱。

在 Accept 阶段，Acceptor 收到 Accept 请求后立刻接受，除非，该 Acceptor 又已经回复了编号大于 *n* 的 Prepare 请求。这意味着，Paxos 算法的运行过程中可能会出现一个问题。当 Proposer A 提出一个提案后，Proposer B 提出一个编号较大的提案可能会中止 Proposer A 的提案。Proposer A 只能重新给出一个编号更大的提案，结果又终止了 Proposer B 的提案。这样一来，可能出现 Proposer A 和 Proposer B 不断给出更大的提案编号中止对方的提案，而导致无法达成共识的情况。这时可以选择当 Proposer 的提案被中止时，该 Proposer 必须休眠一段随机时间，以此来避免互相竞争。

这样，Paxos 算法已经描述完成。这是最基本的 Paxos 算法，又称为 Basic-Paxos 算法。

3.5.3 算法实现分析

Paxos 算法的提出和证明过程确实不易被理解，为了防止大家感到混乱，我们接下来对 Paxos 算法的提出和证明过程进行梳理。

首先，Paxos 算法将节点划分为三种角色：Proposer、Acceptor、Learner。确定了共识最终要满足的三点要求如下。

- 一个 value 只有被提出后，才会被批准。
- 在一次共识中，只能批准一个 value。
- 节点最后获知的是被批准的 value。

然后，给出算法要满足的约束 P1 和约束 P2，并不断加强约束，得到了整个算法。其整个加强的过程如图 3.7 所示。

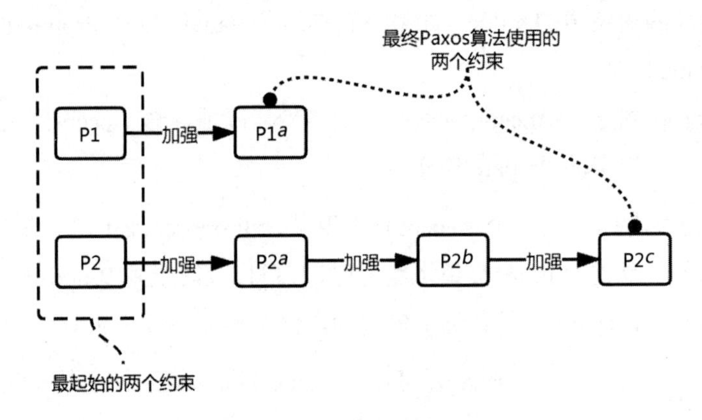

图 3.7　Paxos 算法加强过程

最后，得到的约束 $P1^a$ 和约束 $P2^c$ 共同实现了 Paxos 算法中的提案批准过程。

即使理解到这一步，Paxos 算法还是有些复杂。为了让大家更透彻地理解 Paxos 算法，我们进一步剖析整个算法在做些什么。

在此之前，我们先定义一个概念以帮助大家理解。这个概念是提议权。

提议权是指能够自由指定一个 value 让 Acceptor 进行表决的权利。

在 Paxos 算法执行中，每个 Proposer 都可以给出提案。那是不是说，每个 Proposer 都具有提议权呢？

不是的。

如果一个 Proposer 给出了提案，但是提案中的 value 却是其他 Proposer 指定的，那么显然这个 Proposer 并没有获得提议权。

在一次共识形成中，可能会有多个 Proposer 提出了多个提案，但其实只有一个 Proposer 拿到了提议权。

一个 Proposer 拿到了提议权后，便可以自由指定一个 value 让所有的 Acceptor 进行表决。

有了提议权这个概念之后，我们可以将提案批准阶段划分为以下两个子内容。

- 争夺提议权：讨论哪个节点可以给出一个新的提案（包含一个自由指定的 value，而不是从其他提案中引用过来的 value）。
- 表决提案：讨论要不要通过当前提案中的 value。

在 Paxos 算法中，我们可以看到与争夺提议权相关的内容。例如，在 Paxos 算法的 Accept 阶段存在下面的一段规则："具体来说，这个 value 是它在 Prepare 请求的回复中收到的编号最大的提案中的 value。如果不存在这个 value，则该 Proposer 可以自由指定一个 value。"按照这段描述，如果 Proposer 最后可以自由指定一个 value，则表明它得到了提议权；否则，表明它失去了提议权（只能引用一个已有提案中的 value，而这个 value 最初是由其他 Proposer 指定的）。

在 Paxos 算法中，我们也可以看到与表决提案相关的内容。例如，"在 Prepare 阶段，进行了这次回复后，Acceptor 承诺不会再回复任何小于 n 的请求。"这一段描述的便是 Acceptor 对提案进行表决的准则之一。

引入了提议权这一概念之后，我们可以发现，Paxos 算法将争夺提议权和表决提案这两个子内容放在一起处理。正是这一点，极大地增加了 Paxos 算法的理解难度。

如果系统只进行一次共识决策，那么在决策中包含争夺提议权和表决提案两部分内容是合理的。如果系统要进行多次决策，那么没有必要在每次决策前都重新争夺提议权，完全可以将提议权交给某一个节点（通常被称为 Leader 节点），而着重关注表决提案的过程。

理解了这一点，就掌握了 Paxos 算法的演化思路。后面我们要介绍的演化算法，其主要思路就是将争夺提议权和表决提案的过程拆解开来。

3.5.4 理解与示例

为了进一步帮助大家理解 Paxos 算法，我们准备了一个更为实际的例子。

假设有五位同学 S1～S5，通过信件来往讨论出行计划。他们实现了提案的全局唯一编号，编号越大的提案提出的越晚。

可以分为以下几种情况。

情况一

S1 准备给出游玩地点，于是向其他人发送信件：

我想要确定下咱们明天去哪里玩。

提案编号：6

其他人收到后，均向 S1 回复：

同意，听你的。

则 S1 收到过半数（含自己）的同意后，获得了提议权。再次发出信件：

已决定，去西湖玩。

决议编号：6

于是，共识达成。达成的决议内容是去西湖玩。

情况二

S1 准备给出游玩地点，于是向其他人发送信件：

我想要确定下咱们明天去哪里玩。

提案编号：6

而 S5 也向其他人发送信件：

我想要确定下咱们明天去哪里玩。

提案编号：7

假设 S1 的提案信件先到达 S2，并得到了 S2 的同意；S5 的提案信件先到了 S4 并得到了 S4 的同意。于是关键就在于 S3 的行为。

假设 S3 先收到了 S1 的提案，并回复了同意，那么 S1 已经得到了半数以上的同意，开始发出信件：

已决定，去西湖玩。

决议编号：6

这时 S5 的提案信件才到达 S3。因为 S5 的提案编号更大，S3 必须回复，回复内容：

我已经同意 6 号提案，内容为去西湖玩。

S5 收到回复后，发现已经有提案被 S3 同意过，那么自己的提案内容必须和上述提案内容一致。于是他发出信件：

已决定，去西湖玩。

决议编号：7

于是，共识达成。达成的决议内容是去西湖玩。

情况三

前面内容和情况二一致，但是 S5 的提案先到达 S3，则 S3 同意 S5 的提案。

S5 得到了过半数的同意，这时，S5 赢得了提议权，可以决定去哪里玩。于是，S5 发出信件：

已决定，去西溪湿地玩。

决议编号：7

这时，S1 的提案才到达 S3。S3 看到 S1 的提案的编号为 6，小于自己已经接受的提案编号 7，则直接不理会。

S1 并没有得到半数以上的同意，因此不具有提出去哪里玩的提议权。

一段时间后，S1 收到了 S5 发来的去西溪湿地玩的决议，他知道这是过半数同意了的最终决议，于是也决定和大家一起去西溪湿地玩。

于是，共识达成。达成的决议内容是去西溪湿地玩。

3.6 Raft 算法

Paxos 算法在共识算法理论界的开创地位和基石地位是不容撼动的，但它难以理解且容易出错，限制了它在工程领域的应用。

在 Paxos 算法的基础上发展出了许多算法，Raft 算法便是其中之一。Raft 算法易于实现和理解，在工程领域应用广泛。

Raft 算法和 Paxos 算法在底层逻辑上是等价的，它与 Paxos 算法有着相同的容错性和性能。与 Paxos 算法的不同点在于，Raft 算法把 Paxos 算法要处理的争夺提议权和表决提案这两个问题拆分到 Leader 选举和变更处理两个阶段中分别进行处理，因此更容易理解。

在变更处理阶段，Raft 算法可以持续完成多项共识操作，即实现多决策（Multi-Decree）。相比而言，Paxos 算法每次执行只能完成一次共识操作，即实现单决策（Single-Decree）。

通常情况下，分布式系统在运行中会不断地接收变更请求，这要求分布式系统中的共识算法能够实现多决策。可是将 Paxos 算法改造为多决策算法的过程很复杂，这也是 Raft 算法得到广泛应用的重要原因。

接下来我们就详细介绍 Raft 算法的具体内容。

3.6.1 Raft 算法的内容

Raft 算法的实现主要包含两个阶段。

- Leader 选举阶段，进行提议权争夺。
- 变更处理阶段，进行提案表决。

接下来我们详细介绍这两个阶段的具体内容。

Leader 选举阶段

Raft 算法规定节点处于 Leader、Follower、Candidate 三种状态之一。Leader 状态表示当前节点作为集群的 Leader；Follower 状态表示当前节点作为集群的 Follower；Candidate 状态表示集群中不存在 Leader，当前节点正在参与 Leader 的选举过程。

这三个状态的状态转化，如图 3.8 所示。

节点刚启动时默认处于 Follower 状态。如果节点长时间接收不到 Leader 的心跳则表示当前节点与 Leader 失去联系，此时节点也会转为 Candidate 状态开始新 Leader 的选举。

在 Candidate 状态下，如果当前节点得到了多数节点（过半数的节点，其中也包含节点自身）的投票，则会进入 Leader 状态作为集群的 Leader。否则，可能会收到新 Leader

的信息而转为 Follower 状态，也可能会因为超过一定时间未收到新 Leader 的信息而继续处于 Candidate 状态，并进行下一轮的投票。

当一个 Leader 节点发现一个处在更新任期（Term）的 Leader 时，会直接变为 Follower。关于这一点我们会在 3.6.2 节中进行讨论。

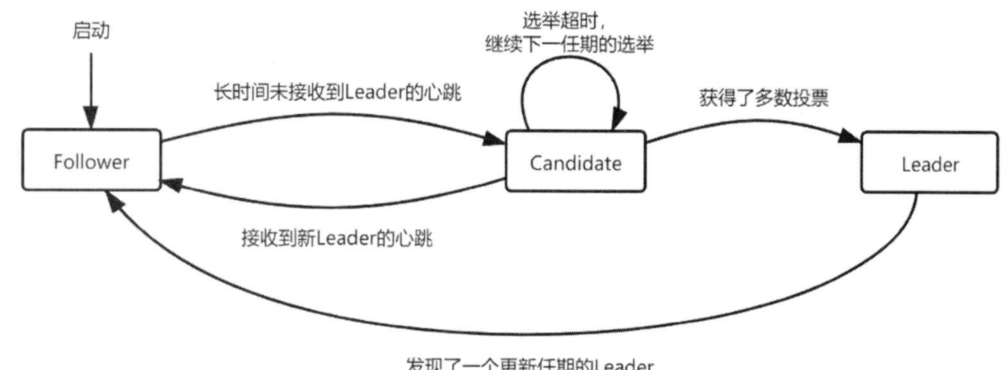

图 3.8 Raft 算法中节点状态转换图

当集群选举出 Leader 后，由 Leader 节点接收外部客户端发来的变更请求，并采用类似两阶段提交的方式将变更同步到各个 Follower 上。与两阶段提交不同，Leader 节点只要发现多数接受了新变更，便会提交该新变更。从这里也能看出，共识算法只负责让节点达成共识，并不负责让系统实现一致性。

当系统中的 Leader 突然宕机时，集群中的各个节点所保存的变更集合可能是不同的。但多数节点上都保存有最新最全的变更，因为这是变更被提交的必要条件。这意味着，集群中只要有多数的节点存活，就不会丢失已提交的变更。

例如，集群中存在依次编号的 5 个节点，节点 1 作为 Leader，变更 A 保存在 1、2、3、4、5 这 5 个节点上，变更 B 保存在 1、2、4 这 3 个节点上，变更 C 保存在 1、4 这 2 个节点上。因为变更 A、B 都已经保存在多数的节点上，所以是已提交的变更，而变更 C 则是未提交的变更，如图 3.9 所示。

接下来，5 个节点中存活 3 个节点，则这 3 个节点中一定会有一个节点包含 A、B 这 2 个已提交的变更，即已提交的变更不会丢失。

节点必须获得多数节点的投票支持才能成为 Leader。这意味着只要集群还能选举出 Leader 正常工作，则集群中的节点超过了半数。那么，这过半数的节点中，一定有一个节点包含了全部的已提交变更。

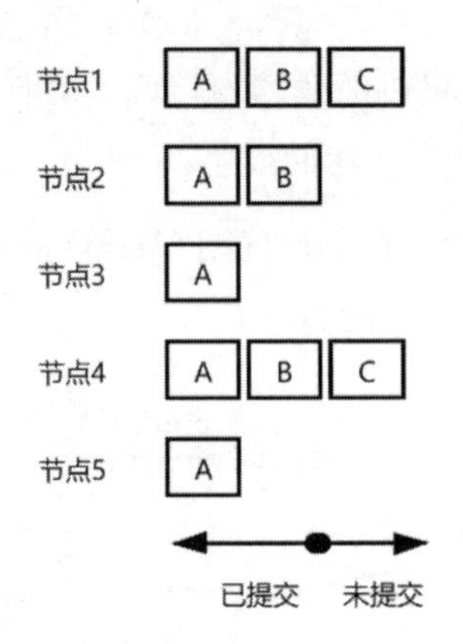

图 3.9　变更在节点上的分布示意图

新 Leader 产生后，将作为变更的发起者协调整个集群的工作，因此它自身必须掌握整个集群的最新状态，并在此基础上继续接受新的变更。这样，我们得到了处于 Candidate 状态的节点当选 Leader 的一个重要条件：保存有最新的变更。

所以，Leader 选举的过程就是从保存有最新变更的 Candidate 节点中，任选一个节点的过程。

整个选举的过程如下。

当某个节点长时间无法和 Leader 取得联系时，会开启一个新任期进入 Candidate 状态，开始选举 Leader。该节点首先会给自己投一票，然后请求其他节点给自己投票。

收到其他节点的投票请求后，每个节点给其他节点投票的准则如下。

- 要投票的 Candidate 节点掌握的变更不能比自己的更旧。这一点是为了让当选 Leader 的节点具有最新的变更。
- 先来先得，会优先把票投给最先要求自己投票的节点。
- 每个任期内，一个节点只能投出一票。

这样，如果某个节点获得了多数节点（包含自己）的投票，则可以成为这个任期的 Leader。如果出现了平票则不能选举出新的 Leader，所有节点会继续等待直到超时，然后这个任期结束，开启新的任期再次进行选举。

Raft 算法中的任期情况如图 3.10 所示。

任期总会以一次新的选举操作开始，以选举失败或者 Leader 失联结束。

如果选举中出现平票则要开始新任期，这样的事情可能会发生多次，浪费时间。因此，Raft 算法使用随机超时算法来使每次选举都随机有一个节点先发起选举，避免一直按照同样的顺序唤醒而出现平票的情况。

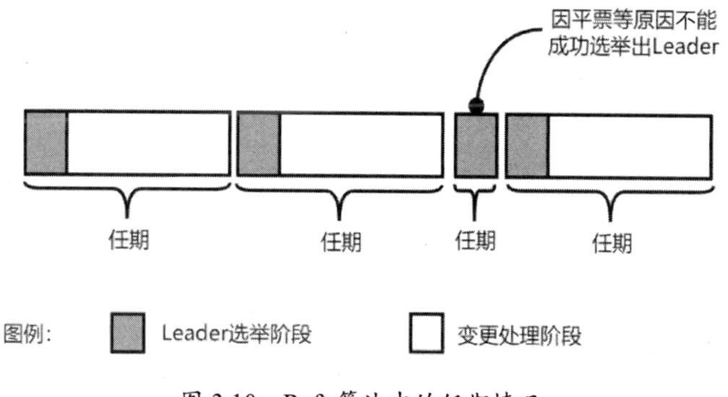

图 3.10　Raft 算法中的任期情况

同时，作为集群的管理员，我们也要尽量使集群中有奇数个节点，来减少平票的发生。

Leader 产生以后，会立刻告知其他节点。其他节点接收到新 Leader 的通知后，会转入 Follower 状态。

变更处理阶段

新 Leader 选举产生后，集群便可以进入正常的工作状态，处理外部发来的变更请求。

集群的变更操作是基于复制状态机（Replicated State Machines）开展的。复制状态机确保在初始状态一样的情况下，各个节点接收相同且确定的变更后，还会处于相同的状态。

这里所说的相同且确定的变更是指该变更不会因为执行时间、执行节点环境等的不同而不同。例如，“设置某个变量为当前时间”“设置某个变量为当前节点的 IP 地址”等输入则不符合条件；而“设置某个变量为 15:35”“设置某个变量为 172.168.1.21”则是符合条件的。

在集群中，每个节点都可以作为一个复制状态机。这时，Leader 只要维护一个变更列表，每个节点都按照该列表依次执行其中的变更，则所有节点执行完变更列表后所处的状态是完全一致的。

当集群接收到变更后，会统一交给 Leader 处理。Leader 会按照顺序接收变更，从而实现了所有变更操作的串行化。之后，Leader 会将变更发送给其他节点，等待其他节点确认。

Follower 接收并执行完新的变更后会向 Leader 确认。当 Leader 收到多数（含自己）节点的确认后，会提交该变更。

于是，整个集群接收新变更并最终提交的过程如下。

（1）Leader 接收到一个新变更，将该变更操作附加到变更列表末尾。

（2）Leader 将该变更发送给已经执行完前面所有变更的节点，并等待节点回应。

（3）如果节点执行完成了变更，则会回应 Leader。

（4）如果 Leader 收集到了多数节点的回应，则提交该变更，并告知客户端。

例如，变更的提交情况如图 3.11 所示。C 号变更及其之前的变更都已经被多数节点接收，因此已经被提交，而 D 号变更则正在处理中。

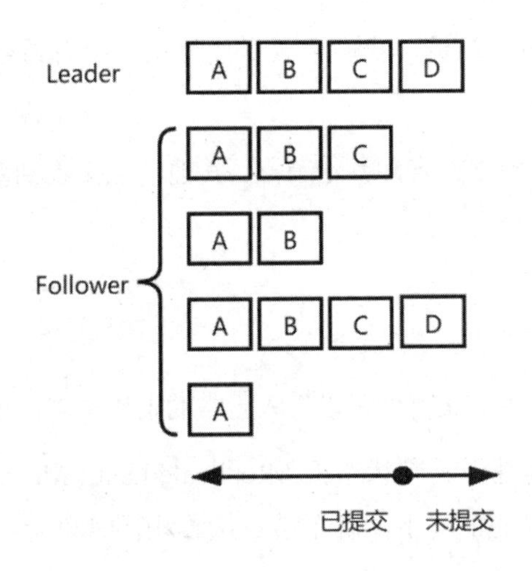

图 3.11　变更的提交情况

3.6.2　Raft 算法的保证

在这一节中，我们将讨论 Raft 算法的保证，即论证 Raft 算法不会引发系统的混乱或者丢失已提交的变更。

脑裂的避免

脑裂是指集群中出现了多于一个的 Leader，这时，多个 Leader 会各自接收不同的变更请求，从而导致系统状态混乱。而且多个 Leader 接收到的变更不同，使得子集群朝不同的方向演化，最终无法合并。这在分布式系统中是极为严重的故障，也是一定要避免的。

Raft 算法规定 Leader 的当选需要获得多数节点的支持，同时，在每一个任期内，每个节点只能投出一票。这意味着，在任何一个任期内，最多只有一个节点成为 Leader。

但是，在同一时刻确实可能存在不同任期的两个 Leader。

假设集群中存在 5 个节点 A～E，节点 B 为 Leader。这时，集群通信出现故障，分裂为两个群落，一个群落包含 A、B 两个节点，一个群落包含 C、D、E 三个节点。在节点 A、节点 B 组成的群落中，节点 B 依旧是 Leader；在节点 C、节点 D、节点 E 组成的群落中，因为收不到 Leader 的心跳而开启了新的任期并展开选举，假设节点 D 获得了 3 票，超过了总节点数 5 的半数，成为了新的 Leader。则此时集群中同时存在节点 B、节点 D 两个 Leader，但因为节点 D 是后面一个任期被选举出来的，因此节点 D 所处的任期更加新。集群中同时存在两个 Leader 示意图如图 3.12 所示。

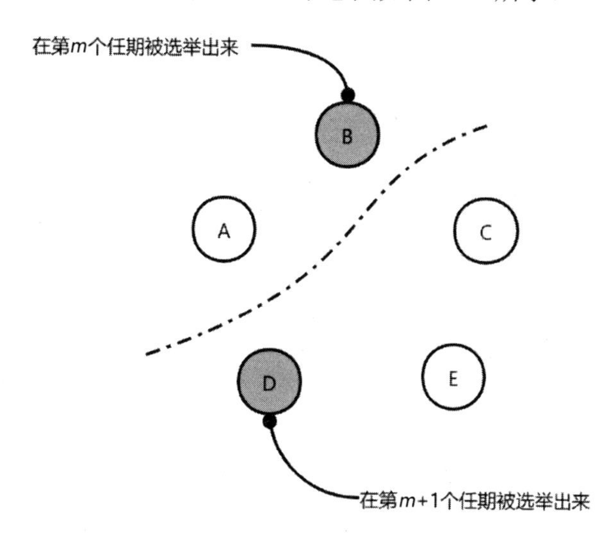

图 3.12　集群中同时存在两个 Leader 示意图

此时，节点 B 作为 Leader 仍会接收变更，但它将变更操作发送给节点后，永远不会得到多数的回应。因为节点 B 所在的群里一共只有 2 个节点，所以节点 B 不会提交任何新变更。

节点 D 作为 Leader 也会接收变更，并且能够提交变更。因为节点 D 所在的群落有超过半数的节点。

假设经过一段时间后两个群落之间的通信恢复，则节点 B、节点 D 均会收到对方发出的 Leader 信息，但因为节点 D 的任期更加新，所以节点 D 会继续担任 Leader，而节点 B 则会在接收到节点 D 的信息后转为 Follower。

在节点 B、节点 D 两个 Leader 共存的时间段内，所有的变更也都由节点 D 提交，因此不会发生系统变更混乱的情况。

可见，Raft 算法能保证系统不会出现脑裂。

已提交请求的保证

Leader 只会往变更列表的尾部附加新的变更，而不会删除或覆盖已有的变更。并且我们也知道，如果一个变更被提交，则它已经被保存在过半数的节点中。

假设系统中的部分节点突发故障，只要集群还能正常工作（有多数的节点存活且可通信），则至少有一个存活的节点中保存有完整的变更列表。这样，保存有完整变更列表的节点会成为新的 Leader，并将自身的变更列表同步给其他节点，保证了已提交的请求不会丢失。关于这一点我们已经在 3.6.1 节进行了讨论。

但是存在一种特殊情况，会导致过半数的提交作废。接下来，我们举例说明这种情况，过半数提交被废弃问题如图 3.13 所示。

图 3.13 中存在 5 个节点 1～5，出现了如下的操作。

- 在 t_1 时刻，节点 1 作为 Leader，并接收了变更请求 B，然后宕机。
- 在 t_2 时刻，节点 5 作为 Leader，接收了变更请求 C，并将该变更同步到了节点 4 上，然后宕机。
- 在 t_3 时刻，节点 1 再次作为 Leader，将变更 B 同步到了节点 2 和节点 3 上，然后宕机。
- 在 t_4 时刻，节点 5 再次作为 Leader，并将变更 C 同步到了节点 1、节点 2 和节点 3 上。

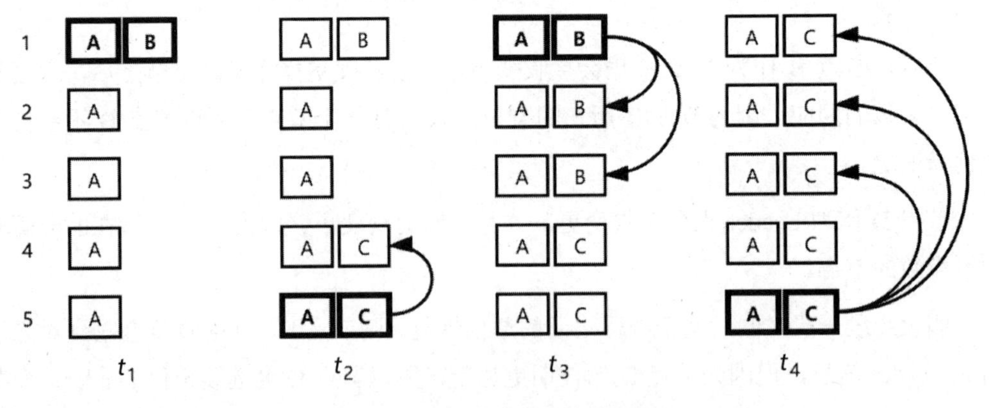

图 3.13　过半数提交被废弃问题

上述这种情况的发生概率很低，但确实是可能的。

这时我们发现一个问题，在 t_3 时刻变更 B 已经被过半数节点接收，但是却在随后的

t_4时刻被覆盖了。于是，一个过半数的提交 B 作废。

为了防止上述情况的发生，Raft 算法规定：Leader 被当选之后，不允许向其他节点单独同步之前任期的变更。这样就杜绝类似图 3.13 中t_3时刻和t_4时刻的行为。

但是，Raft 算法允许 Leader 被当选之后，在向其他节点同步新变更时，顺带同步之前任期的变更。这样设置既能够保证变更 B 的继续同步，又防止图 3.13 中所示的混乱。我们接着图 3.13 的t_2时刻举例说明过半数提交被废弃问题的解决，如图 3.14 所示。

在t_3时刻，节点 1 被选举为 Leader，并接收到变更 D。此时，节点 1 会在同步变更 D 时顺便同步变更 B。这样，按照选举规则，即使节点 1 再次宕机，节点 4、节点 5 也会因为没有最新的变更而无法被选举为 Leader，从而避免了图 3.13 中所述的情况。

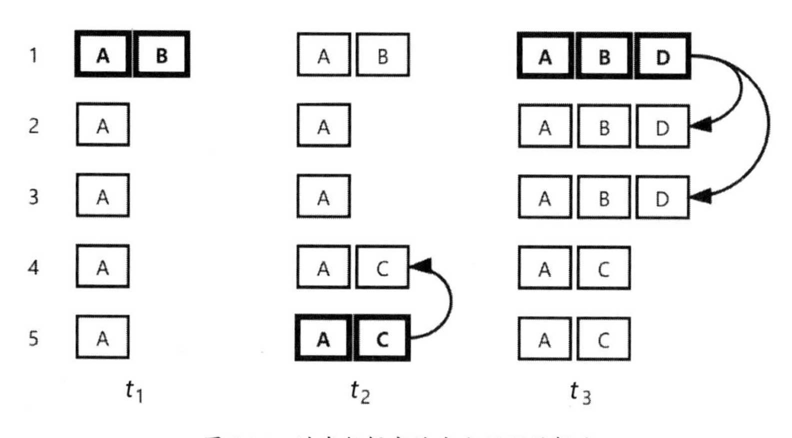

图 3.14　过半数提交被废弃问题的解决

如果节点 1 被选举为 Leader 后没有接收到新的变更怎么办？这样它就没有机会将变更 B 同步到节点 2 和节点 3 上。

实际上，节点成为 Leader 后，会迅速向所有节点同步一个无实际操作的变更，相当于一个空操作的变更 D。这样，顺便同步了之前任期的变更，并确保了变更数目的增加，防止了类似节点 4、节点 5 的节点再次当选为 Leader。

通过这种机制，Raft 算法避免了图 3.13 所述的特殊情况。最终保证了凡是被过半数节点接收的变更，都不会丢失。

3.6.3 总结分析

Raft 算法将整个共识操作划分为两个阶段：Leader 选举阶段、变更处理阶段。每个任期都以 Leader 选举阶段开始。

在 Leader 选举阶段，各个节点开始新 Leader 的选举工作。只要有多数的节点正常工作，这一阶段就可以顺利完成。

在变更处理阶段，各个节点在 Leader 的带领下处理变更。Leader 维护了一个变更列表，各个节点只需要遵循该列表依次处理其中的变更即可。变更的提交需要得到多数节点的回应，因此，只要有多数节点正常工作，这一阶段就可以顺利完成。

只要集群中多数节点正常工作，Raft 算法就可以正常运行。并且在运行过程中能够应对 Leader 宕机、Follower 宕机等意外情况。

3.7 本章小结

本章首先介绍了共识的概念，并着重将共识和一致性这两个概念进行了区分。

共识是指分布式系统中各个节点对某项内容达成一致的过程，没有强弱之分。一致性是指系统各个节点对外表现一致，根据从变更发生到对外表现一致这个过程经历的时间长短不同，有强弱之分。

以此为契机，我们还对常见的各种一致性概念进行了详细的区分，包括 ACID 一致性、CAP 一致性、共识、一致性哈希。它们都是截然不同的概念。

然后，我们讨论了拜占庭将军问题，并引出了算法的容错性。只能够容忍故障错误的算法称为非拜占庭容错算法，既能够容忍故障错误又能够容忍恶意错误的算法称为拜占庭容错算法。通常，我们在分布式系统中只需要实现非拜占庭容错算法。本章介绍的算法也都是非拜占庭容错算法。

接着，我们开始详细介绍各类共识算法。

先介绍的是 Paxos 算法，包括其提出过程、证明过程、具体内容。Paxos 算法是一个完备的共识算法，但是略显晦涩。

为尽可能帮助大家理解 Paxos 算法，我们还进一步给出了 Paxos 算法的实现分析、理解示例。

我们还介绍了 Raft 算法，包括其实现思路和运行机制，Raft 算法是 Paxos 算法的进一步演化，其易于实现和理解，在工程领域应用广泛。

本章是对共识概念与相关算法的全面介绍。在学习过程中，我们也能看出共识算法的实现依赖节点间的大量通信。如果分布式系统中出现网络故障影响通信的进行，那么分布式系统还能实现共识吗？如果共识不能达成，那么一致性又从何谈起呢？

可见网络故障可能会对分布式系统的工作带来重大影响。具体影响是怎样的呢？我们将在第 4 章详细讨论。

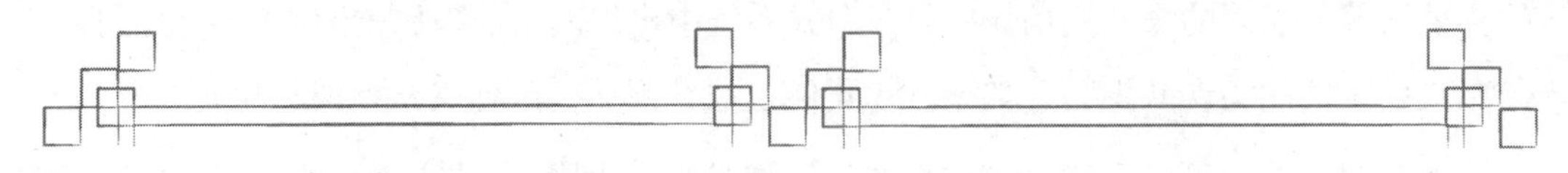

第 4 章　分布式约束

本章主要内容

- ◇　分布式系统面临的约束
- ◇　CAP 定理的内容与解析
- ◇　BASE 定理的内容与解析

分布式系统的优点之一是具有很强的容错性，当系统发生节点故障或者网络故障时，不会影响系统的整体功能。可是，当系统发生节点故障或者网络故障时，还能保证系统的分布式一致性吗？分布式一致性如果不能保证，那么系统如何对外提供服务呢？

通过上面的疑问，我们能够隐约感受到分布式系统面临的一些问题。CAP 定理就讨论了这些问题，它主要是向我们明确分布式系统中存在的约束。而在 CAP 定理上发展出的 BASE 定理则向我们展示了如何在 CAP 定理阐明的约束下设计分布式系统。

在这一章中，我们将详细了解 CAP 定理和 BASE 定理。

4.1　CAP 定理

4.1.1　定理的内容

CAP 定理是说在一个分布式系统中，一致性（Consistency）、可用性（Availability）、分区容错性（Partition Tolerance）这三个特性无法同时得到满足，最多能满足其中两个特性[3]。

我们先介绍 CAP 定理中涉及的三个特性。

- 一致性：指 CAP 一致性中的线性一致性。关于这点，我们已经在第 2 章中进行了详细的介绍，这里不再赘述。
- 可用性：指分布式系统总能在一定时间内响应请求。例如，向分布式系统发出某个变更请求，分布式系统会在一定时间内完成操作。
- 分区容错性：指系统能够容忍网络故障或者部分节点故障，即在这些故障发生时，系统仍然能够正常工作。

CAP 定理是说，在分布式系统中上述三个特性无法同时满足。

4.1.2　示例与理解

CAP 定理并不晦涩，很好理解。我们通过一个具体的示例来解释它。

假设存在一个由节点 A 和节点 B 组成的分布式系统，如图 4.1 所示。

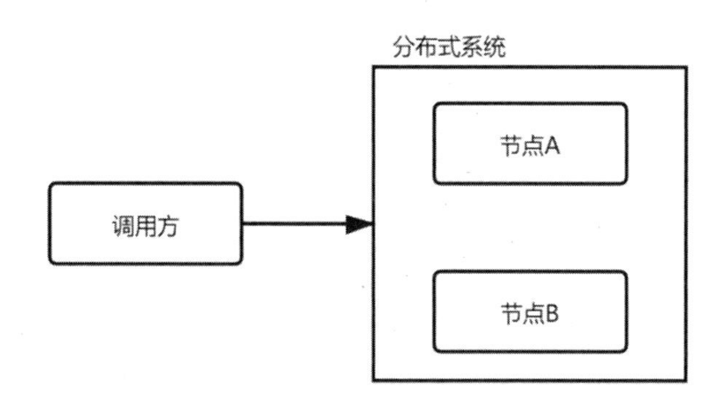

图 4.1　CAP 定理模型示例

当一个写请求到达该分布式系统后，我们在保证 CAP 定理中两个特性的前提下，尝试保证第三个特性。

- 保证分区容错性和可用性：因为系统具有分区容错性，所以我们假设节点 A 和节点 B 之间的通信发生故障。如果用户在节点 A 上发起了数据写请求，为了保证可用性，那么节点 A 必须在无法将写请求同步到节点 B 的情况下处理数据写请求。但这会导致用户无法从节点 B 中读出更新后的数据，即写入的数据无法被立即读出，故系统无法再保证一致性。
- 保证分区容错性和一致性：同样，我们假设节点 A 和节点 B 之间的通信发生故障。如果用户在节点 A 上发起了数据写请求，为了保证一致性，那么节点 A 必须拒绝写入数据，因为只要节点 A 在与节点 B 失联的情况下写入了数据，就意味着一致性被打破。于是写请求无法被处理，即系统无法再保证可用性。

- 保证可用性和一致性：系统总能响应外部请求，且写入系统中的数据可以被立即读出。这就意味着节点 A 和节点 B 之间的通信必须正常，以便任何数据变更操作都能立即在两节点间同步，于是系统无法保证分区容错性。

或者我们可以用一段话简述上面的各种情况：分布式系统中，当部分节点宕机或失联（对应分区容错性）时，我们要么选择只在正常节点上完成更新（放弃一致性），要么选择拒绝所有的更新请求（放弃可用性）；只有在不存在宕机或者失联节点（放弃分区容错性）时，我们才能避免上述选择。

可见，在分布式系统中，总是需要在一致性、可用性、分区容错性中进行三选二的抉择。这就是 CAP 定理阐述的约束。

4.2 从 CAP 定理到 BASE 定理

CAP 定理指明了分布式系统中的约束，但是并没有给出一个明确的解决方案。即它描述清楚了具体的问题，但并没有解答这一问题。

接下来，我们探讨如何在 CAP 定理的约束下设计和实现分布式系统。

CAP 定理论证了一致性、可用性、分区容错性三者不能同时被满足，但在系统正常工作的情况下，即各节点运行正常、节点间通信正常时，便不会有分区容错性的需求。因此，在这种情况下，系统可以保证一致性、可用性。

当系统中部分节点或者通信出现异常时，区域错误就出现了。这时，系统必须要有分区容错性，因为这个错误的出现是事实，已经无法不容忍。于是，只能在可用性和一致性上进行二选一。

然而这两者都很重要，似乎都不能放弃，CAP 定理似乎将分布式系统逼上了绝路。

好在，并没有。

CAP 定理证实了三者不能同时满足，但不代表三者不能同时部分满足。我们可以部分满足一致性，部分满足可用性，在这两者之间进行平衡，如图 4.2 所示。

CAP 定理中所说的一致性是线性一致性，我们可以放弃线性一致性，转而追求弱一致性，以此来换取部分可用性。这就是 BASE 定理讨论的问题。

例如，最终一致性就是一种在实践中常采用的弱一致性。使用最终一致性时，不要求各个节点的数据实时一致，只要求经过足够长的时间后能够达到一致即可。

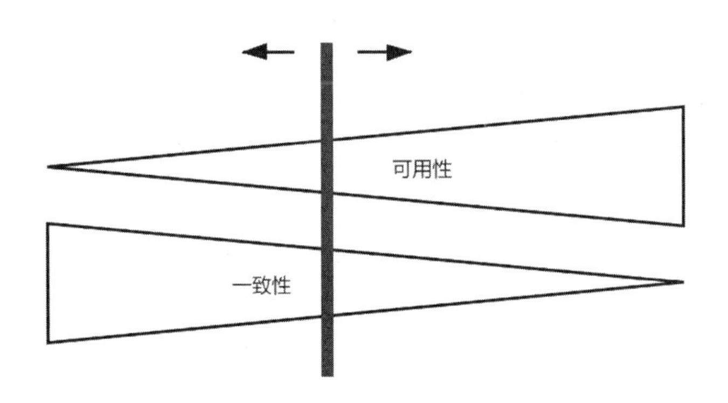

图 4.2　可用性和一致性之间的平衡

例如，图 4.3 所示的分布式系统中包含节点 A 和节点 B。假设系统发生网络故障，外部请求落在节点 A 上，则节点 A 可以单独应用变更，并回应该请求。这样保证了系统的可用性，并暂时破坏了一致性。如果这时有请求访问到节点 B，则会读取到变更前的旧状态。

当故障节点重启或者网络恢复后，节点 A 可以再把更新的信息同步给节点 B。这样，系统的一致性便又恢复了。这就实现了最终一致性。

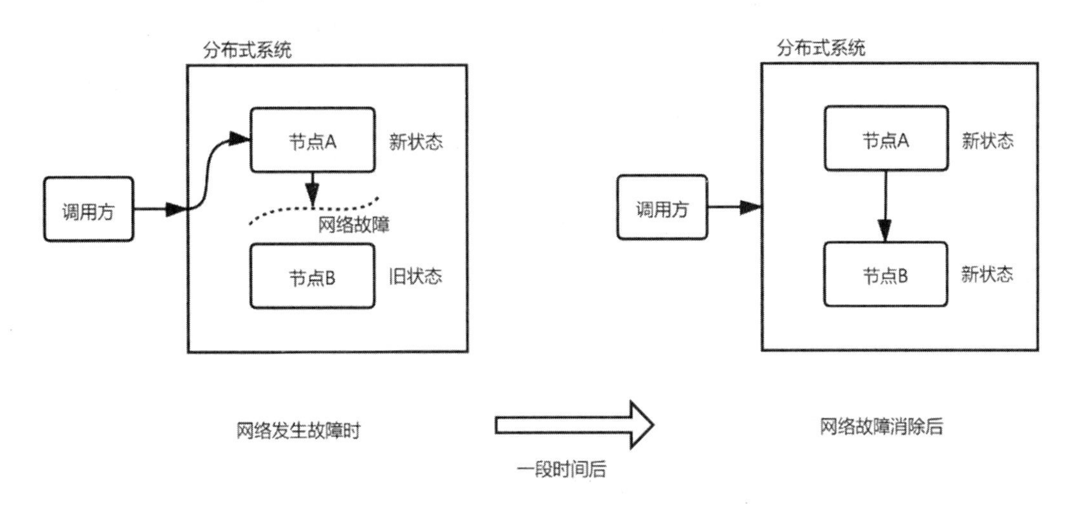

图 4.3　最终一致性示意图

上述这种实现方式就反映了 BASE 定理的思想。接下来，我们详细介绍 BASE 定理。

4.3 BASE 定理

如果说 CAP 定理描述清楚了分布式约束这一问题，那么 BASE 定理就是在给出这一问题的可行的解决方案。

4.3.1 BASE 定理的含义

BASE 定理是 Basically Available（基本可用）、Soft State（软状态）、Eventually Consistent（最终一致性）三组英文的缩写。下面我们分别描述这三者的含义。

基本可用

基本可用是指系统能够提供不完善的可用性。不完善的可用性可以是下面的一种或者几种情况。

- 功能裁剪：系统损失部分功能，保证另一部分功能可用。例如，在竞拍系统中，仍然可以进行商品的竞拍，但是出价后不再显示该用户的所有出价记录。
- 性能降低：系统仍然可用，但容量、并发数、响应时间等性能指标降低。例如，对竞拍商品出价后，系统响应过程变长。
- 准确度降低：系统仍然可用，但给出的结果的准确度降低。例如，对竞拍商品出价后，不再显示全局最高价的准确值而只是一个估计值。

软状态

与软状态相对的是硬状态。硬状态指在任意时刻，分布式系统的状态是确定的。假设分布式系统中变量 a 的旧值为 3，存在一个变更将其修改为 5，则在系统提交该变更之前所有节点的 a=3，系统提交该变更之后所有节点的 a=5，如图 4.4 所示。

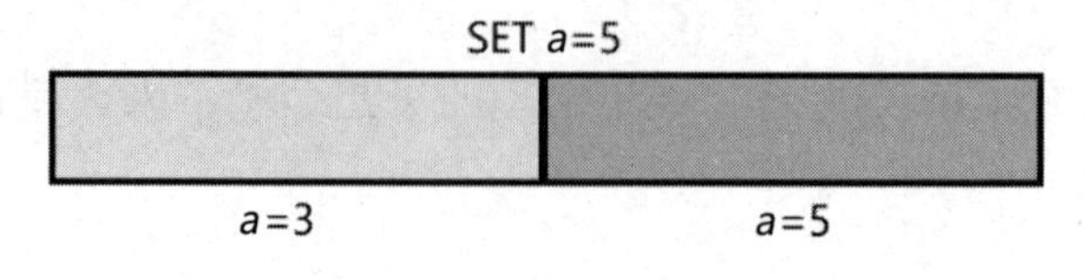

图 4.4　硬状态示意图

软状态指系统状态在某个时刻可能是模糊的。同样以上述的变量修改为例，在系统提交变更后，可能存在一段时间，在这段时间内某些节点的 a=5，而另外一些节点的 a=3。这种模糊的状态其实就是对一致性的打破，如图 4.5 所示。

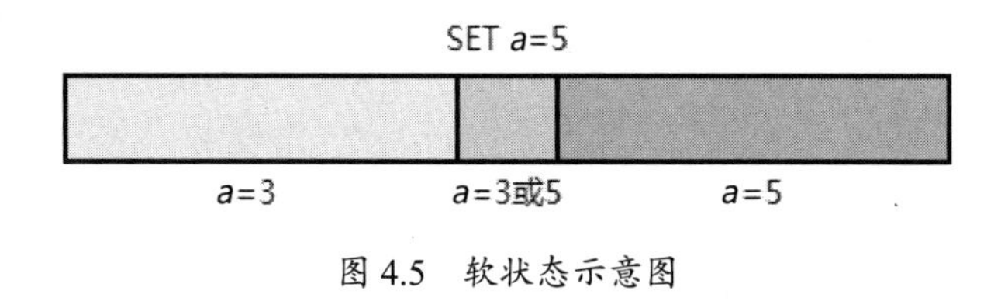

图 4.5　软状态示意图

最终一致性

系统不能一直处在软状态，最终一致性是说系统在经过一定时间之后，必须能够恢复到一致的硬状态。

4.3.2　BASE 定理的应用

当系统各个节点运行正常、节点间通信正常时，不存在分区容错的需求，因此可以全部满足一致性、可用性。此时不需要使用 BASE 定理。我们主要讨论 BASE 定理在系统节点运行异常或者通信异常时的应用。

如图 4.6 所示，假设分布式系统中的部分节点发生故障，则按照 BASE 定理，系统应该确保基本可用，即继续使用剩余节点对外提供服务。如果某些功能依赖故障节点，则可以将这些功能裁剪掉。

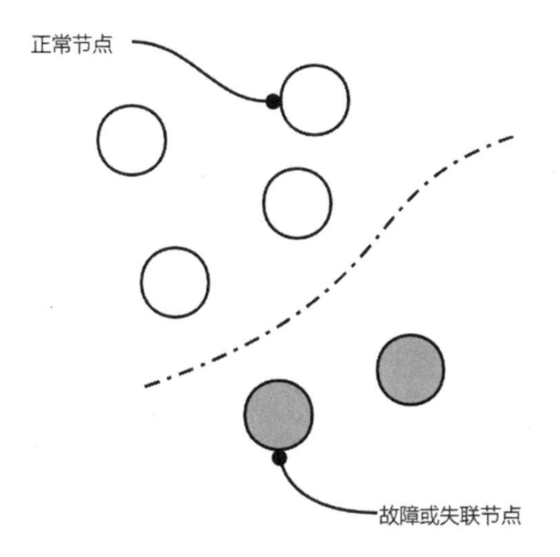

图 4.6　系统节点示意图

当外界发来变更请求时，系统应该进入软状态，即正常节点接收并应用变更，而故障或失联节点维持原有状态不变。此时外界访问系统，可能读到变更前的结果也可能读到变更后的结果，这取决于访问请求具体落在了哪类节点上。

为了实现最终一致性，当故障或失联节点恢复后，应该及时从正常节点同步最新状态。这需要满足以下两点要求。

- 系统中的最新状态必须是唯一确定的。由于系统状态的改变是由更新触发的，所以只要保证系统中的更新序列是唯一的即可。可以对系统中的每一项更新分配一个唯一且递增的编号，进而保证更新的有序性和唯一性，而最高编号的变更执行后的状态即为系统最新状态。
- 存在将任意节点的状态同步到最新状态的机制。可以要求某个节点在发现系统中存在较新的状态后，自动将自身状态与较新状态之间的变更序列补齐，如图 4.7 所示。

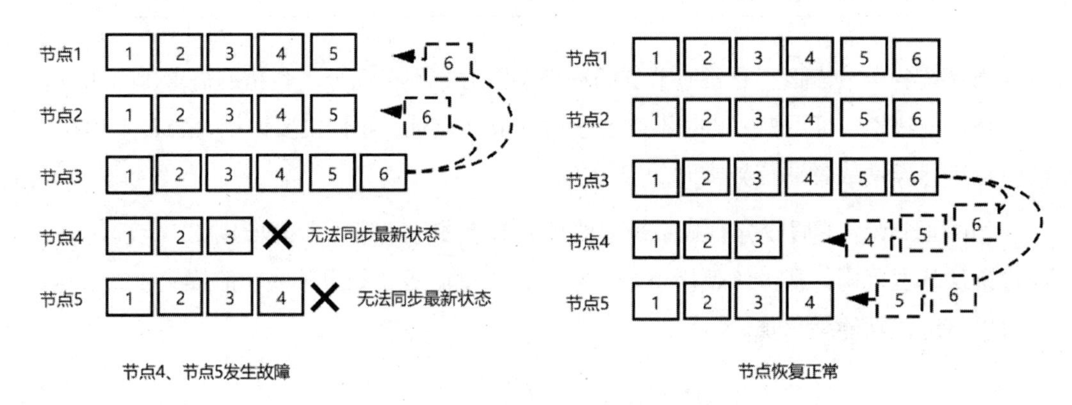

图 4.7　系统最终一致性的实现过程

只要实现以上两点，系统中的各个节点就可以在网络故障或节点故障消失后更新到最新状态。这样，就实现了最终一致性。

另外，要注意在实现最终一致性的过程中，一定要避免出现脑裂。

如图 4.8 所示，假设系统在接收完变更 5 后，由于网络故障被割裂为独立的两个子系统。两个子系统无法知道对方的存在而继续各自接收新的变更，并都继续给新变更编号。两个子系统可能接收到不同的变更，分别记为 6a 和 6b。此时，系统的最新状态为变更 6 执行结束后的状态，但是变更 6 却不唯一，于是系统最新状态的唯一性便被打破了。

之后，即使网络故障消除，变更 6a 和 6b 也无法合并，系统的状态无法趋于一致，即无法满足最终一致性。

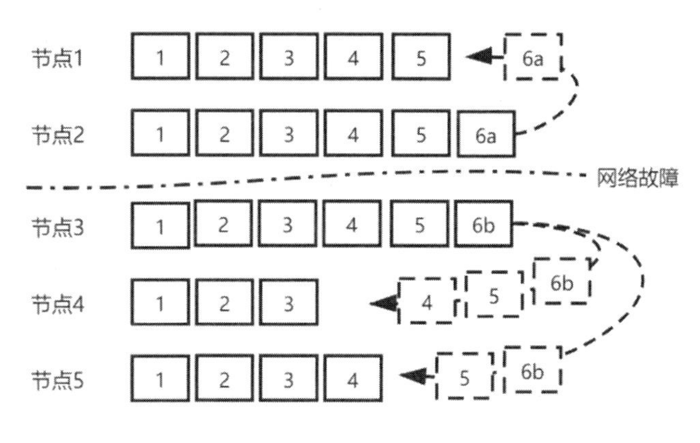

图 4.8 脑裂示意图

上述过程就像是两个子系统各自选出了一个大脑，因此，被形象地称为脑裂。

脑裂发生的根本原因是割裂的两个子系统各自独立接收变更。要想消除脑裂就要确保系统分割为多个子系统后，最多只有一个子系统可以接收外界的变更请求。因此，分布式系统往往要求只有超过半数节点组成的子系统才能继续接收外界变更请求。在第 3 章中介绍的共识算法中便运用了该思想。

BASE 定理实现了基本可用、软状态、最终一致性三者的统一，为 CAP 定理阐明的约束给出了可行的解决方案。因此，BASE 定理给出的相关思想在算法、实践、工程领域有着广泛的应用。

4.4 本章小结

本章主要介绍分布式系统面临的约束，并着重介绍该领域内的两个著名定理：CAP 定理和 BASE 定理。

我们期望分布式系统能够同时具有一致性、可用性、分区容错性，然而这种假设太过理想。在现实中，存在一些约束使得以上三者无法同时完成。CAP 定理向我们阐明了这些约束。

BASE 定理则向我们展示了如何在 CAP 定理阐明的约束下设计分布式系统。BASE 定理指导分布式系统达到基本可用、软状态、最终一致性，其具有很强的指导意义。

通过前面各章节和本章的学习，我们已经较为全面地掌握了与分布式系统相关的主要理论。接下来的第 5 章～第 9 章，我们将以这些理论知识为基础，解决分布式系统中的各类实践问题。

实践篇

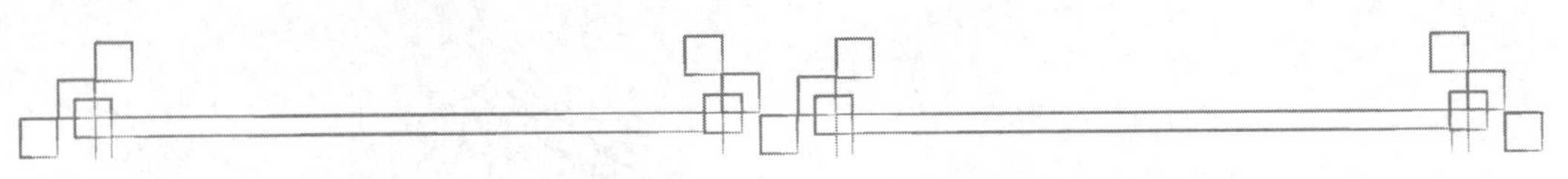

第5章　分布式锁

本章主要内容

- ◇　分布式锁的产生背景
- ◇　分布式锁的特性与设计要点
- ◇　分布式锁的分类与实现方案

在进行并发编程时，我们常常会用到锁。在分布式系统中，各个节点并行工作，也需要锁的帮助来完成资源协调和进度协调。分布式系统中的锁更为复杂，被称为分布式锁。

本章将会详细介绍分布式锁的概念、设计要点、实现方案、应用场景。通过本章的学习，你将会对分布式锁建立全面的认识。

5.1　产生背景

并发是提升系统性能的重要手段，然而总有一些操作不允许并发进行。例如，当修改某个对象属性时，多个操作方并发进行会导致属性混乱；当执行某个单次任务时，多个操作方并发开展会导致任务被重复触发。

在单体应用中，我们可以使用锁来限制并发。通过锁，可以确保某个属性在某一时刻只能被唯一的操作方修改，可以确保某个方法在某一时刻只能被唯一的操作方调用。

但在分布式应用中，普通的锁无法完成上述的限制功能。因为分布式应用中存在多个节点，而普通锁的作用范围被限制在了节点内部，即一个节点无法限制另一个节点中程序对某个属性的修改或者对某个方法的调用。

普通锁的作用范围被限制在节点内部的根本原因是普通锁锁住的是内存中的对象。但内存中的对象不是跨节点的，不同的节点有各自的内存，每个节点的内存中都可以有独立的对象。这样，一个节点内对象的锁，自然不会在其他节点上发挥作用。

作用范围被限制在节点内部的普通锁无法避免分布式系统的冲突。如图 5.1 所示，同质节点 A、B 可以同时分别对各自内存中的同一个对象（如一个名为 yeecode 的对象，因为 A、B 是同质节点，则该对象在两个节点内存中各存有一份）的 age 属性设置不同的值，这是普通锁无法避免的。然后，在后续的同步操作中，这两个节点的信息出现了冲突，无法合并。

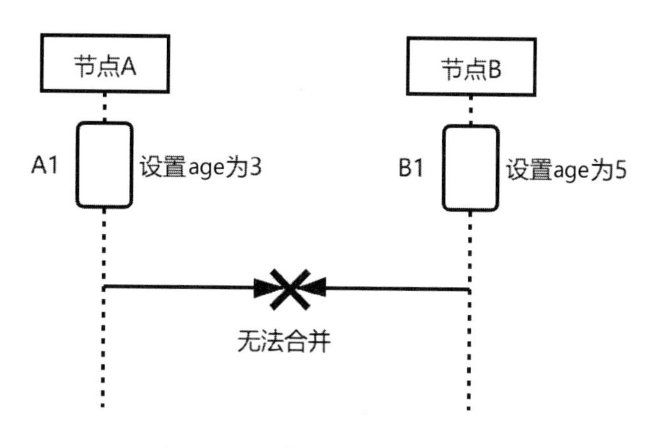

图 5.1　同质节点的修改冲突示意图

节点 A 和节点 B 中的一方应该在修改对象的 age 属性值之前，对所有节点中的该对象设置一个锁，进而避免并发修改。但是普通锁显然做不到，因为普通锁只能作用在节点内部。

异质节点间也会面临类似的问题。例如，节点 A 负责生成订单，节点 B 负责扣减库存。当节点 A 通过节点 B 查询到尚有充足库存后，开始生成订单，可在此期间节点 B 的库存被其他调用方扣减。于是，节点 A 在生成订单的过程中，却发现库存已经过低，无法扣减成功，如图 5.2 所示。

节点 A 应该在节点 B 上设置一个锁来防止库存被其他调用方扣减，但是普通锁显然做不到，因为节点 A 设置的普通锁只能作用在节点 A 内部，无法影响节点 B。

以上问题的产生涉及分布式应用中的多个节点，无法通过节点内部的锁解决。因此需要使用外部手段来给对象和操作加锁，这就是分布式锁。

接下来，我们将对分布式锁的特性、设计要点、实现、应用场景进行介绍。

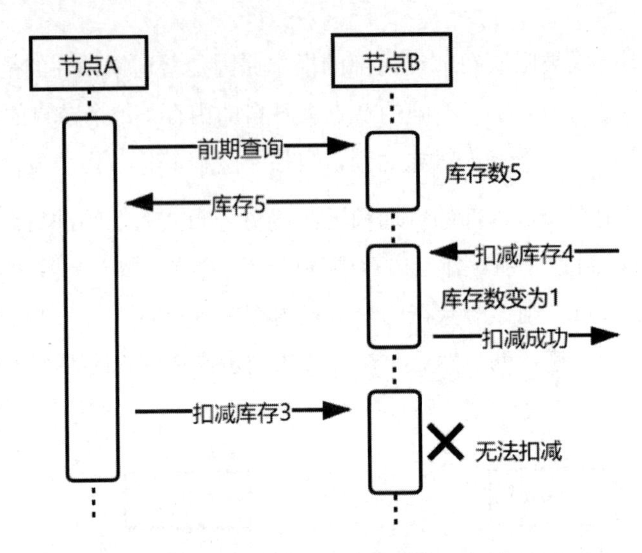

图 5.2 异质节点的修改冲突示意图

5.2 特性

实现分布式锁，要确保它满足三个特性：全局性、唯一性、遵从性。接下来我们详细说明这三个特性。

5.2.1 全局性

全局性是说分布式锁必须在其作用范围内全局可见。只有保证分布式锁的全局可见，才能使得各个节点读取到锁的状态，并根据锁的状态协调自身的工作。

全局性有三种实现方式，我们将其总结为物理全局性、一致全局性、逻辑全局性。

物理全局性是指分布式锁存在于一个全局可见的物理介质上，各个节点都可以访问到这个物理介质。该物理介质可以是各节点共用的传统数据库、内存数据库等。图 5.3 展示了在各节点可以访问的 Redis 上建立分布式锁的示意图。

一致全局性是指分布式锁存在于满足一致性（其具体要达到的一致性级别会在 5.4.4 节详细讨论）的分布式系统中。在这种情况下，来自不同调用方的请求可能会被分配到不同的节点上，因此每个节点都不是全局的，但是整个分布式系统是全局的，如图 5.4 所示。并且，无论调用方实际访问到了哪个节点，最终调用方获取的锁的状态是相同的。

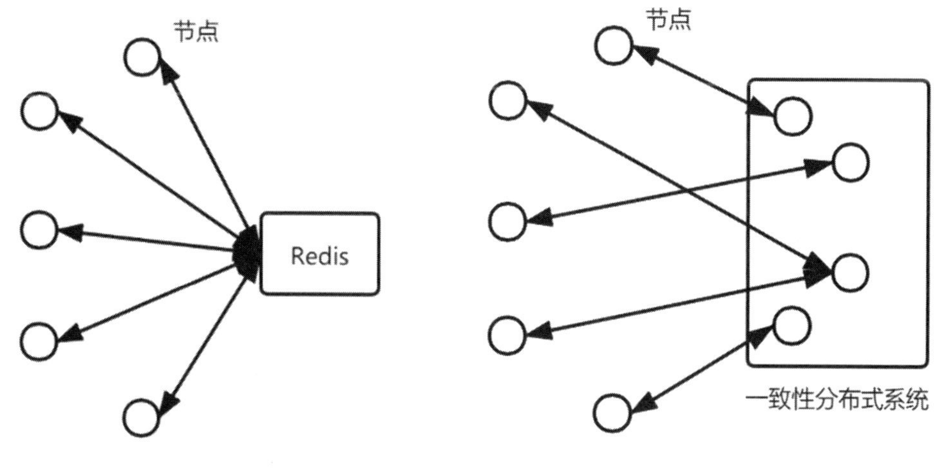

图 5.3　物理全局性示意图　　　　图 5.4　一致全局性示意图

逻辑全局性是指分布式锁通过一个全局认可的逻辑存在于各个节点中。在这种情况下，没有一个全局可访问的位置来存放分布式锁。分布式锁以一个全局逻辑的形式存在于每个节点中，如图 5.5 所示。在 5.4.1 节中，我们会介绍采用逻辑全局性的分布式锁。

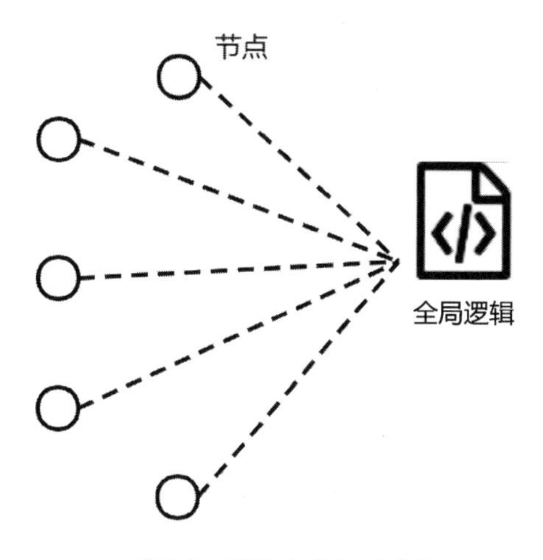

图 5.5　逻辑全局性示意图

5.2.2　唯一性

唯一性要求一个锁建立后，必须是唯一的，不允许出现针对同一限制功能的两个锁。

在物理全局性分布式锁中，我们要保证物理介质中只存在一个针对某项操作的锁。

在一致全局性分布式锁中，要求其所在的分布式系统必须满足一致性。否则同一时刻可能在两个节点上各创建了一个锁，如图 5.6 所示，这就破坏了唯一性。关于这一点，我们会在 5.4.4 节详细介绍。

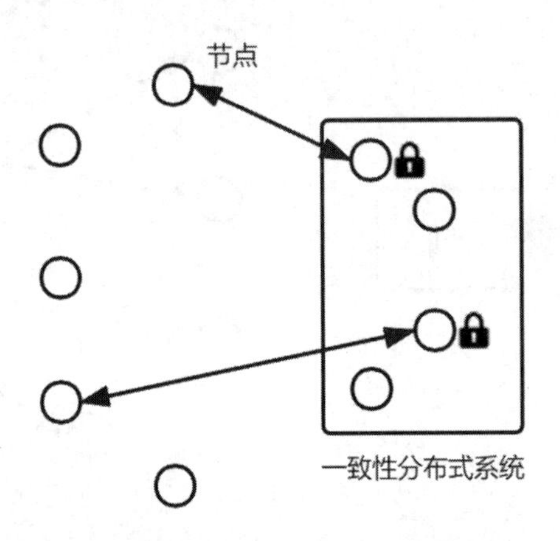

图 5.6 唯一性的破坏示例图

在逻辑全局性分布式锁中，我们要保证锁的分配逻辑是全局唯一的，且在任意时刻只会将锁分配给一个节点。

5.2.3 遵从性

普通的悲观锁在节点内部具有强制排他性。当一个线程对某段临界区加锁后，其他线程是无法进入该临界区的；当一个会话对数据库中的某行记录加锁后，其他会话是无法操作该记录的。

而分布式系统中的各个节点是独立的，上述强制排他性失效了。因此，我们引入遵从性来解决这一问题。

遵从性是指各个节点必须遵从分布式锁，而不能绕过锁展开操作。具体来说，各节点必须在进入临界区之前获取分布式锁以得到进入临界区的权限，不能无视锁进入临界区。如果获取分布式锁失败，则也不得进入临界区。节点从临界区退出后，必须及时释放该锁。

5.3 设计要点

因为分布式锁具有全局性，所以其实际上成了分布式系统中的一个单点。而遵从性又要求所有针对临界区的操作必须访问分布式锁以获得授权。因此，分布式锁设计的优劣将对系统的性能产生巨大的影响。

为了提升系统的整体性能，分布式锁应该具有以下性质。

- 高可用：分布式锁作为一个单点，如果它发生故障将直接导致各个节点无法进入临界区，引发分布式系统的全局阻塞。因此分布式锁必须高可用。
- 读写快：分布式锁的加锁和释放锁操作可能是频繁的，因此提升分布式锁的读写速度十分有必要。
- 自解锁：任何节点设置的锁都应该在节点宕机后被自动解开，这是为了防止某节点在设置锁之后宕机而引发全局阻塞。

以上三个性质中，自解锁特性容易被忽视，进而引发分布式系统的全局阻塞。在实践中，我们可以使用心跳机制来实现这一点。获得锁的节点必须和分布式锁保持心跳连接，在心跳连接中不断向后更新锁的失效时间。而一旦心跳连接断开，锁会在失效时间到达后自动消失，从而保证宕机节点所创建的分布式锁能够被释放。

在设计分布式锁时，我们需要在满足分布式锁的三个特性的基础上尽可能实现上述设计要点，以便于提升系统的整体性能。

5.4　实现

在了解了分布式锁的产生原因、特性、设计要点之后，我们接下来介绍分布式锁的几种常见实现方案。

为了便于描述，我们假设存在一个需求，然后使用各种分布式锁来实现这一需求。需求如下。

在一个分布式系统中，存在多个同质的节点。该系统需要在每天夜间 2:00 运行一个定时任务。该定时任务不允许并发，只能有一个节点执行。

5.4.1　逻辑分布式锁

逻辑分布式锁即采用逻辑全局性而设计的分布式锁。

假设需求中的分布式系统包含 7 个节点，各个节点可以读取自身的 IP 地址 address1～address7。在执行定时任务时，同质的逻辑代码可以根据日期在节点之间分配任务。如果当前是周一则将任务分配给 address1 节点，如果当前是周二则将任务分配给

address2 节点，依次类推。这种方式实际是创建出了一个不可见的逻辑分布式锁，这一个逻辑分布式锁的所有权在 7 个节点中依次流转。

逻辑分布式锁实现起来最为简单，不需要增加任何的外部介质来存放锁。但逻辑分布式锁的运转需要在同质化的节点中找到特异性的特征，常见的有 IP 地址、MAC 地址、节点的唯一名称、本地配置信息等。这种操作使节点与部署节点的设备、本地配置信息等进行了绑定，不利于系统的扩展和维护。

逻辑分布式锁不需要访问存储介质，仅需要节点内部的逻辑运算便可以判断出自身是否获得锁，因此读写速度很高。

但是，逻辑运算并不能够识别某个节点的宕机，可能会将锁分配给一个宕机的节点。因此，逻辑分布式锁难以实现高可用和自解锁。

逻辑分布式锁适合用在小系统或者测试系统中。

5.4.2 唯一性索引分布式锁

如果存储介质支持唯一性索引，那么可以基于它很方便地实现分布式锁。常见的数据库都支持唯一性索引。

首先，我们要确保数据库可以被所有节点访问到。然后，我们设计一个包含两个字段的表，对应的 SQL 语句如下所示。

```
CREATE TABLE `lock` (
  `date` varchar(255) NOT NULL,
  `uuid` varchar(255) NOT NULL,
  PRIMARY KEY (`date`)
);
```

当到达定时任务执行时间时，各个节点各自生成一条记录，其中 date 属性为任务当天的日期，uuid 属性为节点生成的一段随机字符串，并将其写入数据库的 lock 表中。由于 date 属性作为主键开启了唯一性约束，所以最终只有一个节点写入成功。

写入之后，节点通过 date 属性读出这条记录，并与自身生成的 uuid 属性进行对比。如果数据库中的 uuid 和自身生成的 uuid 一致，则说明是该节点写入成功，获得执行任务的权限；否则说明该节点在执行权限的抢夺中失败，不能执行定时任务。

有一些数据库支持记录的 TTL（Time-To-Live，生存时间）设置，我们可以通过为记录设置 TTL 来实现自解锁功能。当节点存活时，会每隔一段时间去数据库延长自身持有锁的 TTL。一旦节点宕机，记录则会在到达 TTL 后被数据库删除。如果数据库不支持记录的 TTL 设置，那么必要时可以单独设计一个 TTL 服务以协助数据库完成 TTL 功能。

这种分布式锁的设计依赖数据库的唯一索引，保证了分布式锁的唯一性。对于不支持唯一性索引的存储设备并不适用。

5.4.3 唯一性校验分布式锁

在不支持唯一性索引或者未开启唯一性索引的存储介质中，实现分布式锁要复杂一些。例如，有的开发者会设计出下列所示的分布式锁。

（1）节点校验锁介质中是否存在锁，如果介质中不存在锁，则创建一个锁。

（2）节点读取介质中的锁，校验该锁是否为该节点自己创建。如果确实为该节点自己创建，则代表该节点获得了锁。

由于并发，这种锁设计违反了分布式锁的唯一性。我们通过图 5.7 证明这一点。节点 A 和节点 B 先后校验到锁介质中不存在锁，然后分别创建了锁。接下来，节点 A 和节点 B 又分别读取到了自身创建的锁，各自认为自己的锁有效。这样，锁介质中存在两个有效锁，分布式锁的唯一性被打破。

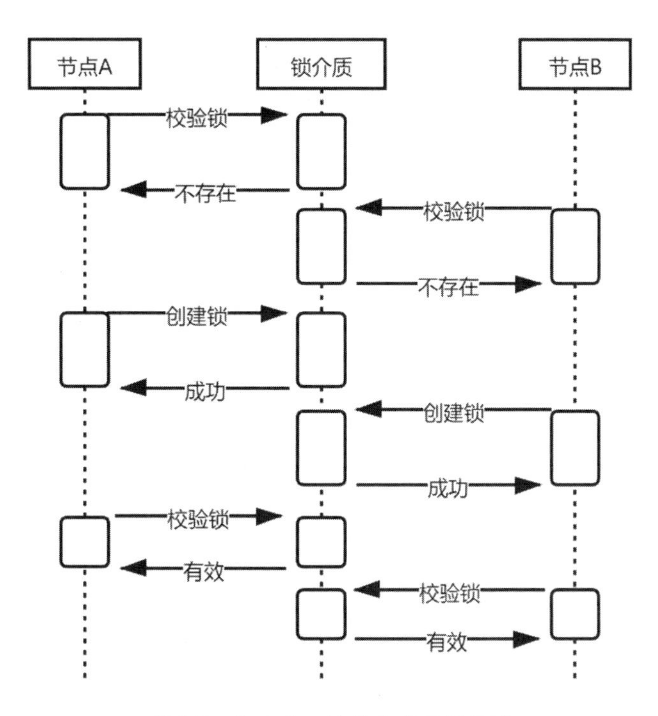

图 5.7 打破唯一性的分布式锁示例

一种可行的分布式锁设计方案是这样的，我们将其称为唯一性校验分布式锁。该锁需要包含三个属性。

- 锁对应的事务编号。在这里是指 date，即当天的定时任务执行权限。
- 锁对应的 uuid。该值由锁的创建节点随机生成。
- 锁对应的创建时间。该时间由锁介质生成，精度可以设置的高一点。只有锁介质中的时间才能保证全局一致，而任何节点自身的时间都是不可信的。

整个分布式锁的执行算法如下。

（1）节点向锁介质中写入一个锁。写入锁时，由节点给出事务编号、生成 uuid，由锁介质给出锁的创建时间。如果发现锁介质中已经存在该事务的锁，则直接认定自身在此次执行权限的抢夺中失败，放弃后续的操作。

（2）节点向锁介质读取当前事务编号下所有的锁。

（3）节点对读取到的锁按照时间排序，取时间最早的一个。如果出现时间并列的情况（在节点众多的情况下，这种概率并不低），则在其中取 uuid 最小的一个。

（4）节点用自身写锁时生成的 uuid 校验步骤（3）中取出的锁，如果锁的 uuid 和自身写锁时生成的 uuid 一致，则表明该节点获取到了锁；否则，该节点在此次执行权限抢夺中失败。

这样，通过锁介质给出的全局时间和 uuid 共同确认出了唯一一个有效的分布式锁，保证了分布式锁的有效性。

要注意的是，如果锁介质不支持时间戳且没有一个外部的全局时间，则不能通过这种方式生成分布式锁，因为各个节点自身给出的时间戳都是不可信的。其实在 5.4.2 节中介绍的方式，实际也是通过数据库的唯一性索引获得了一个全局时间。唯一性索引提供的全局时间无法判断时间的长短，但是能够判断写入操作的先后。

5.4.4 一致性分布式锁

一致性分布式锁是指在一个分布式系统中创建分布式锁，该锁在物理介质上是分布的，但在逻辑表现上是唯一的。

在唯一性索引分布式锁、唯一性校验分布式锁中介绍的相关实现案例，在这里同样适用，我们不再赘述。这一节我们着重探讨使用分布式系统创建分布式锁时要面临的新问题。

我们说过一致性分布式锁所在的分布式系统必须要支持一致性，那么必须要支持哪种级别的一致性呢？

我们先假设介质系统支持顺序一致性。如图 5.8 所示，节点 A 和节点 B 分别在介质系统的节点 X 和节点 Z 上创建了锁，并都通过节点 Y 读取到了锁。

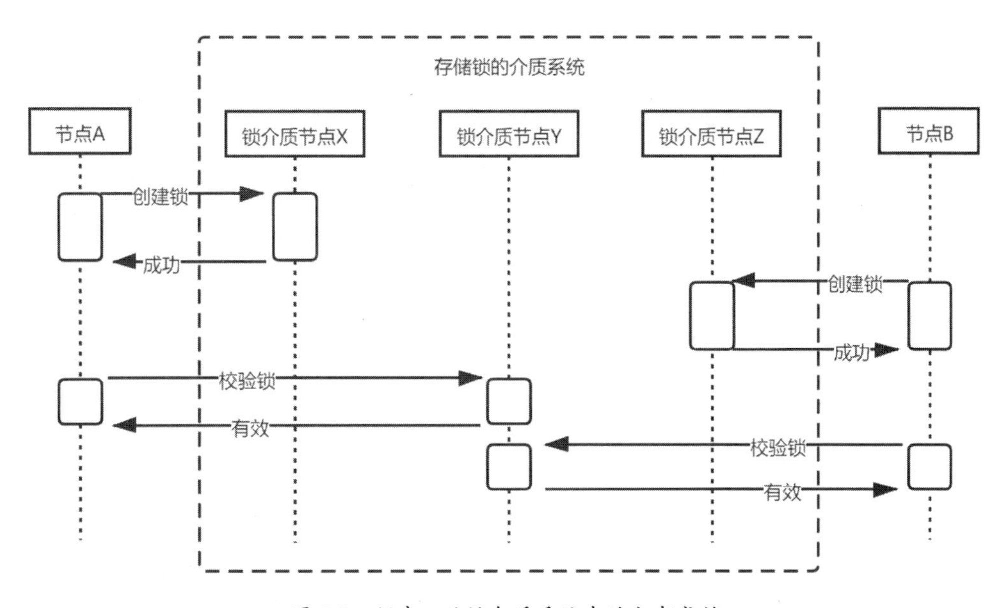

图 5.8　顺序一致性介质系统中的分布式锁

图 5.8 中展示的情况是可能的，因为顺序一致性不对节点间事件的先后顺序进行限制，即我们无法判断通过节点 X 和节点 Z 创建的两个锁中，哪个创建时间更早，也便无法判断哪一个锁是唯一有效的。

可见在顺序一致性系统中，无法满足分布式锁的唯一性。所以，要想支持一致性分布式锁，介质系统必须支持全局事件排序，即达到线性一致性。

我们常使用 ZooKeeper、Redis 等作为分布式锁的介质系统，这时要确保相关操作满足线性一致性。

备注

通过第 12 章我们会了解到 ZooKeeper 默认满足的是顺序一致性。因此，要想在 ZooKeeper 中放置锁必须要使用 ZooKeeper 提供的事务功能。ZooKeeper 使用两阶段提交算法支持事务操作，两阶段提交算法是满足线性一致性的。

5.5 应用场景

分布式锁的应用场景有很多。接下来我们对典型的应用场景进行介绍。更多的应用则根据大家的具体需求开展。

单次任务执行。如 5.4 中所举的例子，分布式锁可以帮助我们从众多分布式节点中选出一个来执行某项只允许执行一次的任务。这种方式比我们具体指定某台机器执行要更可靠。因为指定的机器可能宕机，而采用分布式锁的方式则能帮助我们从存活的节点中选出一个来执行任务。

资源占用。某些资源无法支持所有分布式节点同时使用，这时我们可以创建分布式锁来实现资源分配。所有希望使用资源的节点先争夺资源对应的锁，并在获得锁后使用相应的资源。

身份抢夺。分布式系统可能需要从多个节点中选出一个节点作为协调者。分布式锁可以帮助完成这一身份抢夺过程。当节点发现上一任协调者消失时，可以争抢创建分布式锁，最终成功创建分布式锁的节点，便成为新的协调者。

5.6 本章小结

本章从分布式锁的应用背景出发引出了分布式锁的概念。

首先，我们提出了分布式锁要满足的三个特性：全局性、唯一性、遵从性，并解释了三个特性的具体含义，这为我们设计分布式锁提供了指导。

然后，我们总结了分布式锁的设计要点，并详细介绍了分布式锁的种类。其种类包括逻辑分布式锁、唯一性索引分布式锁、唯一性校验分布式锁、一致性分布式锁，并详细介绍了各类分布式锁的内在原理和实现方案。

最后，我们还总结了分布式锁的应用场景，包括实现单次任务执行、实现资源占用、实现身份抢夺等。

分布式锁可以协调分布式系统中各节点的工作，如果用它来协调一段程序的运行，那么就可以构建出分布式事务。在第 6 章中，我们将详细介绍分布式事务。

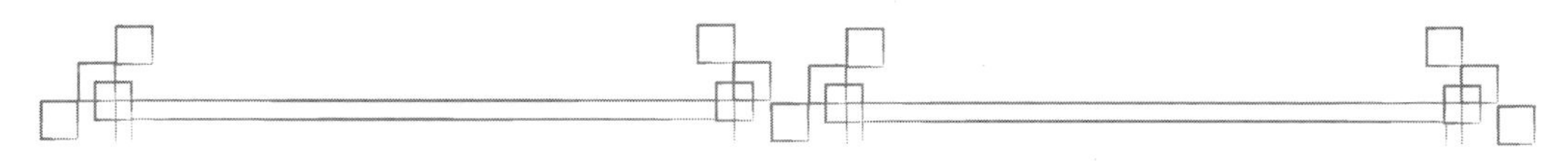

第 6 章　分布式事务

本章主要内容

- ◇ 分布式事务的概念与分类
- ◇ 各类分布式事务的实现方案
- ◇ 近似事务的概念与实现方案

说起事务，我们并不陌生。但要想在分布式系统中实现事务却要破费几番周折。

本章将会详细介绍分布式事务。不过本章的内容稍显庞杂，导致结构层级上有些复杂。为了便于大家理解，我们首先给出本章的结构图，如图 6.1 所示。

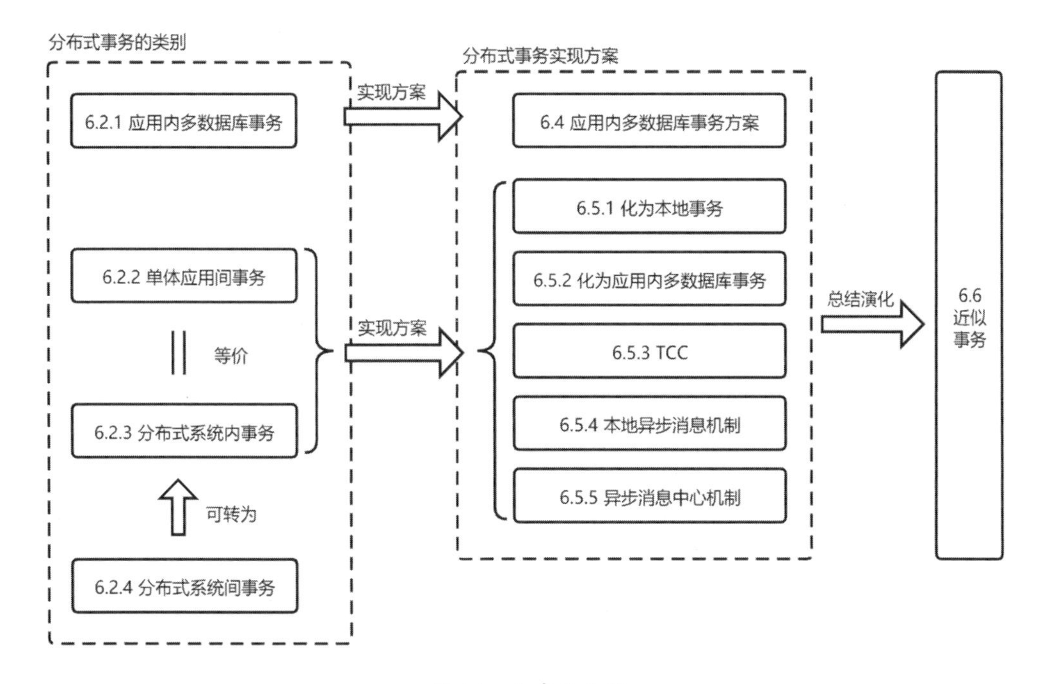

图 6.1　本章结构图

在本章中，我们首先讨论分布式事务的类别；然后讨论不同类别之间的关系，以及不同类别的分布式事务该如何实现；最后我们总结分布式事务的实现方案，并提出了近似事务的概念。

6.1 本地事务与分布式事务

事务最早是指数据库事务，是许多数据库提供的一项基本功能。

在数据库提供的事务的基础上，可以实现嵌套事务。嵌套事务是指由多个事务组合成的事务。在嵌套事务中，最外层的事务被称为顶层事务，而其他的事务被称为子事务[1]。

无论单一的事务还是嵌套事务，只要其最终实现上只涉及一个数据库，则属于本地事务。

分布式应用中的某些操作也需要以事务的形式完成。例如，第 5 章中图 5.2 介绍的生成订单和扣减库存的示例便可以用事务实现，如图 6.2 所示。

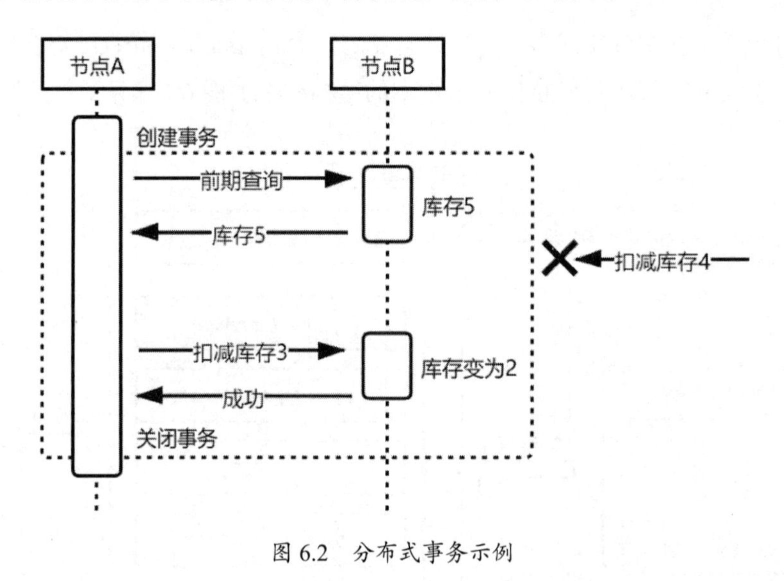

图 6.2　分布式事务示例

显然，图 6.2 所示的事务是嵌套事务，且其两个子事务分别在节点 A 的数据库和节点 B 的数据库上。这种子事务分布在多个数据库上的嵌套事务叫做分布式事务。分布式事务的实现要考虑数据库宕机、网络中断等情况，要比本地事务复杂很多。

单体应用中的事务多是本地事务，但也可能是分布式事务。这部分内容我们会在

6.2.1 节进行介绍。

接下来，我们将详细介绍分布式事务的分类和实现方案。

6.2　分布式事务的类别

根据分布式事务中子事务位置的不同，可以将分布式事务分为很多类别。接下来我们介绍一下分布式事务常见的几种类别。

6.2.1　应用内多数据库事务

应用内多数据库事务是指子事务位于同一个应用（或节点）的多个数据库上。这是一种比较简单的分布式事务。

例如，图 6.3 所示的单体应用，它自身连接了两个不同的数据库。如果该应用在一个事务内同时操作这两个数据库，那么这个事务就是分布式事务。

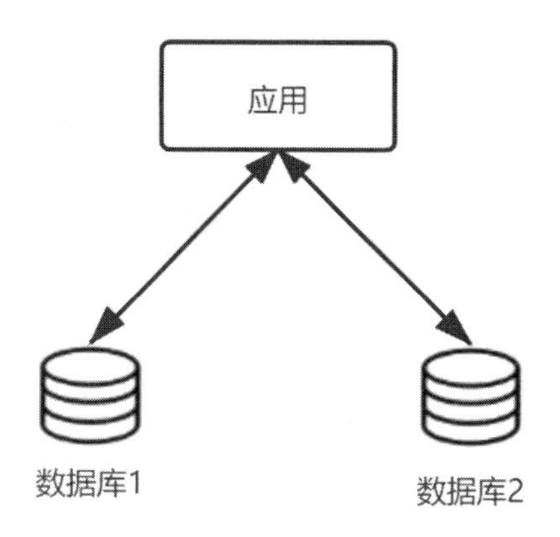

图 6.3　连接两个数据库的单体应用

6.2.2　单体应用间事务

如果一个事务操作要涉及多个单体应用，那么这一分布式事务是单体应用间事务。这种情况下，子事务位于多个单体应用中。

例如，图 6.4 所示的系统中，应用 A 是绩效应用，应用 B 是工资应用，绩效核算的结果将影响工资核算。我们要求某位员工的绩效要么未被核算，要么就完成核算并记录到工资应用中。决不允许出现某位员工的绩效已经核算完成，但是却没有计入工资应用的情况。这时，就需要一个包含应用 A 和应用 B 的分布式事务。

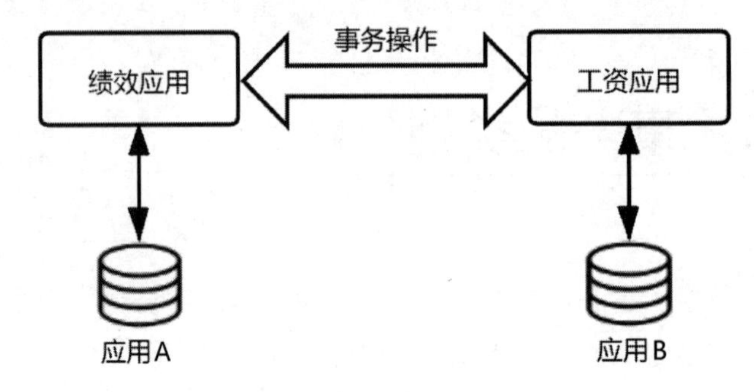

图 6.4 单体应用间事务

我们可以直接把图 6.4 简化为图 6.5 的形式。

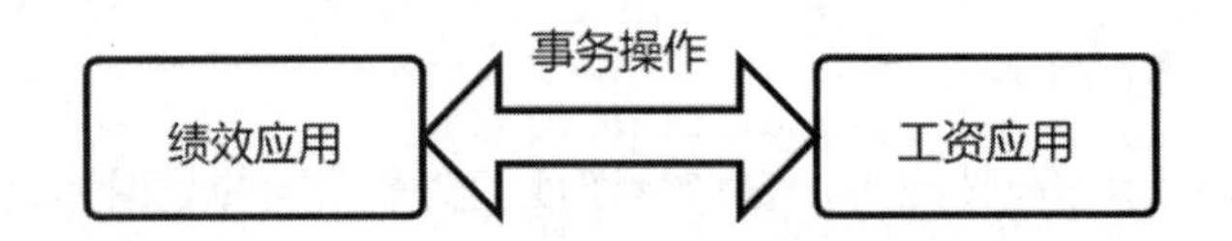

图 6.5 单体应用间事务简化示意图

6.2.3 分布式系统内事务

在包含多个节点的分布式系统中实现事务，则子事务会位于不同的节点上。这种情况是分布式系统内事务。

例如，图 6.6 所示的分布式系统作为分布式锁的介质对外提供服务。系统必须保证某一节点在接收到上锁请求后创建锁，并使锁立即在各个节点上可见，以防重复上锁违反分布式锁的唯一性。

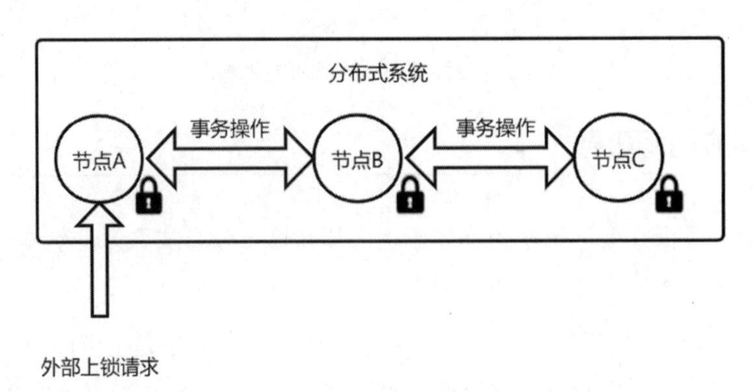

图 6.6 分布式系统内事务

6.2.4 分布式系统间事务

分布式系统间事务是分布式事务的一种更为复杂的表现形式。这种场景下，多个分布式系统共同完成一个事务，于是子事务会分布在不同分布式系统的不同节点上。

如图 6.7 所示，分布式系统 1 是包含众多节点的订单系统，分布式系统 2 是包含众多节点的库存系统。如果要以事务的形式实现生成订单和扣减库存的操作，则是分布式系统间事务。

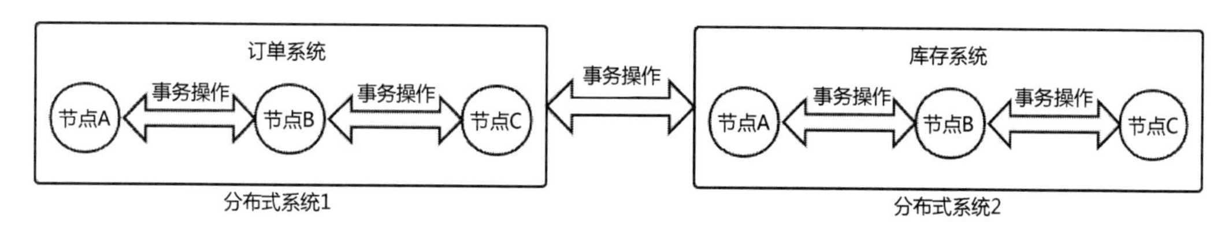

图 6.7　分布式系统间事务

执行图 6.7 所示的事务后，要么生成订单和扣减库存操作均不成功，要么两者均成功，且成功的结果立刻反映到订单系统和库存系统的每个节点上。

6.3 分布式事务的类别总结

以上各种分布式事务的形式是相互关联的，简单的形式可以嵌套成复杂的形式。分布式事务类型关系如图 6.8 所示。

由图 6.8 可知，应用内多数据库事务是分布式事务最简单的表现形式，它只是涉及多个数据库，而不涉及其他的应用或节点。

单体应用间事务和分布式系统内事务十分类似，都可以采用相同的实现方案，区别在于参与方是应用还是节点。

分布式系统间事务从结构上来看最为复杂，但实现上并没有比分布式系统内事务难太多。只要先实现分布式系统内事务，然后创建一个分布式事务将各个分布式系统内事务嵌套起来即可。因此，可以将分布式系统间事务看作是分布式系统内事务的级联。

所以，接下来，我们会着重介绍应用内多数据库事务、单体应用间事务（也包括分布式系统内事务）这两类的实现方案。

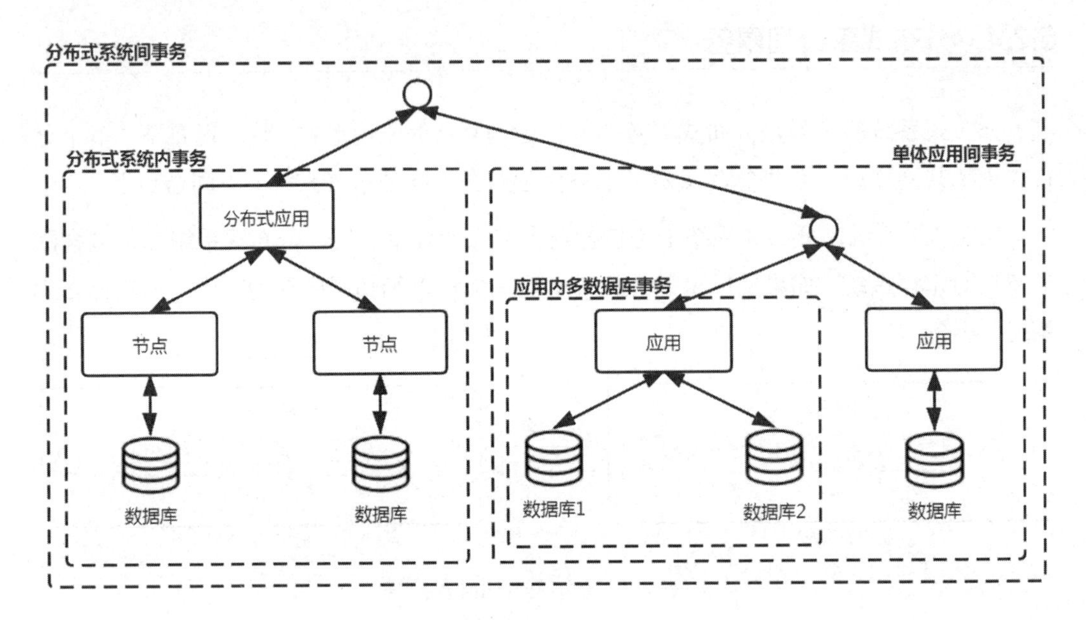

图 6.8 分布式事务类型关系图

6.4 应用内多数据库事务方案

应用内多数据库事务出现的基础是一个应用连接了多个数据库。

有许多种方法可以让一个应用连接多个数据库。以 MyBatis 为例，下面代码给出了配置多个数据源的方法。这样配置结束后，XML 映射文件会根据自身的 basePackage 选择对应数据源的配置项。

```
    <!-- 第一个数据源 -->
    <bean id="datasource01" class="org.springframework.jndi.
JndiObjectFactoryBean"
        p:jndiName="java:comp/env/jdbc/DataSource01"/>

    <bean id="datasource01tx" class="org.springframework.jdbc.datasource.
DataSourceTransactionManager"
        p:dataSource-ref="datasource01"/>

    <bean id="datasource01SqlSessionFactory" class="org.mybatis.spring.
SqlSessionFactoryBean"
        p:dataSource-ref="datasource01"
        p:configLocation="classpath:mybatis-config.xml"/>
```

```
    <tx:annotation-driven transaction-manager="datasource01tx"/>

    <bean class="org.mybatis.spring.mapper.MapperScannerConfigurer"
          p:basePackage="top.yeecode.application.dao.first"
          p:sqlSessionFactoryBeanName="datasource01SqlSessionFactory"/>

    <!-- 第二个数据源 -->
    <bean id="datasource02" class="org.springframework.jndi.
JndiObjectFactoryBean"
          p:jndiName="java:comp/env/jdbc/DataSource02"/>

    <bean id="datasource02tx" class="org.springframework.jdbc.datasource.
DataSourceTransactionManager"
          p:dataSource-ref="datasource02"/>

    <bean id="datasource02sqlSessionFactory" class="org.mybatis.spring.
SqlSessionFactoryBean"
          p:dataSource-ref="datasource02"
          p:configLocation="classpath:mybatis-config.xml"/>

    <tx:annotation-driven transaction-manager="datasource02tx"/>

    <bean class="org.mybatis.spring.mapper.MapperScannerConfigurer"
          p:basePackage="top.yeecode.application.dao.second"
          p:sqlSessionFactoryBeanName="datasource02sqlSessionFactory"/>
```

要想在两个数据库间实现分布式事务，我们可以在应用内创建一个嵌套事务，并在该事务内包含两个数据库的操作，如图 6.9 所示。

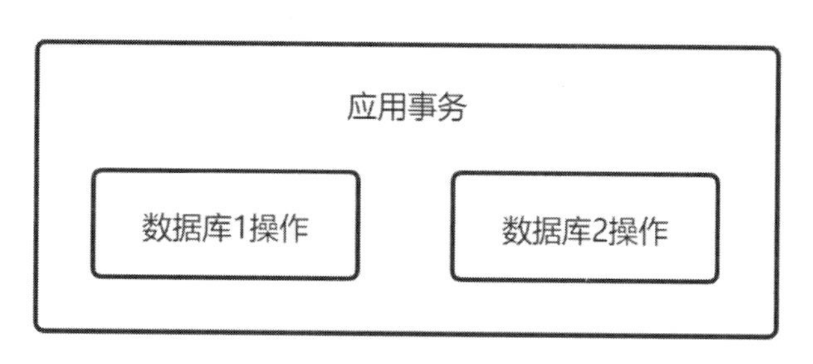

图 6.9　应用内多数据库事务方案

下面代码给出了相关的伪代码实现。

```
@Transactional
public void operate() {
    datasource01Dao.addRecord(record01);
    datasource02Dao.addRecord(record02);
}
```

这样，两个数据库的事务便被嵌套到了一个应用事务中，可以做到一起提交、一起回滚，十分方便。

6.5 单体应用间事务方案

相比跨数据库事务，单体应用间事务需要协调多个应用（分布式系统内事务需要协调多个节点，两者是近似的），其不稳定因素更多。例如，应用之间的网络通信可能发生故障，应用也可能宕机。因此，单体应用间事务的实现难度更大。

接下来，我们介绍相关的实现方案。

6.5.1 化为本地事务

单体应用间事务会牵扯多个应用、多个数据库，并且应用间需要通信，应用与数据库间也需要通信。应用、数据库都可能会宕机，各种通信都有可能会断开，对于单体应用间事务而言，这些都是不稳定因素。无论如何优化，这些不稳定因素都无法完全消除。

因此，解决分布式事务问题的最好办法是避免分布式事务。

我们常常以业务维度作为应用划分的依据，如将应用划分为绩效应用和工资应用。而很多时候以功能维度进行应用划分可能是更合理的，尤其是当多个业务应用常常以分布式事务的形式协同工作时。

例如，绩效应用和工资应用经常需要以分布式事务的形式进行核算工作，此时我们可以考虑将两个业务应用从功能的维度出发合并为一个核算应用。或者，可以将绩效应用和工资应用的核算功能抽离出来组成一个单独的核算应用，如图 6.10 所示。这样，我们就把分布式事务转化成了核算应用的本地事务。

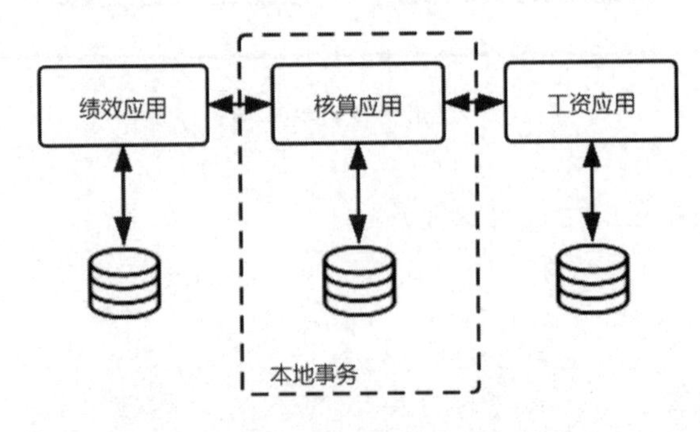

图 6.10 转为核算应用的本地事务

有些系统设计为分布式系统是为了增加系统并行计算能力，而不是为了增加I/O能力。在这类分布式系统中，可以考虑采用各节点共享数据库的方式来规避分布式事务，如图6.11所示。单一的数据库更容易处理事务，且不会给各节点的计算能力带来太大的瓶颈。

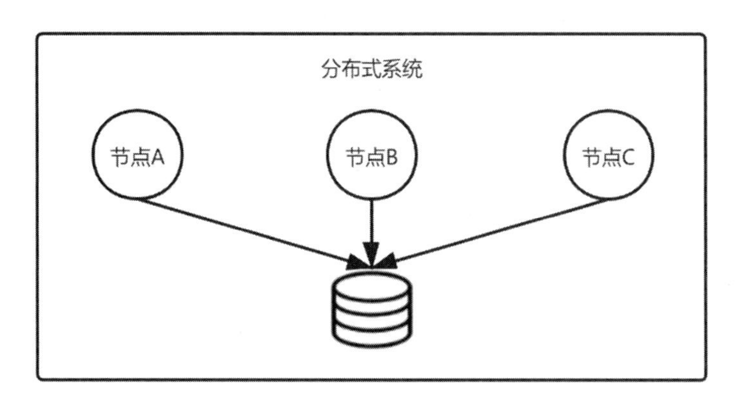

图6.11 分布式系统中节点共享数据库

有些系统设计为分布式系统是为了增加系统分布式容错能力、数据备份能力，而不是为了增加I/O能力。如果这类系统中需要经常实现分布式事务操作，则可以直接将系统转化为单体应用。因为分布式事务的参与方中，只要有一个数据库宕机便会导致数据库事务无法开展，因此，数据库越多反而越增加系统不可用的概率。在这种情况下，可以对采用主从复制的方式完成对数据库中数据的备份。

在分布式事务操作频繁的系统中，将事务参与方整合到一个数据库中是我们首要考虑的解决方案。

6.5.2 化为应用内多数据库事务

如果事务的各个参与方无法进行合并，但又会频繁出现事务操作。这时，我们就可以考虑为事务的参与方单独设立一个事务处理应用。

例如，图6.12中应用C作为一个事务处理应用，同时连接了应用A和应用B的数据库。

在图6.12所示的系统中，同时涉及两个数据库的事务操作由应用C处理，其他操作则由应用A或应用B处理。

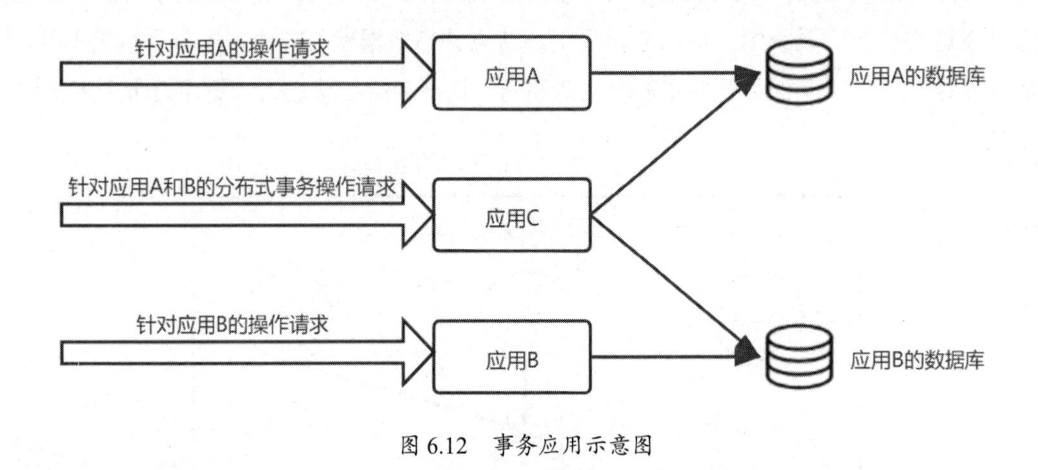

图 6.12　事务应用示意图

这样，我们将单体应用间事务化为了应用内的数据库事务。这样的转化使得事务不再跨应用，因此减少了应用宕机、应用间通信故障这两个不稳定因素。

6.5.3　TCC

在第 2 章中介绍的两阶段提交和三阶段提交，它们都可以实现分布式事务。

不过，两阶段提交和三阶段提交会造成分布式系统各个节点的阻塞，影响系统的并发性能。有没有既能够实现分布式事务，又不会导致各个节点阻塞的方案呢？

有，就是我们要介绍的 TCC。

TCC 是 Try-Confirm-Cancel 的缩写，它将整个分布式事务分成了 Try（尝试）、Confirm（确认）、Cancel（撤回）三个阶段。

TCC 和两阶段提交（2PC）十分类似，因为其 Try 对应了 2PC 中的准备阶段，其 Confirm 和 Cancel 分别对应了 2PC 中提交阶段的 Commit 和 Rollback。但 TCC 更为温和。在 TCC 的运行过程中，不会创建全局锁，因此不会导致各个节点的阻塞。

TCC 的核心思想是在初始状态和结束状态之间引入一个新的暂存状态，从而将从初始状态到结束状态的一步操作拆解为从初始状态到暂存状态的 Try 操作、从暂存状态到结束状态的 Confirm 操作、从暂存状态到初始状态的 Cancel 操作。整个 TCC 的状态转换过程如图 6.13 所示。

TCC 的实现比较简单和成熟，目前也有很多支持 TCC 的框架。这里我们以一个具体的示例讲解如何基于 TCC 完成分布式事务。

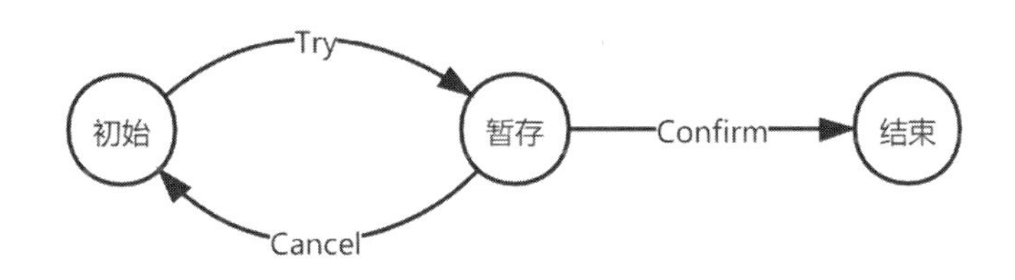

图 6.13　整个 TCC 的状态转换过程

假设存在一个任务应用，它会逐项核算任务，将任务的状态从未核算转为已核算。每一项任务核算完成后，需要在绩效应用中新增一条记录，在工资应用中修改工资金额，往通知应用发送一条消息。以上这些操作需要在事务中展开，如图 6.14 所示。

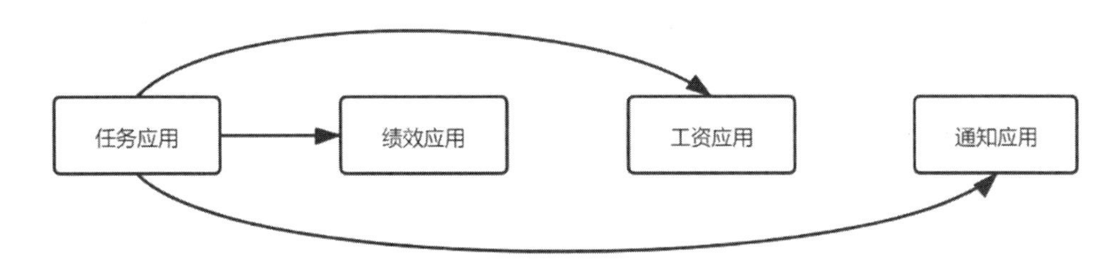

图 6.14　分布式事务的参与方

接下来，我们向大家展示每个阶段的具体实现，以此来介绍 TCC 的使用。

Try 阶段

对一个操作进行 TCC 改造时，最重要的工作就是确定系统的暂存状态，即 Try 操作结束后，系统应该进入的状态。接下来，我们介绍不同应用场景下 Try 操作的具体实现和 Try 结束后进入的暂存状态。

任务应用需要在 Try 操作中完成所有的核算任务，并将核算的结果写入数据库。但此时不应该将任务状态从“未核算”更改为“核算结束”，而应该更改为“核算中”，如图 6.15 所示。如果系统要进行一些汇总或者状态展示等操作，则应该将处在“核算中”的记录等同于“未核算”看待，不允许读取其核算结果。

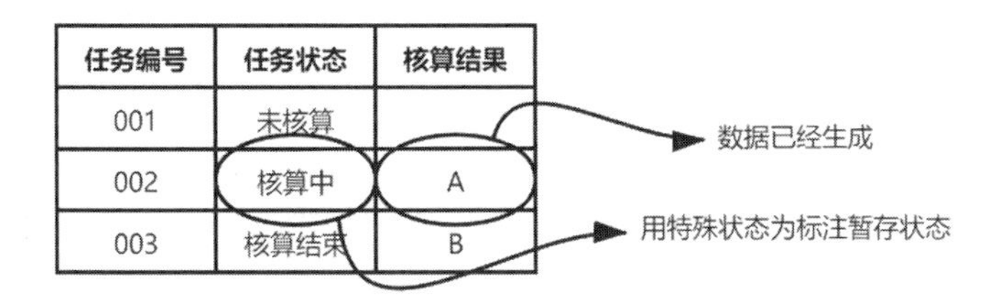

任务编号	任务状态	核算结果
001	未核算	
002	核算中	A
003	核算结束	B

图 6.15　用字段标示记录变更未生效

绩效应用需要在 Try 操作中完成新增记录前的所有前置操作，并向数据库中插入新记录。但记录的状态应该设置为一个中间状态，如“插入中”，如图 6.16 所示。对于处于“插入中”状态的数据，在各项其他操作中都当作该数据不存在。

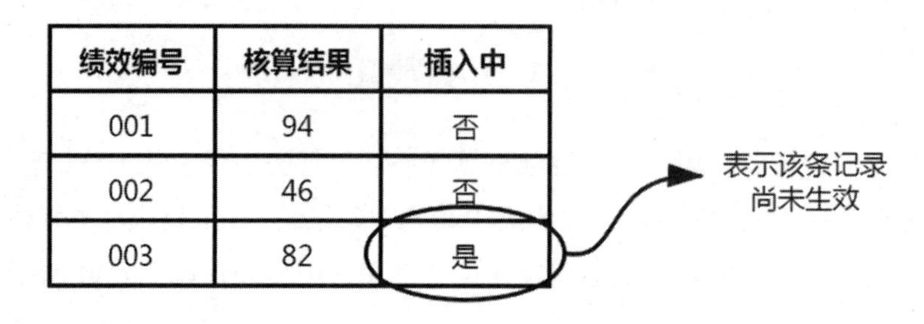

绩效编号	核算结果	插入中
001	94	否
002	46	否
003	82	是

图 6.16　用字段标示记录插入未生效

工资应用需要修改工资数额，该操作很难拆分出一个暂存状态。因此，我们可以在设计数据库时单独增加一个专门的字段，如“新数额”字段。对工资数额进行各种必要的验证后，将其写入“新数额”字段，而不是写入“工资数额”字段。各种其他操作仍然以“工资数额”字段中的数据为准，而忽略“新数额”字段，如图 6.17 所示。

条目编号	工资数额	新数额
001	5876.42	
002	7892.03	8892.03
003	9632.14	

将变更后的结果
暂时放在专门准备的字段中

图 6.17　用字段暂存新结果

通知应用需要接收一条消息。但是接收到 Try 操作中的这条消息时，不可以直接发出，而应将该消息放入缓存队列，然后对消息进行全面校验，如校验消息收件人是否存在、消息内容是否过长、消息附件是否过大等。

如果顺利，那么经过 Try 操作后，各个系统都会进入到暂存状态。任何一个系统进入暂存状态成功，都需要给 TCC 的发起方回应成功消息；而如果进入暂存状态的过程中出现问题，则给 TCC 发起方回应失败消息。

如果 TCC 发起方在一定时间内收到了所有参与方进入暂存状态成功的消息，则 TCC 操作进入 Confirm 阶段；否则，TCC 操作进入 Cancel 阶段。

为了保证整个 TCC 操作的顺利进行，在设计 Try 阶段时要遵循以下原则。

- 覆盖风险点：TCC 中的 Try 阶段是完成具体工作的核心阶段，要尽量保证整个 TCC 的所有问题会在这一阶段暴露出来，以尽可能降低之后操作的失败概率。因此，在这一步要尽可能地覆盖所有的风险点，如校验数据库是否可读写、外部系统是否在线、各种业务约束是否符合等。
- 成败可判定：Try 阶段的成功与否将决定 TCC 操作接下来进入 Confirm 阶段还是 Cancel 阶段。因此，Try 操作必须是可以判断成功和失败的。
- 可回滚：在 Try 阶段中，如果有部分参与方失败，则各个参与方会在接下来进入 Cancel 阶段并进行回滚。因此，Try 操作必须是可回滚的操作。

Confirm 阶段

如果各参与方均成功完成了 Try 操作，则 TCC 进入 Confirm 阶段。

在 Confirm 阶段，TCC 的发起方向参与方发起 Confirm 操作请求，各个参与方接收到请求后开展自身的 Confirm 操作。在本节中，任务应用作为 TCC 的发起方，需要完成自身的 Confirm 操作，并向各个参与方发起 Confirm 操作请求。

任务应用需要将当前正处在“核算中”状态的任务修改为“核算结束”状态。

绩效应用需要将已经插入结束并处在“插入中”的数据修改为“已插入”状态。

工资应用需要使用“新数额”字段的值覆盖“工资数额”字段的值。

通知应用需要将缓存队列中的消息发出。

各应用在 Confirm 操作结束后还要给 TCC 的发起方发送操作成功的消息。

如果 TCC 发起方在一定时间内收齐了各个参与方 Confirm 操作成功的消息，则表明整个 TCC 操作以成功的状态结束；否则，表示 TCC 操作中出现异常。

Confirm 操作在设计中要注意满足以下要求。

- 高成功率：Confirm 阶段如果失败，则代表整个 TCC 操作出现了异常，需要通过外部核查等手段进行处理。因此，Confirm 操作的成功率一定要高。通常将可能失败的操作放入 Try 阶段，而在 Confirm 阶段只进行一些微小的极少失败的变更。
- 成败可判定：Confirm 操作的成败决定了 TCC 操作的成败。因此，其结果需要可以判断，以便作为整个 TCC 操作的反馈。

Cancel 阶段

如果各参与方中存在未完成 Try 的情况，则 TCC 进入 Cancel 阶段。

在 Cancel 阶段，TCC 的发起方向参与方发起 Cancel 操作请求，各个参与方接收到请求后开展自身的 Cancel 操作。在本节中，任务应用作为 TCC 的发起方，需要完成自身的 Cancel 操作，并向各个参与方发起 Cancel 操作请求。

任务应用需要将核算产生的数据删除，并将当前正处在“核算中”状态的任务修改为“未核算”状态。

绩效应用需要将已经插入并处在“插入中”的数据直接删除。

工资应用需要将“新数额”字段的值删除。

通知应用接收到 Cancel 操作请求后，需要将对应的消息在缓存队列中找出来并删除。

各应用在 Cancel 操作结束后还要给 TCC 的发起方发送操作成功的消息。

如果 TCC 发起方在一定时间内收齐了各个参与方 Cancel 操作成功的消息，则表明整个 TCC 操作成功回退；否则，表示 TCC 操作中出现异常。

Cancel 操作在设计中要注意满足以下要求。

- 高成功率：Cancel 阶段如果失败，TCC 操作也会出现异常，需要通过外部核查等手段进行处理。因此，Cancel 操作的成功率一定要高。一般情况下，Cancel 操作是 Try 操作的逆操作，可能流程比较复杂。不过因为 Cancel 操作紧随 Try 操作而进行，所以只要 Try 操作成功且在此期间环境没有发生突变，Cancel 操作也会成功。
- 成败可判定：Cancel 操作的成败决定了 TCC 操作是否出现异常。因此，其结果需要可以判断，以便作为整个 TCC 操作的反馈。

TCC 操作总结

TCC 的原理比较简单，使用时最重要的是对 TCC 参与方的操作进行一些拆分。将其拆分为 Try、Confirm、Cancel 三个子操作，然后按照既定的流程调用这三个子操作。

在进行 TCC 操作设计时，核心工作是暂存状态的选取。要保证从初始状态到暂存状态的转化可以覆盖尽可能多的风险点，暂存状态到结束状态的转化成功率高，暂存状态是可以回滚到初始状态的。

在实际应用中，TCC 的具体表现形式十分多样，如可以在 Try 阶段创建一个不可见的订单，在 Confirm 阶段使订单可见，在 Cancel 阶段删除不可见订单等。遵循上文给出的各环节设计要求，我们可以结合不同的使用场景设计出不同的 TCC 应用方案。

TCC 操作也有很明显的缺点。当 Confirm 操作或者 Cancel 操作失败时，TCC 操作会处在一个不确定的状态中，这种情况下需要外部机制协助处理。例如，可以将其记录到 TCC 异常日志中，进行人工对账核查。

6.5.4 本地异步消息机制

前面介绍的各种实现分布式事务的机制都是同步的，当发起事务操作的请求返回时，事务也就结束了。这种同步的分布式事务可以帮助分布式系统实现线性一致性，具有广泛的应用场景。同步的分布式事务机制如图 6.18 所示。

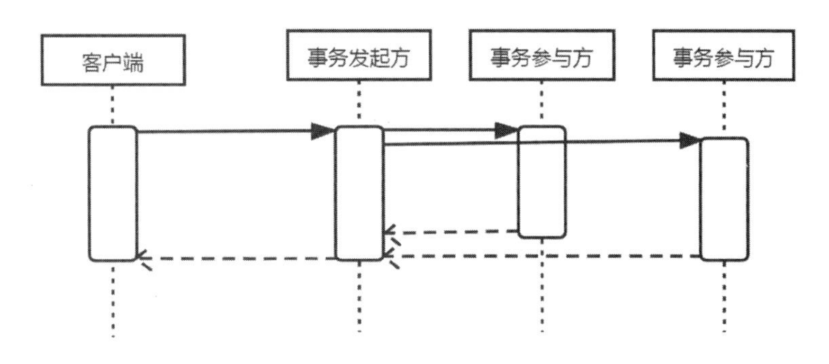

图 6.18 同步的分布式事务机制

但是同步的分布式事务的实施代价很高，需要客户端等待事务完成。有时只要求相关参与方能够确保操作完成，允许各方操作过程中存在一定时延。例如，任务应用核算完成一条任务后，绩效应用并不需要实时增加一条记录，而允许出现一定的时延。这类场景可以采用异步分布式事务。

同步的分布式事务会因为部分参与方的宕机、掉线而无法完成，进而导致整个事务阻塞。而异步的分布式事务对分布式系统的可靠性具有更高的容忍度，即使某些模块暂时宕机、掉线，只要在一定时间内重新恢复工作，都不会影响整个事务的完成。异步的分布式事务机制如图 6.19 所示。

本地异步消息机制是一种非常简单的异步分布式事务机制，它通过不断重试来确保事务参与方能顺利完成事务中要求的工作。

使用本地异步消息机制进行分布式事务时，事务的发起方需要开启本地事务，在本地事务内完成以下工作。

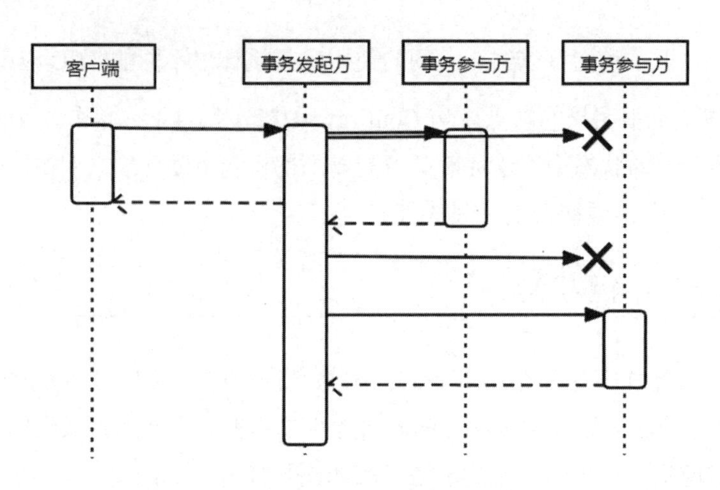

图 6.19 异步的分布式事务机制

- 事务发起方完成事务内自身负责的部分操作。
- 将通知其他参与方开展操作的消息写入本地消息中心。每个参与方至少对应一条消息，允许一个参与方接收多条消息，但不允许多个参与方共用一条消息。这个过程为生产消息的过程。

完成上述两个工作后，事务发起方便可以向客户端回应，表示事务接收成功。接下来，事务发起方会轮询自身的消息中心中是否有未成功收到反馈的消息，并尝试将这些消息送达事务参与方。

事务参与方收到事务发起方的操作消息后，完成消息中规定的操作。如果操作成功完成，则向事务发起方回复消息表示操作成功完成。

事务发起方收到事务参与方发出的操作成功完成的消息后，将对应的消息从自身数据中心删除，表示消息被成功消费。只要事务参与方在消息接收、执行、回复的任何一个环节出现问题，消息都不会被消费。这保证了消息消费的可靠性。

特殊情况下，可能出现事务参与方接收、执行消息成功而回复消息失败的场景。这时，事务参与方会重复接收到该消息，即发生消息的重复消费。为避免这种情况发生，需要事务参与方的接口满足幂等性。关于幂等性，我们会在第 9 章详细介绍。

使用本地异步消息机制实现分布式事务时，实际是假设事务参与方在收到事务发起方的操作请求时能够成功完成。如果事务参与方因为一些异常无法完成操作，则会导致对应的消息一直无法被消费而被重复发出，进而对整个系统的运行带来负担。在实际生产中常常通过不断增加消息发送的重试时间间隔，来防止这类消息对系统造成太大的影响。

如果一个消息存在于事务发起方而一直无法被消费，则需要外部机制采用对账等手段处理。

基于本地异步消息机制设计分布式事务时要注意，一般将最复杂和最容易失败的操作的执行方选为事务的发起方，这样可以尽量降低消息消费失败的概率。

使用本地异步消息机制时，只有事务发起方的内部操作和消息生成过程是同步的，而其他参与方的操作都是异步的。因此，如果存在一些必须同步执行的操作，则需要将这些操作的执行方选为事务的发起方。

6.5.5　异步消息中心机制

在使用本地异步消息机制时，事务发起方需要在本地完成消息的检索、重试、删除等工作。可以将这些工作交由一个独立的应用来处理，这个独立的应用就是异步消息中心。

异步消息中心的出现使得事务发起方的功能更为纯粹，而且一个异步消息中心可以供多个事务发起方共用，进而实现了更为清晰的职责分离。

使用异步消息中心后，事务发起方在进行分布式事务时需要开启本地事务，在本地事务中完成自身需要完成的操作，并把生产的消息发送到异步消息中心。

接下来，异步消息中心采用重试机制保证其中的消息被各个事务参与方消费。异步消息中心机制如图 6.20 所示。

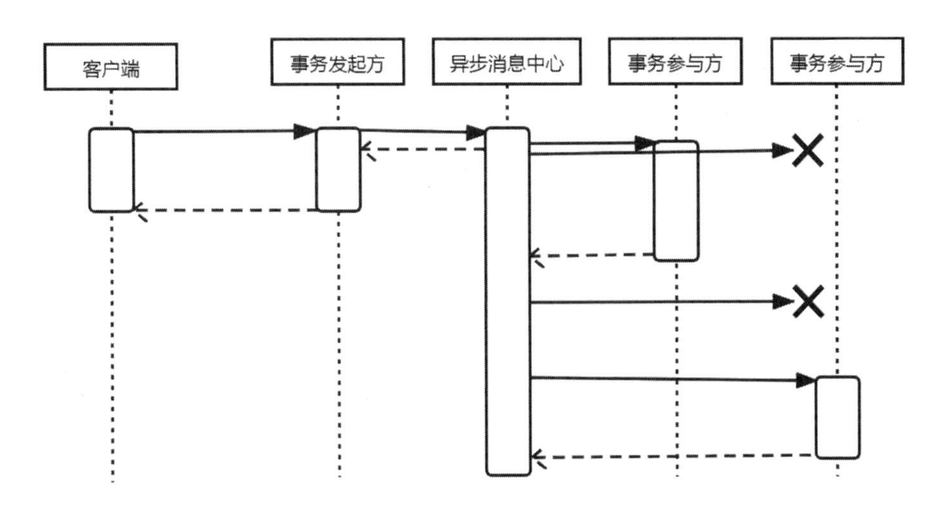

图 6.20　异步消息中心机制

异步消息中心作为一个应用独立出来后，可以通过主从备份等方式提升其运行稳定性，因此异步消息中心机制通常比本地异步消息机制更为可靠。

通常，这类异步消息中心不需要单独设计和开发。常见的消息系统中间件都可以满足要求，并且可以通过设置来避免消息丢失。关于消息系统中间件，我们会在第 11 章进行介绍。

6.6 近似事务

我们已经对本地事务、分布式事务进行了介绍，并对分布式事务的实现方案进行了分析。在这一节我们将总结上述各类事务的实现过程，探讨出一个相对独立的概念，我们称之为近似事务。

无论是本地事务，还是分布式事务，最终都是基于数据库事务实现的。但在软件开发中，总会有些非数据库的操作，这些操作可能是无法判断成功或失败的，也可能是无法回滚的，如删除文件、重启应用、发送邮件等。如果想要将这些操作也放入事务中进行，则这时可以采用我们将要介绍的近似事务。

近似事务不是事务，无法全部满足事务的原子性、一致性、隔离性、持久性要求。这是我们总结事务的实现方法，尤其是总结分布式事务的实现方法而得出的一种近似事务的操作。在没有异常发生的情况下，它有着和事务类似的表现，而且，它发生异常的概率很低。因此，很多时候我们可以将其当作事务对待。

为了实现近似事务，我们对软件中出现的操作进行分类，如下表所示。

类别名称	是否对系统有影响	是否可判断成败	是否可回滚	举　例
A	否	—	—	查询数据库、调用外部查询接口等
B	是	是	是	向数据库中插入数据、更新数据等
C	是	是	否	发送邮件、删除文件等
D	是	否	否	触发某个无回应的系统

对于支持事务的数据库而言，其提供的操作要么属于 A 类操作（查询操作）要么属于 B 类操作（数据库事务内的增加、删除、修改操作）。基于这两类操作，我们可以实现更高层级的事务，且为真正的事务。

当存在 C 类操作时，是一定无法封装进事务的。只要这种操作失败，事务一定无法恢复到执行前的状态，这时我们可以按照本章介绍的方案实现近似事务。

当存在 D 类操作时，无法实现事务，也无法实现近似事务。

组建近似事务时，近似事务中可以包含一个或者多个 A 类、B 类操作，且执行的位置随意；只能包含一个 C 类操作，且必须作为事务的最后一项操作。

例如下面的操作：

- 操作 1：查询当前时间。
- 操作 2：查询当前订单金额。
- 操作 3：调用外部应用接口，将订单金额发送给外部应用（假设能判断接口是否调用成功，但未提供回滚接口）。
- 操作 4：将订单金额写入本地数据库。

则上述操作中操作 1 和操作 2 是 A 类操作，操作 3 是 C 类操作，操作 4 是 B 类操作。我们只要将 C 类操作 3 放在最后，并让每一个操作在失败时抛出异常，便可以组建近似事务。其伪代码如下所示。

```
@Transactional
public void operate() {
    操作 1;
    操作 2;
    操作 4;
    操作 3;
}
```

上面的伪代码中，当操作 3 成功时，操作 1、2、4 均已经成功结束，这样整个事务就成功结束了。当操作 3 失败时，会触发近似事务的回滚，这样操作 4 回滚，而操作 1 和操作 2 本就对系统无影响，相当于整个近似事务恢复到了执行前的状态。

因为 C 类操作没有回滚功能，所以相比于真正的事务，近似事务是不完善的。如果操作 3 的请求发出后，长时间没有得到回应，超过了事务的时间阈值，则被判断为操作失败而引发事务回滚。如果再经过一段时间后，操作 3 的参与方成功执行了相关操作，则这便打破了事务的一致性。这种情况下只能通过其他手段处理。

相比于真正的事务，近似事务有着更广泛的应用场景，它可以包含原本不能包含到事务中的 C 类操作。在开发过程中，我们可以借鉴近似事务的思路，做到先进行可回滚操作再进行不可回滚操作，先进行本地操作再进行远程操作，从而增强整个操作的可回滚能力，提升系统的可靠性。

6.7 本章小结

本章详细介绍了分布式事务相关的理论和实践知识。

首先，我们对本地事务和分布式事务进行了区分，又对分布式事务进行了详细的分类。将分布式事务划分为应用内多数据库事务、单体应用间事务、分布式系统内事务、分布式系统间事务这四个类别，并总结了这四个类别之间的关系。

然后，我们介绍了各种分布式事务的实现方案，包括应用内多数据库事务方案、单体应用间事务方案。其中单体应用间事务方案的实现方式有很多，包括化为本地事务、化为应用内多数据库事务、TCC、本地异步消息机制、异步消息中心机制。

最后，我们在总结分布式事务各实现方案的基础上，提出了近似事务的概念。近似事务不是真正的事务，而是将多个操作组合成类似事务的形式，以使这多个操作满足成功后提交、失败后回滚的特性。

分布式事务是确保分布式系统实现原子变更的重要手段，在很多场合都有应用，也是后面许多章节中所述功能的基础。

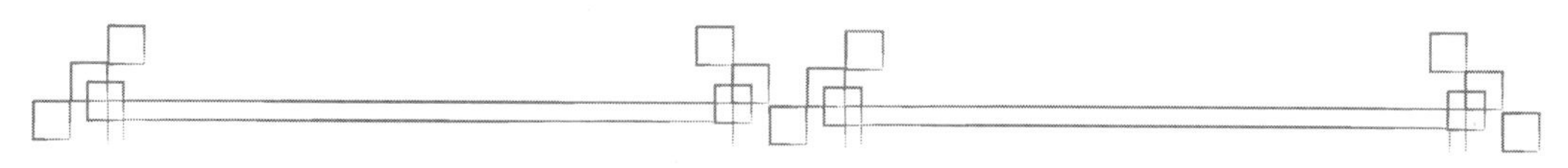

第7章 服务发现与调用

本章主要内容

◇ 分布式带来的问题

◇ 服务发现的概念及其实现方案

◇ 服务调用的概念及其实现方案

分布式系统是以节点集群的形式对外提供服务的，这带来了一些问题。

首先，需要通过某种机制让外部调用方发现服务集群中的具体节点，这种机制就是服务发现要讨论的内容。

其次，集群内的各个节点之间也需要方便地互相调用，这就是服务调用要讨论的内容。

本章将会详细讨论服务发现和服务调用这两个问题。

7.1 分布式带来的问题

分布式应用与单体应用的一个重要不同就是分布式应用中包含多个节点。如果把单体应用分为应用、模块两层，那么分布式应用则包括应用、节点、模块三层。图7.1所示为单体应用与分布式应用的结构对比。

节点的出现使得原本存在于一个单体应用中的多个模块被划分到不同的节点中。这样，一个节点内的模块数目会比一个单体应用中的模块数目更少，降低了节点内模块间依赖的复杂度。

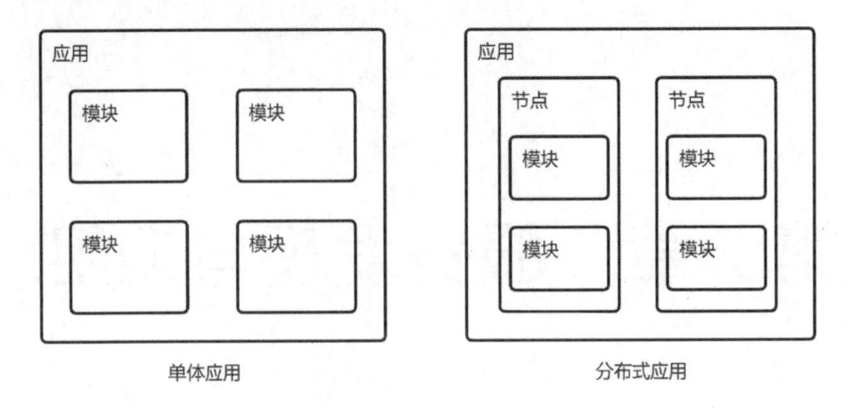

图 7.1　单体应用与分布式应用的结构对比

例如，在单体应用中，存在 A～G 七个模块，因为模块众多，所以它们之间的依赖关系可能是十分复杂的，如图 7.2 所示。

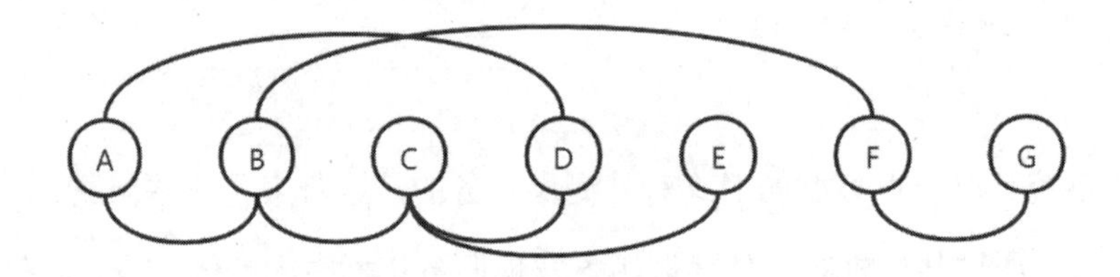

图 7.2　单体应用模块间的依赖关系

当出现节点之后，A～G 七个模块可能处在了不同的节点中。模块的依赖只能发生在节点内，因此节点内模块间的依赖关系明显变得简单了，如图 7.3 所示。

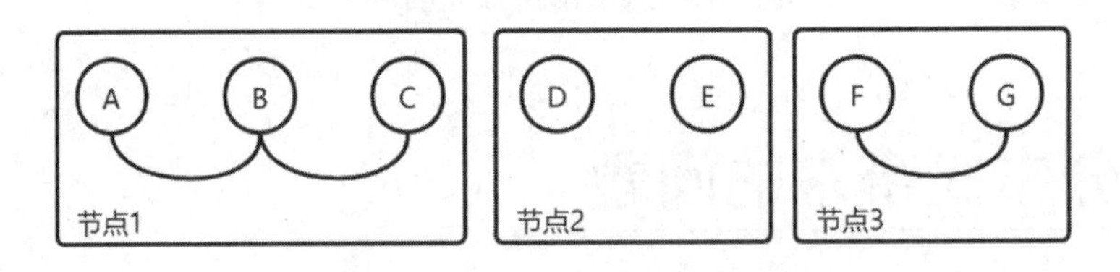

图 7.3　节点内模块间的依赖关系

但是，对于一个确定的系统而言，模块之间的依赖关系不会因为节点层级的加入而减少。为了保证各个模块之间的依赖关系不变，则需要在图 7.3 所示的结构中引入节点之间的依赖，如图 7.4 所示。

可见节点层级的出现确实降低了分布式应用模块间的依赖复杂度，但同时引入了节点间依赖。总体而言，应用的复杂度没有减少，只是发生了转移。一部分依赖关系从模块间转移到了节点间。

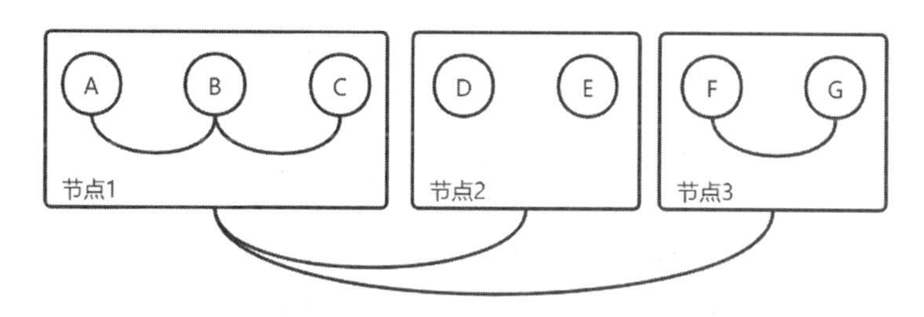

图 7.4　节点内和节点间模块的依赖关系

转移到节点间的依赖关系带来了节点间的依赖问题。

节点间的依赖问题主要包括两个子问题：节点发现、节点调用。在分布式系统中，节点用来提供某项服务，因此，这两个问题通常也会被称为服务发现和服务调用，具体如下。

- 服务发现：分布式系统中的节点集合往往是变动的，会有新节点加入，也会有旧节点退出，而节点的地址往往也是动态分配的。服务发现就是要让调用方准确找到可供调用的服务节点。在 7.2 节中，我们会详细介绍这一问题。
- 服务调用：分布式系统节点间的调用是相对频繁的，提升节点间调用的效率、易用性十分重要，这是服务调用要解决的问题。在 7.3 节中，我们会详细介绍这一问题。

7.2 服务发现

7.2.1 服务发现模型中的角色

分布式应用中的一个节点可能会调用其他节点的服务，也会为其他节点提供服务。当节点调用其他节点服务时，它的角色是服务的调用方；当节点为其他节点提供服务时，它的角色是服务的提供方。因此，一个节点可能既是服务的提供方又是服务的调用方。

在服务发现模型中，还有一个重要的角色是服务注册中心。服务注册中心中维护了所有服务提供方的信息供服务调用方查询。

因此，整个服务发现模型包含服务注册中心、提供方、调用方三种角色，而服务发现的过程就是调用方通过注册中心查询所需要的提供方地址的过程。这一过程有多种实现模型，从 7.2.2 节～7.2.4 节，我们将介绍三种常见的服务发现模型。

7.2.2 反向代理模型

反向代理模型是最为简单的服务发现模型。

在反向代理模型中，服务调用方将所有请求发往反向代理服务器，再由反向代理服务器转发给后方的服务提供方，如图 7.5 所示。这样，服务调用方只需要知道反向代理服务器的地址，而不需要了解服务提供方节点的数目和每个节点的具体地址。

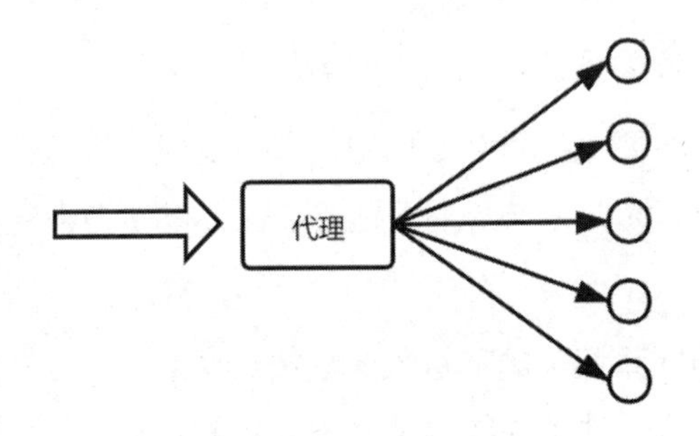

图 7.5 反向代理模型

在反向代理模型中，反向代理服务器担任了服务注册中心的角色。常见的反向代理服务器有 Nginx、F5 等。

反向代理服务器具有判活功能，即能够判断后方服务节点的运行状态，而不会将请求转发到宕机的服务提供方节点上。因此，反向代理模型能够支持节点的退出。

但是，反向代理模型对节点的加入不友好，通常需要开发人员手工维护服务节点列表。

并且，服务提供方接收的所有请求都要经过反向代理服务器转发，这引入了故障单点。当反向代理服务器发生故障时，整个服务都无法对外提供。

因此，反向代理模型作为一种简单易用的服务发现模型，常用在小规模的系统中。

7.2.3 注册中心模型

注册中心模型包含一个服务注册中心，它维护了所有服务提供方的列表，是整个模型的核心。

服务提供方节点启动后，要到服务注册中心主动注册自己能够提供的服务类型和自身地址。服务注册中心除了维护所有服务提供方的列表，还可以提供服务提供方判活功能，采用心跳检测等手段来判断服务提供方节点是否能够对外提供服务，并及时将无法正常提供服务的提供方剔除，如图 7.6 所示。这样，服务注册中心便动态维护了所有服务提供方的服务类型和服务地址。

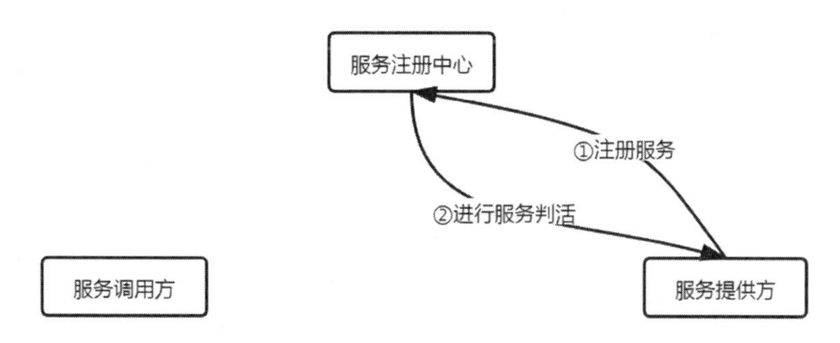

图 7.6 注册中心模型的服务注册

当服务调用方需要调用某项服务时，会到服务注册中心查找能够提供该服务的服务提供方列表，并根据一定规则选中某个服务提供方的地址进行调用，如图 7.7 所示。这样便完成了整个服务发现工作。

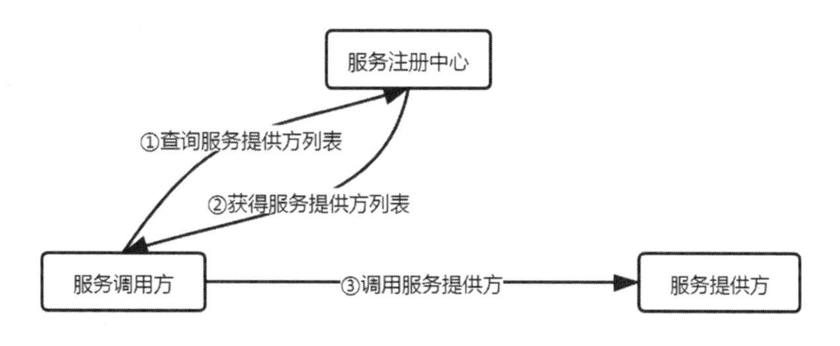

图 7.7 注册中心模型的服务查询

在这种实现方案中，服务调用方在调用任何服务前都需要查询服务注册中心。这既增加了服务调用的准备时间，又给服务注册中心带来了请求压力。

考虑到服务提供方集合是相对稳定的，服务调用方可以将从服务注册中心查询到的数据缓存在本地一份。调用前，服务调用方只需要查询本地缓存即可获得目标服务提供方的地址。这种操作流程更为高效，也减小了对服务注册中心的压力。

为了服务调用方能够及时感知到服务提供方集合的变动，服务注册中心可以在发现服务提供方集合变化后主动通知给相关的服务调用方，使其及时更新缓存数据。

于是，服务调用方获取服务提供方地址的过程演化为图 7.8 所示的形式。

图 7.8 所示的注册中心模型不需要人工维护服务提供方列表。服务注册中心仅处理服务注册、服务判活、服务变更通知、少量服务查询等操作，这些操作的并发数很低，降低了服务注册中心的设计要求。

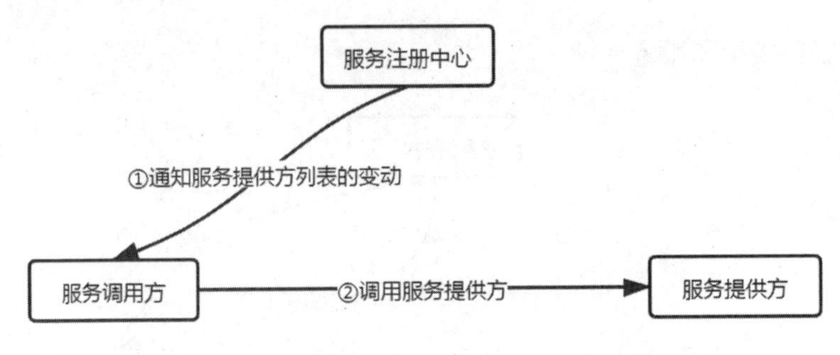

图 7.8　注册中心模型的服务变更通知

服务调用方会缓存服务提供方的信息，因此服务注册中心的短暂宕机不会影响系统的正常运行，系统具有较高的可靠性。

综上所述，注册中心模型能够支持节点的自动加入和退出，不存在单点故障，是一种常用的服务发现模型。

7.2.4　服务网格模型

注册中心模型中的服务提供方需要完成服务注册的相关工作，服务调用方需要完成服务查询的相关工作。以上这些工作都是业务流程之外的操作，可见注册中心模型对服务节点的业务逻辑有一定的侵入性。

服务网格模型则减少了对业务逻辑的侵入。

服务网格模型主要由部署在节点上的 SideCar 和负责全局协调的 ControlPlane 组成。在 ControlPlane 的控制下，SideCar 将所有节点组成了一套支持节点之间互相调用的如同网格一般的基础服务。服务网格模型如图 7.9 所示。

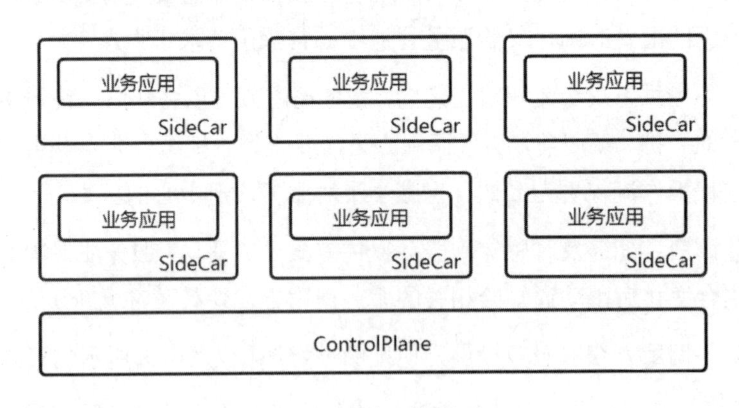

图 7.9　服务网格模型

服务网格的 SideCar 会作为一个独立的进程工作在节点上，为该节点上的多个业务应用提供服务发现和服务调用服务。

有了服务网格后，业务应用只需要部署到节点上，便可以基于服务网格提供的基础服务完成服务发现和服务调用。这样，业务应用不需要再处理服务发现逻辑、服务调用逻辑，因而更为纯粹。

服务网格模型中，服务网格起到了服务注册中心的作用，它能够管理节点的加入、退出，提供服务发现功能。此外，服务网格还支持节点间的服务调用。

在整个分布式应用中，服务网格是一套独立的基础系统，需要独立于业务应用部署、维护，且其运行可靠度直接影响着分布式应用的工作，因此服务网格的实施成本、运维成本都比较高。但只要服务网格建立完成，业务应用便可以低耦合地嵌入其中。

7.2.5　三种模型的比较

至此，我们已经介绍了三种常见的服务发现模型，这三者之间的对比介绍如下。

模　　型	单 点 故 障	业务侵入性	节 点 增 删	实 现 成 本
反向代理模型	有	低	手动增、自动删	低
注册中心模型	无	中	自动	中
服务网格模型	无	低	自动	高

反向代理模型因为实现简单、业务侵入性低，得到了十分广泛的应用。尤其是在一些节点数目相对较少的分布式系统中，其应用更为广泛。

注册中心模型能够实现节点增删的自动管理，且实现难度适中，在一些节点数目较多的分布式系统中应用较为广泛。

服务网格模型能够在实现节点增删自动管理的基础上减少对业务的侵入，对于节点数目较多的分布式系统较为友好，但因为其实施成本和运维成本较高，还尚未普及。

在项目实施中，我们可以参照分布式系统的规模、实现成本接受度，来选择具体模型，并且可以随着项目的发展而不断升级模型。

7.3　服务调用

7.3.1　背景介绍

“高内聚、低耦合”是软件设计，尤其是面向对象设计中的一个重要原则。依据此原则设计的软件系统，由下到上的每一层级都会提升自身的内聚性，降低与外界的耦合。最终使得整个系统中，层级越低的组织间耦合越高，层级越高的组织间耦合越低。

“高内聚、低耦合”这一原则最终会反映在组织间的互相调用上。层级越低的组织间互相调用的频率越高，层级越高的组织间互相调用的频率越低，如图 7.10 所示。

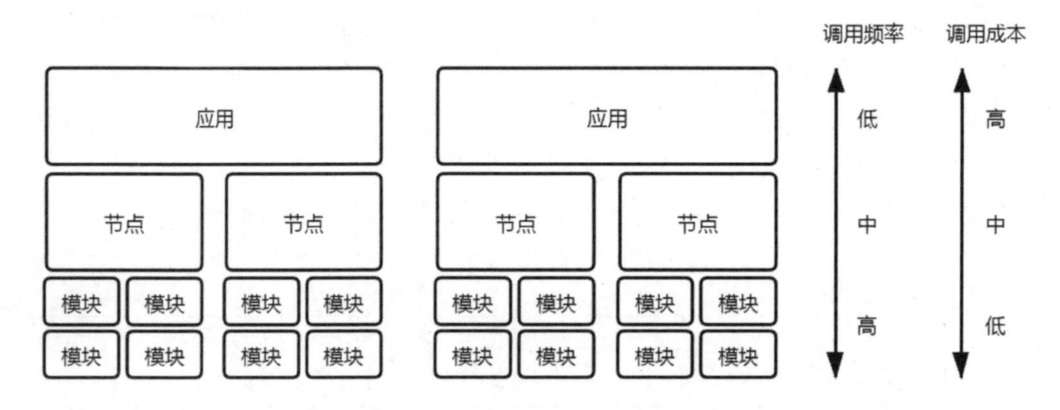

图 7.10　不同层级的调用频率

以图 7.10 所示的应用、节点、模块组成的三层的软件结构为例。应用处在最高层，应用间的耦合度是很低的，它们之间的调用是低频的。节点处在中间层，它们之间的耦合度居中，其调用频率也是居中的。模块处在最底层，它们之间的耦合度最高，模块之间的调用频率也最高。

模块间的调用是高频的，但它们之间的调用也是简单和高效的。通常，一个模块可以直接调用另一个模块中的类、对象、方法，十分方便。并且这种调用发生在同一个机器内，甚至是同一个进程、线程内，十分高效。

应用间的调用是低频的。通常，一个应用调用另外一个应用时，需要通过接口展开。调用过程中会涉及序列化、反序列化、网络传输、参数校验等多个环节，但因为其发生频率很低，也是可以接受的。

节点间的调用，也常被称为服务调用，是需要跨机器的，而其发生频率介于应用间调用和模块间调用，是相对高频的。因此需要一种相对简单高效的、支持跨机器的调用方式，这就是服务调用要解决的问题。

目前服务调用主要有两种实现方式：基于接口的调用和远程过程调用。接下来，我们将对这两种调用方式分别展开介绍。

7.3.2　基于接口的调用

应用间的调用是基于接口展开的，它是支持跨机器调用的。我们可以借鉴这种方式，基于接口开展节点间的服务调用。在这种方式下，服务生产方将自身的服务通过接口的形式暴露出来，而服务调用方则通过 HTTP 请求调用所需的接口。

服务以接口的方式暴露，保证了服务的通用性、可读性。这些接口可以提供给其他应用直接使用，甚至直接提供给用户。

但是，以接口形式暴露的服务使用复杂，且效率较低。基于接口的调用流程如图 7.11 所示。

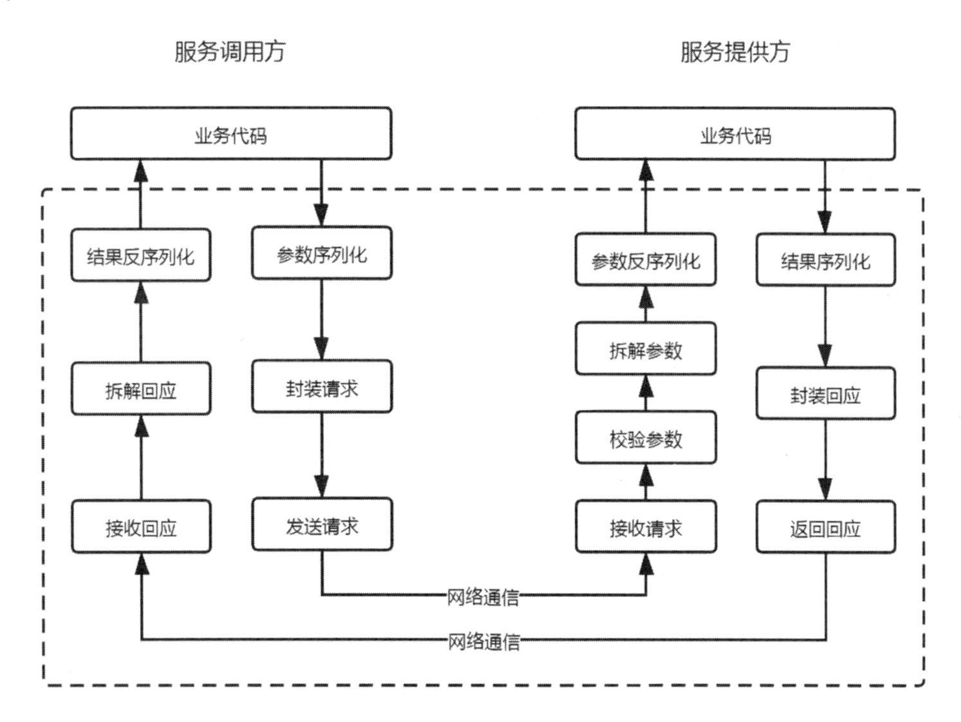

图 7.11　基于接口的调用流程

调用发起阶段，服务调用方需要将相关参数序列化，并封装到 HTTP 请求中。而 HTTP 请求的封装操作较为烦琐。

网络通信环节基于 HTTP 协议展开，作为工作在开放式系统互联（Open System Interconnect，OSI）模型第七层的 HTTP 协议，其更为易用，但是有效信息占比较低，因而效率较低。

调用接收阶段，服务提供方需要接收 HTTP 请求、验证请求参数的合法性、从请求中提取参数信息，这是一连串繁杂的工作。之后，服务提供方将相关参数反序列化后再进行具体的服务调用操作。

可见，整个服务调用的过程中，无论是服务调用方、服务提供方都需要进行许多额外的操作，易用性差。并且，整个过程的实现效率较低，开发工作量也很大。图 7.11 中的虚线部分是专门为调用接口、暴露接口开发的，这部分工作会随着接口的增加而增加。

但是，基于接口的调用其通用性强、易读性好，因此仍然得到了极为广泛的应用。很多时候，通用性、易读性是比效率更为重要的。

7.3.3 远程过程调用

节点内模块之间的调用可以基于类、对象的方法进行，十分方便。那么，节点之间的调用能否像模块间的调用一样方便地进行呢？基于这种思想，诞生了远程过程调用。

远程过程调用（Remote Procedure Call，RPC）使服务可以像调用本地方法一样调用网络上另一个服务中的方法。

在使用远程过程调用前，服务提供方需要将自身服务的接口文件导出，而服务调用方则要引入这些接口文件。

进行远程过程调用时，服务提供方只需要调用接口文件中的接口，便相当于调用了服务提供方中的具体实现方法，并得到服务提供方给出的执行结果。调用其他服务中的方法就像调用本地方法一样方便。远程过程调用的流程如图 7.12 所示。

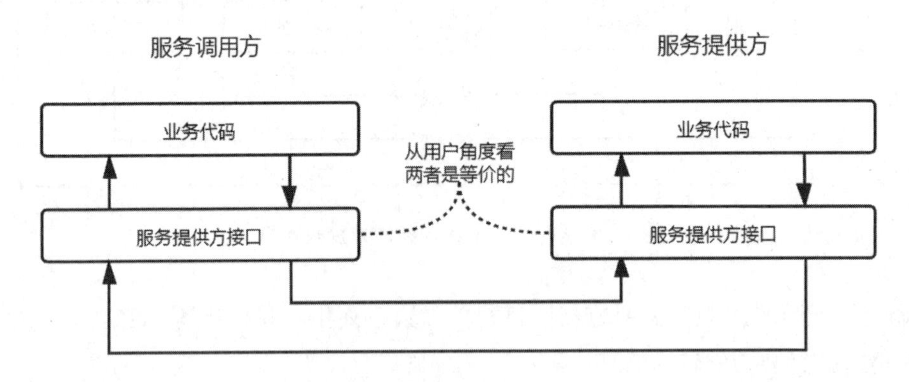

图 7.12 远程过程调用的流程

远程过程调用极大地提升了分布式系统的透明性，包括访问透明性和位置透明性，即服务调用方可以用相同的操作调用本地和远程的方法，且不需要知道资源的物理或者网络位置[1]。

接下来，我们从服务调用方、通信、服务提供方三部分介绍远程过程调用的具体实现过程。

服务调用方

服务调用方在本地调用服务提供方给出的接口，相当于远程调用了该接口的具体实现，这一机制的实现主要用到了动态代理。

动态代理能够为原本的空接口注入一个代理实现。于是，服务调用方对接口的调用便转化成了对代理实现的调用。

在代理实现中，会向服务注册中心查询服务提供方的具体地址、端口，并将调用参数序列化，然后向服务提供方发送调用请求。之后，代理实现还会接收请求的回应，并通过接口返回给服务调用方的业务逻辑。

通信

根据 OSI 模型，将网络通信的工作划分为图 7.13 所示的七层。

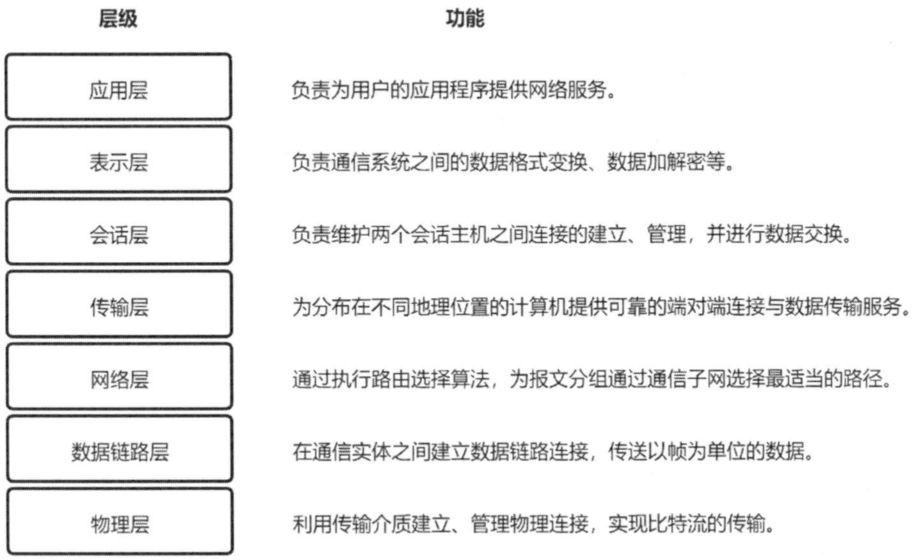

层级	功能
应用层	负责为用户的应用程序提供网络服务。
表示层	负责通信系统之间的数据格式变换、数据加解密等。
会话层	负责维护两个会话主机之间连接的建立、管理，并进行数据交换。
传输层	为分布在不同地理位置的计算机提供可靠的端对端连接与数据传输服务。
网络层	通过执行路由选择算法，为报文分组通过通信子网选择最适当的路径。
数据链路层	在通信实体之间建立数据链路连接，传送以帧为单位的数据。
物理层	利用传输介质建立、管理物理连接，实现比特流的传输。

图 7.13　网络通信

RPC 在工作时，通常使用第七层的 HTTP 协议或者第四层的 TCP 协议、UDP 协议在两个节点之间进行通信。

相比而言，HTTP 协议工作在第七层，对传输的信息进行了多层的封装，因此有用信息占比低，效率比较低，但使用更为简单；TCP 协议、UDP 协议工作在第四层，减少了封装的次数，因此有用信息占比高，效率比较高，但使用略为复杂。

服务提供方

服务提供方在接收到调用请求后，需要定位到请求所要调用的具体方法。然后将请求中的参数反序列化后展开对方法的实际调用，并在调用结束后将执行结果返回。

RPC 总结

RPC 是一个涉及动态代理、序列化、通信、反序列化的复杂过程，但是，以上这些过程都被 RPC 框架隐藏了起来。在使用 RPC 框架时，我们只需要调用服务提供方的接口便可以调用到服务提供方的具体实现，而不用关心其实现细节。

整个 RPC 的实现过程如图 7.14 所示，虚线框内的部分是 RPC 框架实现的功能。

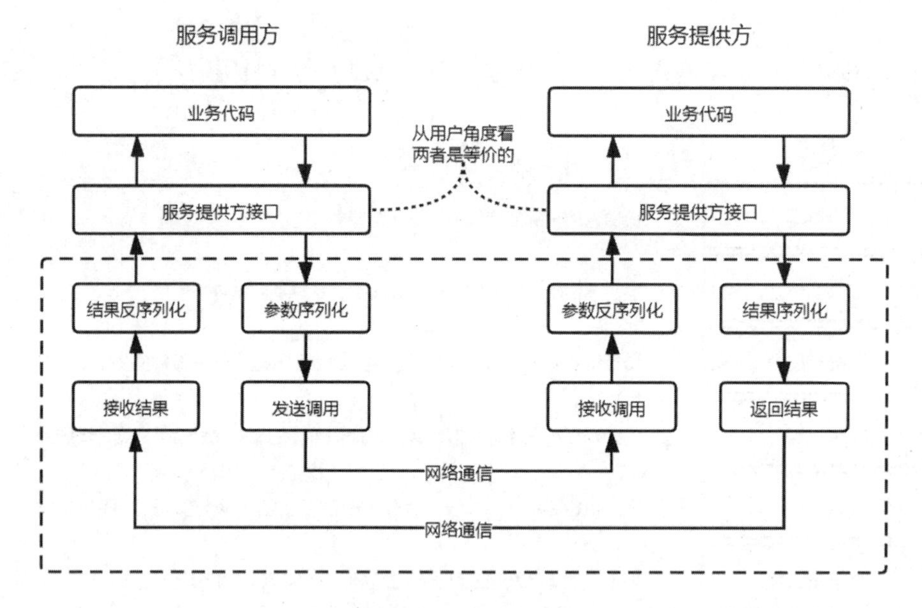

图 7.14　整个 RPC 的实现过程

备注

为了让大家更好地理解 RPC 的实现，我们编写了一个极简的 RPC 示例项目。该实例只用少量的几个类便实现了 RPC 功能，并且配有服务调用方和服务提供方的展示示例。项目地址为 https://github.com/yeecode/EasyRPC。

通过对具体调用实现过程的封装，RPC 提升了服务间调用的易用性。服务调用方不需要再组建请求参数，便可以直接像调用本地方法一样调用远程服务。

通过将底层的通信协议封装起来，RPC 可以基于第四层的协议来提升信息传输的效率，并可以自由设计通信格式。

RPC 使服务提供方不需要给出 HTTP 接口。这对非 RPC 的调用是不友好的，可见，RPC 调用损失了服务的通用性、可读性。

RPC 可以结合 7.2.3 节介绍的注册中心模型使用，在服务调用方的代理实现中完成服务提供方的地址查询等工作。RPC 也可以作为 7.2.4 节介绍的服务网格模型的一部分，提供网格之间的调用功能。

拓展阅读

RPC 与 RMI

除了远程过程调用，大家可能还听说过远程方法调用（Remote Method Invocation，RMI）。那么，RPC 和 RMI 两者有何异同呢？

其实两者十分近似，都支持接口编程，能够在一台机器上调用另一台机器上的接口实现。但是，RMI 更进一步，支持分布式环境中的对象引用，也就是说，允许在远程调用中将对象的引用作为参数[1]。

早期的编程范式是面向过程编程的，程序员将解决问题的步骤拆分为一个个的过程，然后依次调用。将这种编程范式扩展到分布式系统中，允许调用其他节点上的过程，就是远程过程调用 RPC。这里的过程通常也会被称为方法，指的是面向过程中的一个可复用的小过程。

后来，面向对象编程范式得到普及。将面向对象编程范式扩展到分布式系统中，就出现了远程方法调用 RMI。这里的方法则指的是对象中的方法。

与面向过程编程不同，在面向对象编程中我们可以将对象的引用作为方法的参数。例如，方法“public void process（WatchedEvent event）”中的参数 event 实际为 WatchedEvent 对象的引用。

要将面向对象编程扩展到分布式系统中，便需要支持将对象的引用作为远程调用的参数。这就是 RMI 要解决的一个重要问题，也是 RMI 和 RPC 的最大不同。这方面的工作被称为远程对象引用（Remote Object Reference）。

可见，RMI 是 RPC 的进一步扩展，它允许将对象的引用作为远程调用的参数。

RMI 在许多编程语言中都有成功的实践，典型的是 Java RMI。

7.4 本章小结

本章主要介绍了服务发现和服务调用这两个概念，它们出现的背景原因是一样的，都是由分布式系统在应用层级和模块层级之间加入了节点层级而引发的。

分布式系统支持节点的加入和退出，因而分布式系统中的节点集合是动态的。服务发现就是让服务调用方高效地寻找到需要调用的服务提供方节点。反向代理模型、注册中心模型、服务网格模型是三种常见的服务发现的模型，这三种模型各有优劣。在本章中我们都进行了分析和介绍。

服务调用用来解决分布式节点间的互相调用问题，包括基于接口的调用和远程过程调用这两种常见的实现方式。基于接口的调用具有较好的通用性和可读性，远程过程调用则具有较好的易用性和效率。

服务发现和服务调用共同解决了分布式系统中多节点带来的问题，使得系统外部调用方能够方便地发现系统内部的节点，也使得系统内部的节点间可以方便地互相调用。

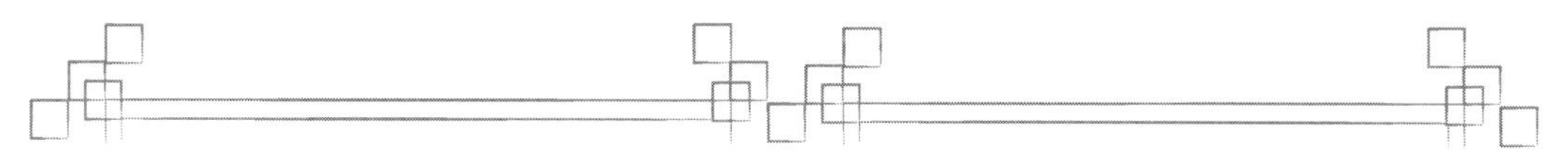

第 8 章　服务保护与网关

本章主要内容

- ◇ 服务保护的概念及其实现方案
- ◇ 服务网关的概念及其功能

分布式系统中的节点多是低成本的小型服务器，它们难以承受巨量的请求。因此，需要对节点提供的服务进行保护，以确保它们的正常运行。

分布式系统的众多节点也需要对外提供统一的访问入口，因此，诞生了服务网关。

本章将会介绍服务保护的手段，以及服务网关的产生背景、功能、结构。

8.1　服务保护

在单体应用中，所有的请求均由单一节点承担。而在分布式应用中，这些请求将由众多节点共同分担。

在第 1 章中介绍过，分布式系统中的节点多采用低成本的小型服务器，这意味着它们的性能是十分有限的，无法承受大量的请求。因此，要对分布式系统中的节点提供一些保护措施，如保证请求被均匀地分散到各个节点上、确保异常出现后不会在节点间扩散等。这些保护操作常被称为服务保护。

服务保护的措施有很多种，但它们在理论层面的出发点是相同的。接下来，我们先介绍服务保护的理论依据。

8.1.1 理论依据

为了从理论层面介绍服务保护的依据，我们先介绍与软件系统性能相关的两个常用指标：并发数和吞吐量。

并发数用来衡量一个软件系统同时服务调用方的数量。它是一个宽泛的概念，包括并发用户数、并发连接数、并发请求数、并发线程数等多种衡量方式[4]。

吞吐量用来衡量软件系统在单位时间内能够接收和发出的数据量。它也是一个宽泛的概念，包括每秒进行的事务数目（Transaction Per Second，TPS）、每秒进行的查询操作数目（Queries Per Second，QPS）等多种衡量方式[4]。

软件的并发数和吞吐量是相互影响的，我们可以定性地画出软件系统的吞吐量随并发数变化的趋势图，如图 8.1 所示，我们可以将软件系统的工作区间分为 *OA*、*AB*、*BC* 三段。

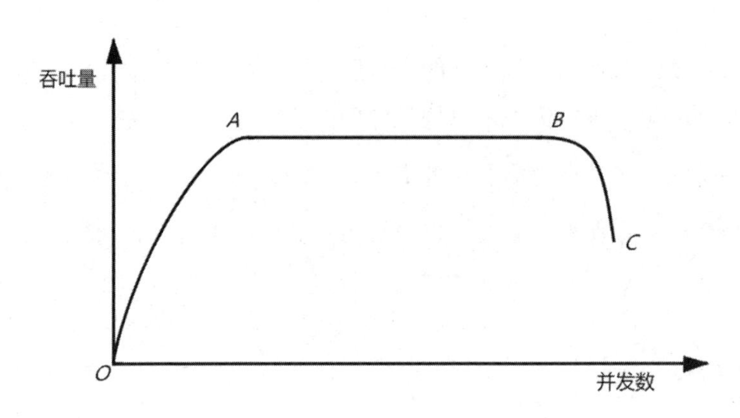

图 8.1　吞吐量与并发数的关系

在 *OA* 段，并发数相对较小，系统的性能存在闲置。在这一阶段中，如果并发数增加，则系统性能会得到进一步发挥，从而引发吞吐量增加。这一段能确保并发数和吞吐量基本匹配。因此，在这个区间段内，系统是稳定的。

在 *AB* 段，系统的性能已经得到了全部的发挥，此时无论并发数如何增减，系统总保持最大吞吐量不变。因此在这个区间段内，系统也是稳定的。

在 *BC* 段，过量的并发导致系统的剩余内存、硬件温度等指标恶化，从而使得系统的性能变差，并且如果并发数继续增加，系统的性能还会继续变差。如果此时并发数下降，则系统的吞吐量增加，最终系统会进入到 *AB* 段，即恢复稳定。如果并发数继续提升，则系统的吞吐量继续下降，并因为请求的堆积而导致并发数继续提升，从而形成恶性循环，最终可能导致系统失效。因此，总体来看，在这个区间段内，系统是不稳定的。

基于以上的软件系统运行稳定性分析，我们知道要保护软件系统就要避免系统进入不稳定的 *BC* 段，具体来说就是限制系统的并发数。这就是各种服务保护措施的理论依据。

服务保护的具体实施策略有隔离、限流、降级、熔断、恢复等。在下面的章节中，我们将对这些具体措施展开介绍。

备注

提升软件的性能是软件架构设计工作的重要方面，也是高性能架构关注的内容。而服务保护关系到软件的可靠性指标，是高性能架构的一个环节。

作者的《高性能架构之道》一书对软件系统的性能指标、各性能指标间的关系、分布式、并发编程、数据库调优、缓存设计、I/O 模型、前端优化、高可用等知识展开了更为详细和体系化的介绍，并通过架构实例展示了高性能架构的完整实践流程。需要了解高性能、软件架构等相关知识的读者可以参考该书。

8.1.2　隔离

分布式系统的各节点之间存在相互调用。如果一个节点无法正常对外提供服务，则调用它的节点也便无法对外提供完整的服务。这种现象会导致失效逆着调用链方向向前扩散。

假设系统中节点 N1 会调用节点 N2、N3、N4 三个节点提供的不同服务，如图 8.2 所示。

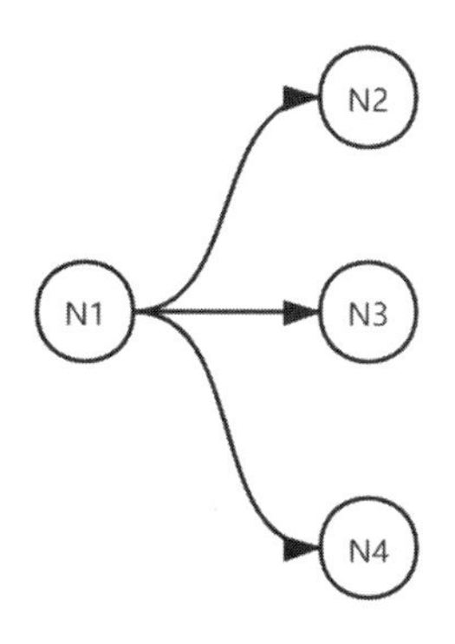

图 8.2　服务串联示意图

在不考虑隔离的情况下，节点 N1 的工作过程通常如下面的伪代码所示。

```
public Result service(Request request) {
    Result result = new Result();
    result.append(n2.service(request));
    result.append(n3.service(request));
    result.append(n4.service(request));
    return result;
}
```

当节点 N2 失效时，n2.service(request)操作将会阻塞，从而导致节点 N1 中的 service 操作被阻塞。于是，大量的请求拥塞在节点 N1 上，使得节点 N1 的并发线程数急剧升高，最终导致节点 N1 因内存耗尽而失效。

有一种措施可以避免失效蔓延，那就是隔离。

一种常见的方式是使用线程池将节点 N1 和后方的节点 N2、N3、N4 隔离起来。具体措施是在 N1 中为调用节点 N2、N3、N4 的操作各设立一个线程池，每次需要调用它们的服务时，从线程池中取出一个线程操作，而不是使用 N1 节点的主线程操作。实现流程的伪代码如下。

```
public Result service(Request request) {
    Result result = new Result();

    // 从调用 N2 节点的专用线程池中取出一个线程
    Thread n2ServiceThread = n2ServiceThreadPool.get();
    if (n2ServiceThread != null) {
        // 使用获得的线程调用 N2 节点的服务
        n2ServiceThread.start();
        // 获得 N2 节点给出的结果，并汇总入 N1 节点的处理流程中
        result.append(n2ServiceThread.get());
    }

    // 省略对 N3、N4 节点的调用流程

    return result;
}
```

这样，当 N2 节点失效时，会使 N1 节点中的调用线程阻塞，进而导致 N1 节点中操作 N2 节点的线程池被占满。之后，这一结果不会再继续扩散，不会对其他线程池造成影响，从而保证节点 N1 的资源不会被耗尽。

这种操作将 N2 节点失效引发的影响隔离在了节点 N1 的一个线程池中，提升了节点 N1 的稳定性。

然而，线程的给出、回收、切换都需要较大的成本，在对一些小的操作进行隔离时，使用线程显得太过厚重，这时可以使用信号量来进行隔离。当某个操作出现故障后，会导致该操作对应的信号量被耗尽，而不会继续向外扩散。

备注

关于信号量的使用，可以参照《高性能架构之道》一书中的第 4 章。

这里要说明一点，如果节点 N2 提供的服务是系统不可或缺的，则只要节点 N2 失效，系统便失效了。此时任何将节点 N2 的失效隔离起来的操作都是没有意义的。当节点 N2、N3、N4 提供一些有意义但却不必要的服务时，这种隔离手段才有效。

8.1.3　限流

节点进入不稳定工作区间的原因是并发数太高，因此，只要我们将节点的并发数限制在一定值以下，便可以保证节点工作在稳定的区间。基于这种思想，我们可以对节点进行限流操作，即限制进入节点的请求数目。

接下来，我们介绍具体的限流操作的实现方法。

时间窗限流法

生活中的水流是一个模拟量，我们可以通过扩大与减小水阀开口来控制水流的大小。而请求组成的流不是模拟量，它由一个个独立的请求组成。但是我们可以将时间划分成小段，在每小段时间内，只允许一定数量的请求进入节点，以达到限流的目的。这一小段时间就是时间窗。

时间窗是指一段固定的时间间隔，而时间窗限流法就是在固定的时间间隔内允许一定数量以内的请求进入服务。例如在图 8.3 中，每个时间窗内便只允许三个请求进入。对于未能进入服务的请求，可以直接返回失败，也可以使用队列存储起来，等待下一个时间窗。

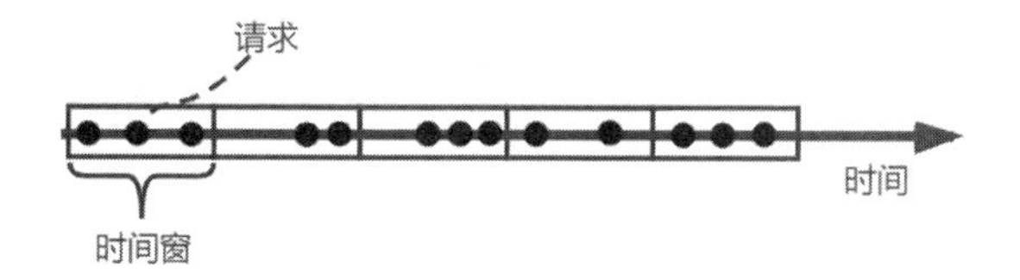

图 8.3　时间窗限流法

在时间窗限流法中，新请求的到来和放行的过程是同步的，因此实现非常简单，使用一个计数变量和计时变量便可完成。每当一个请求进入时，判断当前时间窗内是否还有请求额度，然后根据判断情况放行或拦截。实现伪代码如下所示。

```
public Result timeWindowLimiting (Request request)
{
    // 判断是否开启新的时间窗
    if(nowTime() - beginTime > TIME_WINDOW_WIDTH) {
        count = 0;
        beginTime = nowTime();
    }

    // 判断时间窗内是否还有请求额度
    if(count < COUNT_THRESHOLD) {
        count ++;
        return service.handle(request);
    } else {
        return "Place try again latter.";
    }
}
```

时间窗限流法有一个很明显的缺点，即存在请求突刺。在每个时间窗的开始阶段可能会突然涌入大量的请求，而在时间窗的结束阶段可能因为额度用完而导致没有请求进入服务。从服务的角度来看，请求数目总是波动的，这种波动可能会对服务造成冲击。

漏桶限流法

为了避免时间窗限流法的请求突刺对服务造成过大的冲击，我们可以减小时间窗的宽度。而当时间窗足够小时，小到每个时间窗内只允许一个请求通过时，就演化成了漏桶限流法。

漏桶限流法采用恒定的时间间隔向服务释放请求，避免了请求的波动。

在实现漏桶限流法时，需要一个存储请求的队列。当外部请求到达时，先将请求放入队列中，再以一定的频率将这些请求释放给服务。其工作原理就像是一个漏水的水桶，如图 8.4 所示。

对于接收漏桶请求的服务而言，无论外部请求量的大小如何变化，它总是以恒定的频率接收漏桶给出的请求。

漏桶中存储请求队列的长度是有限的，在它被请求占满的情况下，可以直接将后续的请求丢弃或返回失败。

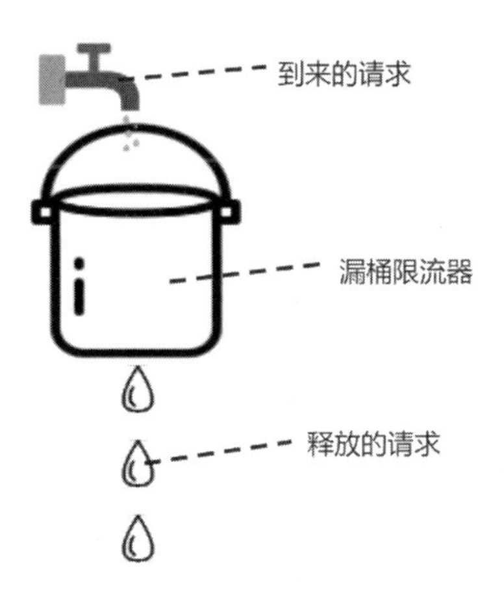

图 8.4　漏桶限流法

在漏桶限流法中，请求的到来和释放并不是同步的，而是两个独立的过程。因此，漏桶限流法的实现要比时间窗限流法略复杂一些，需要有一个独立的线程以一定的频率释放请求。漏桶限流法的伪代码如下所示。

```
public class LeakyBucket {
    // 缓存请求的队列
    Queue<Request> requestQueue = new LinkedList<>();

    // 接收请求并将请求存入队列
    public void receiveRequest(Request request) {
        if (requestQueue.size() < REQUEST_SIZE_THRESHOLD) {
            requestQueue.offer(request);
        }
    }

    // 以一定时间间隔向后方服务释放请求
    @Scheduled(TIME_INTERVAL)
    public void releaseRequest() {
        Request request = requestQueue.poll();
        service.handle(request);
    }
}
```

受到请求复杂程度、软硬件活动的影响，服务处理不同请求所花费的时间是不同的。而漏桶限流法总是以相同的频率向服务释放请求，这可能导致两种情况：第一种情况，服务无法及时处理完成收到的请求，从而造成请求的拥塞，并进一步导致节点性能的下降；第二种情况，服务能很快处理完收到的请求，于是在接收到下一个请求之前，服务存在一定的空闲，这造成了处理能力的浪费。

令牌限流法

漏桶限流法不能根据节点的负载情况调整请求释放频率的根本原因是缺乏了反馈。只有将服务处理请求的情况进行反馈，才能使得限流模块根据服务的情况合理地释放请求。于是，这就演化成了令牌限流法。

在使用令牌限流法时，一个请求必须拿到令牌才能被发送给节点进行处理，而节点则会根据自身的工作情况向限流模块发放令牌。例如，在自身并发压力大时降低令牌的发放频率，在自身空闲时提高令牌的发放频率。反馈的引入使得服务能够最大限度地发挥自身的处理能力。

令牌限流法释放请求的时机有两个，一个是新请求到来时，另一个是新令牌到来时。所以不需要一个独立的线程来检查暂存的令牌和请求的数目，编程实现比较简单。其伪代码如下所示。

```
public class TokenPool {
    // 缓存请求的队列
    Queue<Request> requestQueue = new LinkedList<>();
    // 缓存令牌的队列
    Queue<Request> tokenQueue = new LinkedList<>();

    // 接收请求，根据令牌情况处理请求
    public void receiveRequest(Request request) {
        if (tokenQueue.size() > 0) { // 尚有令牌，直接释放请求
            tokenQueue.poll();
            service.handle(request);
        } else if (requestQueue.size() < REQUEST_SIZE_THRESHOLD) { // 暂存请求
            requestQueue.offer(request);
        }
    }

    // 接收令牌，根据请求情况处理令牌
    public void receiveToken(Token token) {
        if (requestQueue.size() > 0) { // 尚有请求，直接消耗令牌释放请求
            Request request = requestQueue.poll();
            service.handle(request);
        } else if (tokenQueue.size() < TOKEN_SIZE_THRESHOLD) { // 暂存令牌
            tokenQueue.offer(token);
        }
    }
}
```

提供服务的一方可以根据自身的负载情况调整向令牌池放入令牌的速率。

需要注意的是，令牌限流法的实现中有一种容易想到的错误方案，即在每次服务处理完请求时，将令牌返还给限流模块，以保证整个系统中存在恒定数量的令牌。按照这种方案，服务处理越快则令牌循环越快，服务处理越慢则令牌循环越慢。如图 8.5 所示，恒有 6 个令牌存在。

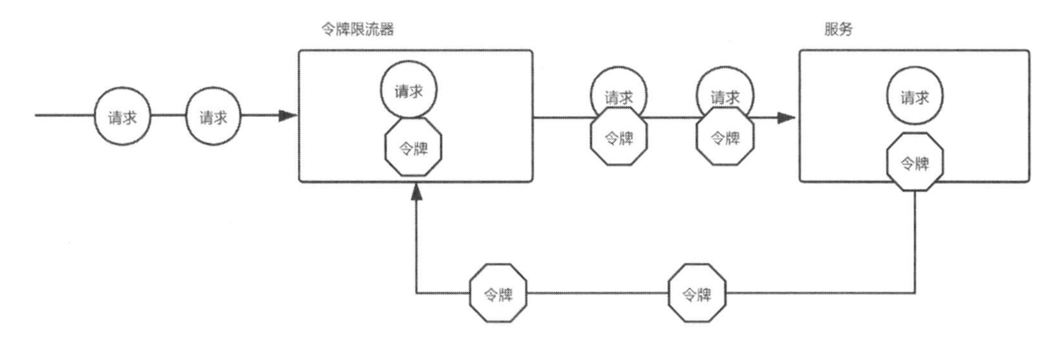

图 8.5　保持令牌数恒定方案示意图

然而，这种方案过于理想，在实际应用中可能存在严重的问题。服务、限流模块、通信过程中都可能因为异常而丢失令牌，最终令牌数目会随着时间逐渐减少，引发节点吞吐量的下降。因此，在实际生产中，不建议使用这种方案。

令牌限流法也可能存在请求突刺，即当令牌池中存在大量令牌而又瞬间向令牌池中涌入大量请求时，这些请求会被瞬间释放，从而对服务造成冲击。可以调整令牌池能够缓存令牌的数目来解决这一问题。

8.1.4　降级

系统的平均响应时间也将会对系统并发数造成影响。在请求频率一定的情况下，平均响应时间越长，系统的并发数越高。如图 8.6 所示，请求到达的时间间隔是一定的，而当请求的平均响应时间增大时，系统的并发数从 2 变为 4。

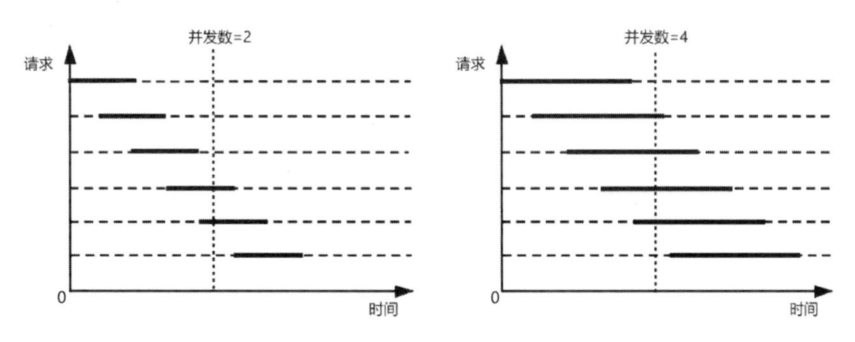

图 8.6　并发数与平均响应时间的关系

因此，可以通过降低系统平均响应时间来降低系统的并发数，进而使得系统工作在稳定的区间段内。

在系统软硬件条件、请求类型、请求频率不变的情况下，系统平均响应时间大致是稳定的。降级就是在上述条件不变的情况下，通过减少请求操作来降低平均响应时间，即将请求中一些耗时的操作裁剪掉，只保留必要的、迅速的操作。

在代码层面实现降级并不复杂，简单的条件选择语句就可以完成，在此我们不再给出示例。在实现降级的过程中最复杂的是降级级别和降级策略的划定，这两者都需要根据具体的业务场景展开，我们这里列举一些典型的降级策略。

- 停止读取数据库：将需要读取数据库获取的准确结果改为从缓存中读取的近似结果，以避免访问数据库造成的时间损耗。例如，某件商品的已销售数量，可以直接从缓存中取出近似结果返回。
- 准确结果转近似结果：对于一些需要复杂计算的结果，可以直接使用近似结果代替。例如，在基于位置的服务（Location Based Services，LBS）中采用低精度的距离计算算法。
- 直接返回静态结果：直接略去数据读取、计算等过程，显示一个静态的模板结果。例如，某个产品的推荐理由可以从原本的个性化的推荐理由修改为固定的模板结果。
- 同步操作转异步操作：在一些涉及写的操作中，直接写入缓存，然后返回。缓存中的内容可以异步处理。
- 功能裁剪：将一些非必要的功能直接裁剪掉，如“猜你喜欢”模块、“热榜推荐”模块等。
- 禁止写操作：直接将写操作禁止，而只提供读操作，如系统在运行高峰期禁止用户修改昵称等。
- 分用户降级：针对不同的用户采取不同的降级测量。例如，可以直接禁止爬虫用户的访问，而维持普通用户的访问。
- 工作量证明式降级：工作量证明（Proof Of Work, POW）是软件系统中常见的一种促进资源合理分配的手段，它要求获取服务的一方完成一定的工作量，以此来证明自己确实需要获取相关服务。这种方法可以帮助软件系统排除恶意访问，但也使得用户的体验变差。常见的方法是在服务之前增加验证码、数学题、拼图题等，而且还可以根据需要增加题目的难度。

根据触发手段不同，可以将降级分为两种：自动降级、手动降级。

自动降级是根据系统当前的运行状况、运行环境自动地采取相应的降级策略。具体的实施方法如下。

- 因依赖不稳定而降级：当系统依赖的某个服务总是以很大的概率返回失败结果或者长时间不响应时，系统可以降级以绕过该不稳定的服务。
- 因失败概率过高而降级：当一个系统总是以很高的概率给出失败结果时，系统可以降级以提升自身的正确率。
- 因限流而降级：当限流模块发现流量过高时，如时间窗、漏桶、令牌池等各限流模块的缓存区域已满并开始丢弃请求时，则可以通知其后方的服务模块降级。这样可以提升服务模块的请求处理速率，以便尽快消费掉请求队列。

以使用漏桶限流法的自动降级为例，我们可以使用下面的伪代码实现后续服务的降级：

```
public class LeakyBucket {
    // 缓存请求的队列
    Queue<Request> requestQueue = new LinkedList<>();
    // 后续服务是否需要降级的标志位
    boolean degrade = false;

    // 接收请求并将请求存入队列
    public void receiveRequest(Request request) {
        if (requestQueue.size() < REQUEST_SIZE_THRESHOLD) {
            requestQueue.offer(request);
            // 缓存队列存在空，则后续服务不需要降级
            degrade = false;
        } else {
            // 丢弃请求，并声明后续服务需要降级
            degrade = true;
        }
    }

    // 以一定时间间隔取出并处理请求
    @Scheduled(TIME_INTERVAL)
    public void releaseRequest() {
        Request request = requestQueue.poll();
        // 调用后续服务时携带标志是否需要降级的标志位
        service.handle(request, degrade);
    }
}
```

降级是一种激进的应用保护手段。试想在应用可以提供 100%功能时，将其降级到只能提供 80%功能的运行模式，这些功能损失势必会造成一些负面影响。所以在生产中，

较少采用自动降级策略，而多采用手动降级策略。例如，当已经得知接下来将会有大负载涌入时，可以通过人工设置的方式对应用进行降级处理。

实施手动降级策略时可以将多个系统联合起来按照场景编排成组。例如，当访问量达到某个量级时，可以通过手动降级将组内的多个系统降级到某个级别，而不需要针对单个产品一一降级。

8.1.5 熔断

在 8.1.1 节我们已经介绍了如何使用隔离来避免失效的蔓延，这对防止服务雪崩有着很好的效果。隔离是以牺牲前置模块的资源为代价的，如我们可能牺牲了前置模块的线程池资源、信号量资源等。而熔断则提供了一种更进一步的隔离失效的手段。

熔断就是在发现下游服务响应过慢或者错误过多时，直接切断该下游服务，而不再调用它的一种手段。类比到电路中，保险丝发挥了熔断的作用，能在某些电路模块出现异常时直接切断与异常模块的联系；而光电耦合器则发挥了隔离的作用，任凭某些电路模块如何故障，其故障电流都不能越过光电耦合器造成正常电路模块的短路或击穿。

有些读者可能会将熔断和降级混淆。降级是服务本身给出的一种降低自身平均响应时间的手段，而熔断则是服务调用方给出的绕过服务提供方的手段。降级是服务自己的行为，而熔断则是服务上游的行为。

熔断是一种保守的保护手段。在熔断被触发时，下游服务已经有很大比例的请求返回错误信息，上游服务也因此受到了失效的威胁。这时，采用熔断措施放弃少量的尚能成功的请求，换取对上游服务的保护是非常保守的操作。因此，熔断一般交由系统自动完成。

在使用中，通常将一定时间内下游模块的调用成功率和响应时间作为是否触发熔断的依据。下面代码给出了熔断器的伪代码。

```
public class Fuse {
    // 用来记录当前统计时间段
    Time beginTime = nowTime();
    // 失败次数
    Integer failCount = 0;
    // 延迟次数
    Integer delayCount = 0;

    // 熔断器的调用函数
    public Result handleRequest(Request request) {
        // 判断是否开启新的统计区间
```

```
        if (nowTime() - beginTime > TIME_WINDOW_WIDTH) {
            beginTime = nowTime();
            failCount = 0;
            delayCount = 0;
        }

        if (failCount > FAIL_COUNT_THRESHOLD OR delayCount >DELAY_COUNT_
THRESHOLD){ // 触发熔断
            return "Place try again latter.";
        } else{ // 未触发熔断
            serviceBeginTime = nowTime();
            Result result = service.handle(request);
            // 发生延迟
            if (nowTime() - serviceBeginTime > DELAY_TIME_THRESHOLD) {
                delayCount++;
            }
            // 发生错误
            if (result.isFail()) {
                failCount++;
            }
            return result;
        }
    }
}
```

需要注意的是，熔断器不是只有通路和断路两个状态，还需要有一个测试状态，如图 8.7 所示。在测试状态中，熔断器释放一定量的请求给服务以测试服务是否好转。如果服务好转，则熔断器切换到通路状态，否则熔断器切换到断路状态。在上面代码中，每个统计周期的开始阶段就是测试阶段。

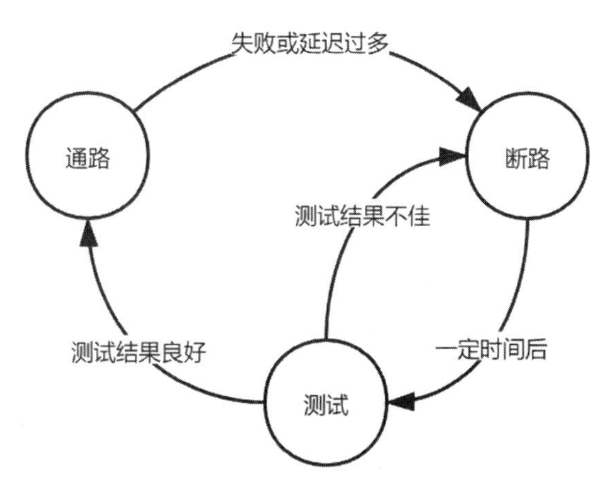

图 8.7　熔断器状态转换图

8.1.6 恢复

限流、降级、熔断都是为了保护服务而采取的暂时性手段。在服务正常之后，需要恢复服务，包括撤除限流、消除降级、关闭熔断器等。一种简单的操作是在探测到服务正常后直接恢复，但这并不是最佳的策略。这是因为应用从启动到正常运行之间存在一个预热过程。

应用启动后，其能够提供的最大吞吐量不是阶跃上升的，而是如图 8.8 所示逐渐上升的。

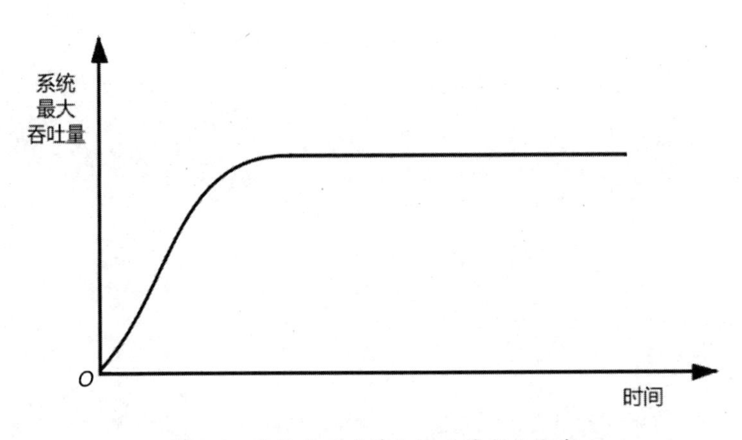

图 8.8　系统启动后最大吞吐量变化曲线

应用启动后，存在吞吐量爬升过程的典型原因有以下两个方面。

一是系统的加载。以 Java 为例，它规定每个 Java 类在被“首次主动使用”前完成加载，这里所说的“首次主动使用”包括创建类的实例、访问类或接口的静态变量、被反射调用、初始化类的子类等。在系统的启动初期，许多类正在因“首次主动使用”而被加载，这个过程会消耗系统资源，也会带来平均响应时间的延长，此时系统的吞吐量是较低的。随着时间的推移，大多数类都被加载完毕，此时系统的吞吐量才会稳定到较高的值。

二是缓存的预热。系统刚启动时，系统的缓存中是没有数据的，这时所有的查询操作都需要直接查询数据提供方，因此平均响应时间也是较长的。只有在系统运行一段时间后，缓存预热结束，才能以相对恒定的命中率对外提供服务。这时系统的吞吐量才会稳定到较高的值。

在限流、降级、熔断发生前，针对系统的请求可能是巨量的，在系统恢复到正常阶段后，这些请求可能仍然是巨量的。如果直接去除限流、降级、熔断等保护手段让这些请求倾泻到尚未达到最大吞吐量的系统上，可能会导致系统的再次失效。因此，在恢复阶段，应该逐渐增加请求。

逐渐增加请求的方式类似于限流，只是在限流的过程中逐渐增大请求的释放量。具体的实施细节我们不再赘述。

8.2 服务网关

8.2.1 产生背景

在分布式系统尤其是微服务系统中，每个节点都可以独立对外提供服务。微服务系统如图 8.9 所示。

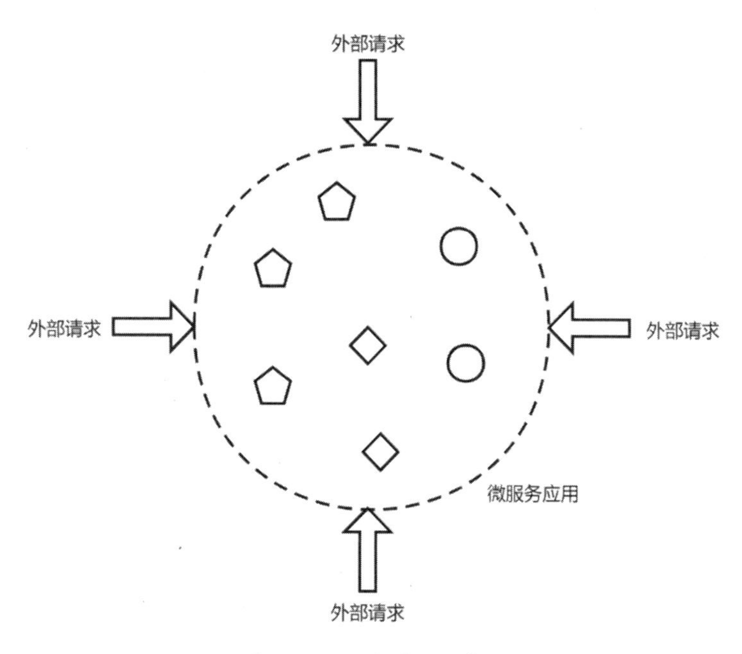

图 8.9　微服务系统示意图

这使得整个分布式系统的调用入口十分分散，不便于管理，这主要表现在以下几个方面。

- 服务节点会不断加入或退出，来自外部的请求难以被分流到合适的节点上。
- 外部请求会分散调用不同的服务，不便进行请求并发数的统计、管控等。

- 外部请求直接到达不同的服务，难以设置统一的权限验证。

如果微服务系统采用了远程过程调用，则以上问题会更为复杂。因为基于远程过程调用的节点并没有对外暴露 HTTP 接口，无法直接为外部请求提供服务。

因此，为外部请求设置统一的调用入口是十分必要的，这一入口就是服务网关。

8.2.2 功能

网关是外观模式的典型应用，它对外提供了一个分布式系统的访问接口。通过网关，外部请求可以访问分布式系统的各项服务，而不需要了解分布式系统内部的节点划分。

分布式系统中的网关如图 8.10 所示。

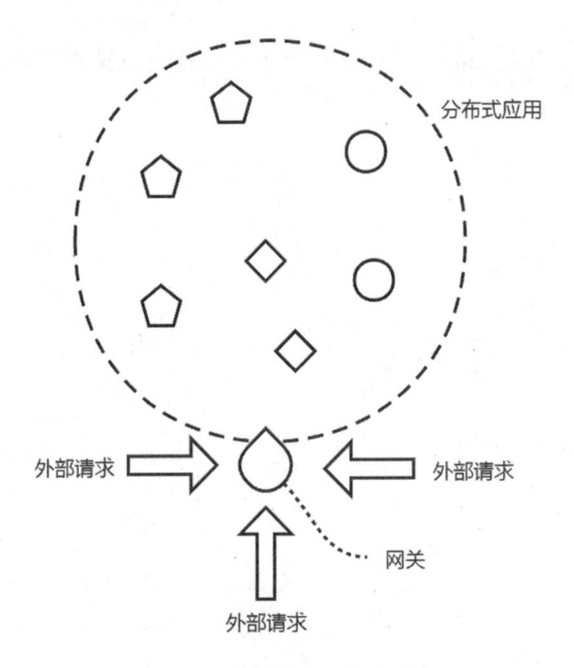

图 8.10 分布式系统中的网关

在分布式系统中，网关对外表现为众多接口的集合，外部请求可以通过网关来请求分布式系统中的服务。网关对内表现为一个服务调用方，它会调用其他服务来获取相应的结果。

通常，网关可以完成的功能如下。

- HTTP 请求的转接：对于使用远程过程调用的微服务系统而言，外部的 HTTP 请求无法直接进入。网关可以将外部的 HTTP 请求转接为分布式系统内部的 RPC 调用。

- 请求路由：分布式系统中往往存在可以响应某个外部请求的多个同质节点，网关会通过服务发现来为外部请求选择合适的节点。
- 权限验证：网关是外部请求进入分布式系统的唯一入口，可以在网关处完成外部请求的权限验证工作。
- 服务保护：网关可以根据请求的并发数、系统的负载情况等，对外部请求进行流量控制，如采取限流、熔断等保护措施。
- 监控统计：网关可以统计进入系统的请求数目，并对请求调用的具体服务、请求传入的参数等进行记录。

8.2.3　结构

网关的实现十分简单，对于基于接口开展调用的分布式系统而言，网关只需要为外部请求提供路由功能即可。对于使用远程过程调用的分布式系统而言，网关则还要提供将 HTTP 请求转接为远程过程调用的功能。上述两项功能是网关的核心功能。

通常，网关还可以根据需要增加权限验证、服务保护、监控统计等附加功能，并且具有相关的配置、展示页面。在具体实现上，网关并不复杂，我们不再单独展开介绍。

8.3　本章小结

本章主要介绍了服务保护和网关这两个相对独立的概念。

分布式系统中的节点多是低成本的小型服务器，为防止它们在高负载情况下宕机，出现了很多服务保护的手段。例如，隔离、限流、降级、熔断、恢复等。在本章中我们详细介绍了每种手段的作用原理和实现方法。

在分布式系统尤其是微服务系统中，每个节点都可以独立对外提供服务，这使得分布式系统的调用入口十分分散，不便于统一管理，因此产生了网关。网关的实现并不复杂，功能也很灵活，通常我们可以在网关上实现路由、验权、保护、统计等功能。

服务保护和网关都不是分布式系统的必须功能，而是一些锦上添花的功能。它们的出现使分布式系统更为可靠和易于管理。

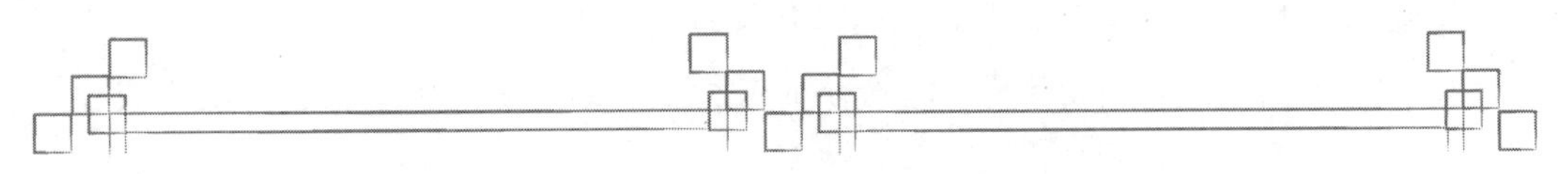

第 9 章　幂等接口

本章主要内容

- ◇ 幂等接口的概念及应用背景
- ◇ 接口幂等化的数学依据
- ◇ 接口幂等化的工程方案

如果一个接口是幂等的，那么它对重试调用是友好的。因此，在分布式系统中常要求某些接口满足幂等性。

本章将会从幂等概念的起源说起，尝试将接口改造为幂等接口，即实现接口的幂等化。在这个过程中，我们先在数学领域探寻接口幂等化的思路，然后回归到软件开发领域，给出详尽的接口幂等化方案。

本章内容将涉及代数系统、离散数学、软件工程等多个领域，展现理论指导实践的全过程。当然，如果你确实对数学知识感到头疼，也可以跳过数学部分，这并不影响你掌握具体的接口幂等化方案，虽然我们并不建议你这样做。

9.1 概述

9.1.1 幂等接口概述

通过请求（包括 HTTP 请求和 RPC 请求等）进行通信是节点间开展协作的重要方式。但调用方可能会在发出请求后丢失请求状态，即无法判断请求发送了吗？请求到达了吗？请求被执行了吗？请求执行成功了吗？

造成请求状态丢失的原因有很多，如网络故障、接口调用方宕机、接口提供方宕机等。在分布式系统中，丢失请求状态的概率更高，有以下两方面的原因。

第一是因为分布式系统中节点的加入和退出是频繁的。分布式系统的服务调用方和提供方往往都是集群。服务调用方中的某个节点发出请求后，由于宕机或者角色切换等原因，其后续工作可能由另一个节点代替，而新节点无法判断旧节点发出的请求的具体状态。服务提供方中的某个节点在接收请求后也可能被代替，使得它处理了一半的请求被直接丢弃。

第二是因为分布式系统中节点间的调用更为频繁。在第 7 章已经讨论过，分布式系统将原本存在于单体应用中的模块分散到了不同的节点中。这些模块间的通信是频发的且跨节点的。请求更频繁，便更容易出现丢失请求状态的情况。

因此，在分布式系统的架构设计中，要格外注意请求状态的丢失问题。

当一个请求的状态丢失后，通常要让调用方重新发一个请求。

然而，上述操作是存在风险的。因为接口提供方可能会收到两次请求，这种不确定性可能让接口提供方进入一个不确定的状态。

假设接口提供方存在如下接口。

接口：

设置系统变量 $value = value + 1$

接口提供方接收到一次请求和两次请求，对应的 value 值是不同的。也就是说，接口被调用的次数直接影响了接口提供方的状态。在这种情况下，调用方不能贸然重新发出一个调用请求。

在实际中，这样的例子有很多，银行转账就是其中一个。当一个转账请求的状态丢失后，我们不能贸然地再转一次。因为存在一种可能，两笔转账都会成功。

在这种场景下，我们希望接口具有如下特性：一个接口被任意入参调用一次和被相同的入参连续调用多次，其对系统的影响完全相同。

如果一个接口具有上述特性，就说该接口是幂等接口，或者说该接口满足幂等性。

显然，幂等接口对重试调用是友好的。在丢失请求状态后，调用方可以放心地重复调用幂等接口，而完全不需要担心引发意外的结果。

但并不是所有的接口都是幂等接口，如有着“ value = value + 1 ”逻辑的接口就不是。下面的问题就是我们本章要讨论的。

- 什么样的接口是幂等接口？
- 如果一个接口是非幂等的，那么能不能把它转化为幂等接口？
- 如果能，那么该怎么转化呢？

在这一章中，我们将详细探讨接口幂等性的相关理论基础、推导过程、工程实践。

接口是一个宽泛的概念，它包括我们常见的 HTTP 接口，也包括远程过程调用中的接口等。本质上，接口就是使用通信协议、调用规范等对函数的进一步封装。例如，下面所示的“/query”接口就是使用 HTTP 协议对 query 函数进行的封装。

```
@RequestMapping(value = "/query")
public Map<String, Object> query(OperationForm operationForm) {
    return logBusiness.query(operationForm);
}
```

因此，在不考虑封装时，接口和函数这两个概念是等价的。

9.1.2 章节结构

软件领域中的幂等概念来自数学领域[5]。为了深入了解幂等接口的实现原理并指导我们完成相关的设计，需要从数学领域入手。

首先，我们会介绍一些数学知识。这些知识稍显抽象但并不晦涩，它们将向我们展现幂等概念的来龙去脉，并为接口幂等化提供理论指引。

然后，我们会探讨函数的概念，函数在数学领域和软件领域都十分常见。之后，我们会借助数学工具思考如何将非幂等的复合函数转化为幂等的复合函数，即实现复合函数的幂等化。

最后，我们回到软件领域，将复合函数幂等化的相关理论知识加以应用，从而实现接口的幂等化。该部分将包含详细的软件工程方案。

所以本章涉及抽象的数学知识、具象的理论推导、工程化的实践方案。整个章节的叙述过程就是一个用理论指导实践的过程。

为防止大家在阅读本章时迷失方向，我们给出本章的结构图，如图 9.1 所示。

通过本章，大家将了解幂等接口的来龙去脉、学到接口幂等化的原理、掌握接口幂等化的工程方法。更重要的是，学会用理论知识指导工程开发的思路。

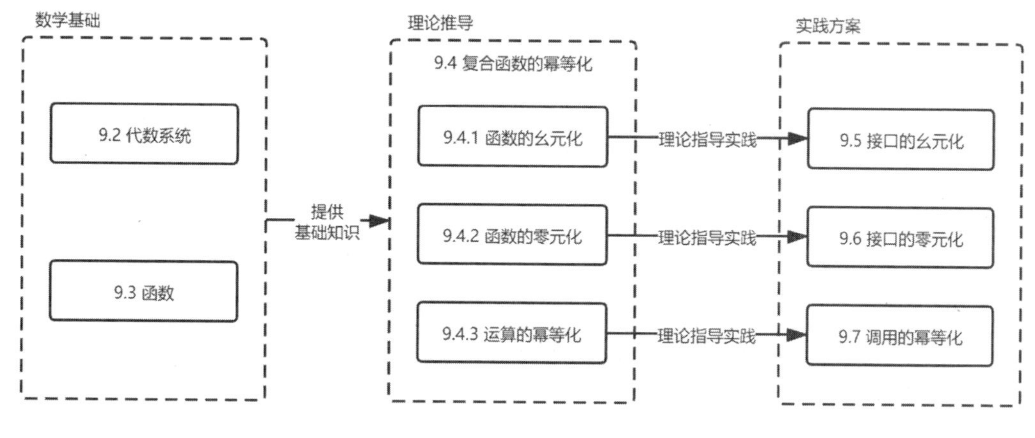

图 9.1　章节的结构图

9.2　代数系统

9.2.1　代数系统的定义

集合和集合上的运算组成的系统称为代数系统，它包括群、环、域、格等典型的代数系统[6,7]。

定义 9.1：设 A 为非空集合，由 A 和 A 上的若干运算 $*_1,*_2,*_3,\cdots,*_n$ 组成的系统称为代数系统，记为 $(A,*_1,*_2,*_3,\cdots,*_n)$。代数系统简称为代数。

上述定义中，$*_n$ 代表的是一种运算，它可以用很多符号来表示，如 $*$，△，□等，我们不需要太关心这些符号长什么样，而要关心它们具体代表怎样的运算规则。在初等算术中，常见的运算有加法运算、减法运算、乘法运算、除法运算等，其使用的 $+$、$-$、$\times$、$\div$ 符号也都是我们定义出来的，而我们也可以将这些符号定义为其他运算。

我们对于代数系统并不陌生。例如，R 表示实数集，$+$ 表示加法运算，$\times$ 表示乘法运算，则 $(R,+)$、$(R,\times)$、$(R,+,\times)$ 都是我们熟悉的代数系统。

9.2.2　特殊元素

这一节介绍代数系统中的几个特殊元素及它们的性质。

幺元

定义 9.2：假设$(A,*)$是代数系统，如果存在$e \in A$使得任何$x \in A$满足$x*e=e*x=x$，则称e是$(A,*)$的幺元。

当然，上述定义只考虑了代数系统中有一个运算的情况。如果代数系统中存在多个运算，则不同的运算可能有各自的幺元。

例如，在$(I,+,\times)$中，0是$+$运算的幺元，1是$\times$运算的幺元。

定义 9.3：假设$(A,*)$是代数系统，如果存在$e_l \in A$（或者$e_r \in A$）使得任何$x \in A$满足$e_l * x = x$（或者$x * e_r = x$），则称e_l（或者e_r）是$(A,*)$的左幺元（或右幺元）。

上述定义给出了左幺元和右幺元两个概念。并且也很好理解，左幺元在运算的左边，右幺元在运算的右边。

显然，幺元既是左幺元，又是右幺元。但是反过来，左幺元不一定是幺元，右幺元也不一定是幺元。而且在一些代数系统中，左幺元和右幺元并不一定都会存在。

例如，代数系统$(N,*)$，其中$*$运算的定义为对于$a,b \in N$，有$a*b=a^b$，则在代数系统$(N,*)$中，1是右幺元，因为有$x*1=x^1=x$。但1不是左幺元，因为有$1*2=1^2=1\neq 2$。事实上，代数系统$(N,*)$中没有左幺元，也便没有幺元[8]。

定理 9.4：假设$(A,*)$是代数系统，并且$*$可交换。如果e是左幺元或者右幺元，则e是幺元。

该定理也容易被证明。假设e_l是左幺元，因为$*$可交换，则有$e_l * x = x * e_l = x$，则e_l也是右幺元，那它也是幺元。同理，也可以证明右幺元也是幺元。

定理 9.5：假设e_l和e_r分别为代数系统$(A,*)$的左幺元和右幺元，则$e_l = e_r$，正好是幺元。

该定理是说，如果代数系统同时存在左幺元和右幺元，则两者必定相等，且为幺元。而且很好证明，因为e_r是右幺元，一定有$e_l * e_r = e_l$；因为e_l是左幺元，一定有$e_l * e_r = e_r$。所以，$e_l = e_r$。则对于任意$x \in A$，有$e_l * x = x = x * e_r = x * e_l$，则$e_l = e_r$是幺元。

如果系统中存在幺元，那么会不会有多个幺元呢？

定理 9.6：假设代数系统$(A,*)$有幺元，则幺元是唯一的。

我们也证明一下该定理。假设代数系统$(A,*)$存在两个幺元e_1和e_2。因为e_1是幺元，则有$e_1 * e_2 = e_2$；因为e_2是幺元，则有$e_1 * e_2 = e_1$。因此，$e_1 = e_2$，即幺元是唯一的。

通过本节我们可以总结出代数系统中幺元的重要特点：它与其他元素进行运算时，

直接将其他元素值作为运算的结果。

零元

定义 9.7: 假设$(A,*)$是代数系统，如果存在$\theta \in A$使得任何$x \in A$满足$x * \theta = \theta * x = \theta$，则称$\theta$是$(A,*)$的零元。

零元中虽然存在一个“零”字，但是不要将其和初等算术中的 0 混淆。

同样，上述定义只考虑了代数系统中有一个运算的情况。如果代数系统中存在多个运算，则不同的运算可能有各自的零元。

例如，在$(I,+,\times)$中，$+$运算没有零元，0 是$\times$运算的零元。

定义 9.8: 假设$(A,*)$是代数系统，如果存在$\theta_l \in A$（或者$\theta_r \in A$）使得任何$x \in A$满足$\theta_l * x = \theta_l$（或者$x * \theta_r = \theta_r$），则称θ_l（或者θ_r）是$(A,*)$的左零元（或右零元）。

上述定义也很好理解，左零元在运算的左边，右零元在运算的右边。

显然，零元既是左零元，又是右零元。但是反过来，左零元不一定是零元，右零元也不一定是零元。而且在一些代数系统中，左零元和右零元并不一定都会存在。

例如，代数系统$(N,*)$，其中$*$运算的定义为对于$a,b \in N$，有$a * b = a$。则在代数系统$(N,*)$中，任何元素都是左零元，不存在右零元。

定理 9.9: 假设$(A,*)$是代数系统，并且$*$可交换。如果θ是左零元或者右零元，则θ是零元。

该定理也容易证明。假设θ_l是左零元，因为$*$可交换，则有$\theta_l * x = x * \theta_l = \theta_l$，则$\theta_l$也是右零元，那么它也是零元。同理，也可以证明右零元也是零元。

定理 9.10: 假设θ_l和θ_r分别为代数系统$(A,*)$的左零元和右零元，则$\theta_l = \theta_r$，正好是零元。

定理 9.11: 假设代数系统$(A,*)$有零元，则零元是唯一的。

定理 9.10 和定理 9.11 的证明可以参照定理 9.5 和定理 9.6 的证明，我们不再详细展开。

通过本节我们可以总结出代数系统中零元的重要特点：它与其他元素进行运算时，直接将自身元素值作为运算的结果。

可以看出，幺元和零元存在很多相似之处，但两者并不相同。

定理 9.12: 假设$(A,*)$是代数系统，$|A|>1$，如果幺元e和零元θ都存在，则$e \neq \theta$。

该定理可以使用反证法证明。假设e既是幺元也是零元，任取$a \in A$，则当e作为幺

元时，有$e*a=a$；当e作为零元时，有$e*a=e$，因此得到$a=e$。因为a是A中的任意元素，所以必须要有$A=\{e\}$，这和$|A|>1$矛盾。

9.2.3 幂等

定义 9.13：假设$(A,*)$是代数系统，如果A中存在元素a使得$a*a=a$，则称a为$(A,*)$的幂等元。如果对于任何$a\in A$都有$a*a=a$，则称运算$*$是幂等的，或者说$*$满足幂等律或具有幂等性。

常见地，集合的并、交运算满足幂等律。

我们可以发现，代数系统$(A,*)$中的左幺元、右幺元、左零元、右零元都是幂等元。该结论非常重要，并且该结论可以通过上述各类元素的定义直接证明。

拓展阅读

幂

上文中，我们已经讨论了幂等的相关概念。但通常我们提起“幂”这个字时，首先想到的是a^b这种形式。为了避免大家的疑惑，我们向大家明确a^b这种形式的含义。

定义 9.14：假设$*$是集合A上的运算，如果对于任何$a,b,c\in A$，有$(a*b)*c=a*(b*c)$，则称运算$*$满足结合律，或者称$*$可结合。

常见地，实数的加法、乘法满足结合律。

幂等律、结合律是运算可能满足的几个特殊性质，此外，运算可能满足的几个常见性质还有交换律、分配律，这些我们都不再一一展开。常见地，实数的加法、乘法满足交换律，实数的乘法对于加法满足分配律。

假设$*$是可结合的，则圆括号代表的优先运算已经没有意义，因此我们可以将圆括号直接省略，即

$$(a*a)*a=a*(a*a)=a*a*a$$

这时，我们可以直接把上述n个a的$*$运算写成幂的形式a^n。

定义 9.15：假设$*$是集合A上的运算，且$*$可结合，则对于任何$a\in A$，$n\in I^+$，规定a^n为：$a^1=a$且$a^{n+1}=a^n*a$。

到了这一步，幂的定义也就清楚了，它实际是可结合运算的简写形式。在初等算术中，乘法运算中有幂的形式，如a^n表示n个a的乘法运算。

9.3 函数

9.3.1 函数的定义

无论在数学领域还是软件领域，函数都是一个十分常见的概念[9]。事实上，函数的概念起源于数学领域，然后逐渐演化到了软件领域。在这两个领域中，函数的概念是相近的。

在软件领域，函数就是一个有输入和输出的功能模块。我们熟悉的 C 语言是一种函数式编程语言[10]，意思是说程序要实现的功能会被分解为函数，然后实现。

在数学领域，函数就是映射。

定义 9.16：任意给定两个集合 A 和 B，如果存在一个对应法则 f，使得任意 $x \in A$ 存在唯一的 $y \in B$ 与之对应，则称 f 是集合 A 到 B 的一个映射，或者称 f 是集合 A 到 B 的一个函数。函数示意图如图 9.2 所示。

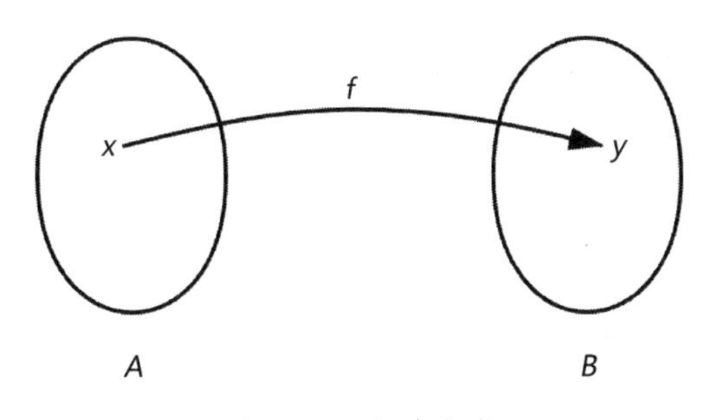

图 9.2 函数示意图

可见，数学领域中的函数就是一种对应关系。

在软件领域中，函数也是指对应关系，并且存在两种视角来看待函数这一对应关系。

- 将软件领域的函数看作是输入参数到返回值的对应关系。调用函数，我们可以由一组输入参数得到一组返回值。
- 将软件领域的函数看作是软件系统的旧状态到新状态的对应关系。调用函数，我们可以将系统从旧状态转化到一个新状态。

以上两种视角都是可取的。

当采用第一种视角时，输入参数与返回值之间的对应关系如图 9.3 所示。

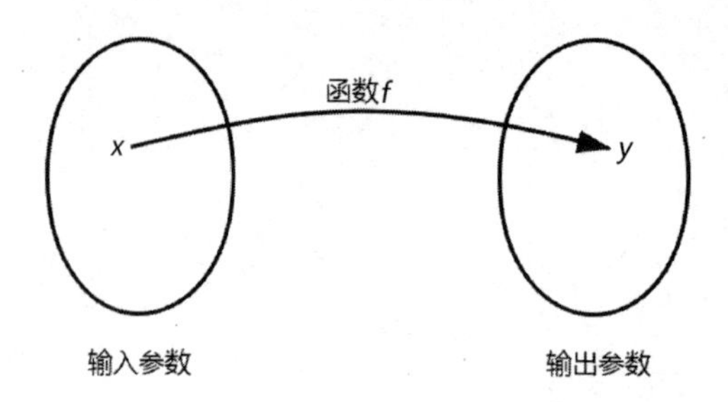

图 9.3 输入参数与返回值之间的对应关系

采用这种视角时，n元函数的定义值得我们关注。

定义 9.17：在函数的定义中，假设 $A = A_1 \times A_2 \times \cdots \times A_n$，则任意 $x \in A$ 有 $x = \left(x_1, x_2, \cdots, x_n\right)$，其中 $x_i \in A_i$，$1 \leqslant i \leqslant n$。这时，$f\left(x\right) = f\left(\left(x_1, x_2, \cdots, x_n\right)\right)$。称 f 为 $A_1, A_2, \cdots, A_n$ 到 B 的 n 元函数。

当 $n = 0$ 时，即无参函数。通过上述定义我们也可以得出结论：在 n 元函数中各个参数是有次序的。

当采用第二种视角时，恒等函数的定义值得我们关注。

定义 9.18：设 A 是集合，令 f：$A \to A, f\left(x\right) = x$，则称 f 为集合 A 上的恒等函数。

这里要注意的是，在软件系统中，$f\left(x\right)$ 中的输入参数 x 是一个宽泛的概念。它可以是整个系统的状态，也可以是系统中某个（或几个）对象的状态（或状态的集合），还可以是对象中某个（或几个）属性的状态（或状态的集合）。其具体所指需要根据具体场景判断。

在接下来的论述中，我们将采用第二种视角，将系统的函数看作是系统的旧状态到新状态的一个映射，如图 9.4 所示。在这种视角下，函数的定义域和值域是相同的，都是系统能够达到的所有状态组成的集合。

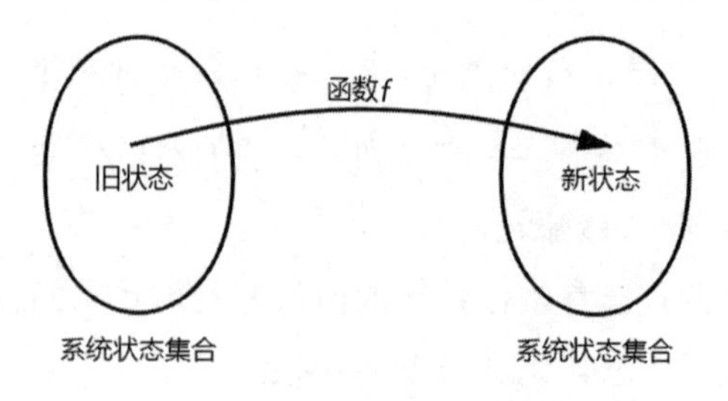

图 9.4 旧状态与新状态之间的对应关系

9.3.2　复合函数

定义 9.19：假设 $f:A\to B$，$g:B\to C$，对于任意 $x\in A$，$h(x)=g(f(x))$，则称 h 为 f 和 g 的复合函数，记为 $h=f\circ g$。

由 $(f\circ g)(x)=g(f(x))$ 可以看出，在 $f\circ g$ 中，左侧的函数是先被运算的，然后将运算结果作为右侧函数的输入参数。

我们可以用图 9.5 表示复合函数 $f\circ g$。

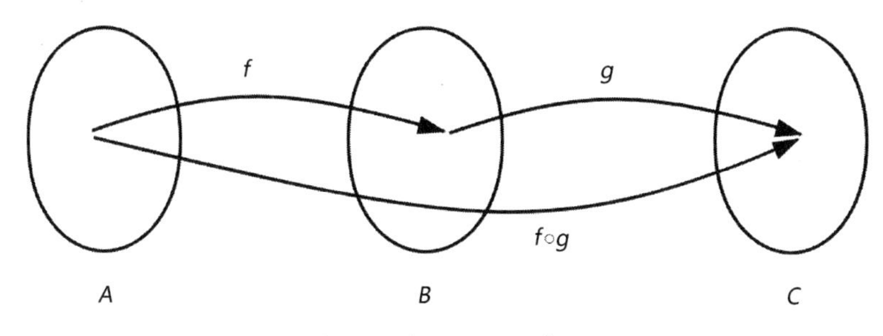

图 9.5　复合函数示意图

显然，复合函数 $f\circ g$ 中的复合运算 $\circ$ 并不满足交换律。例如，$(f\circ g)(x)=g(f(x))$ 有意义并不代表 $(g\circ f)(x)=f(g(x))$ 有意义。即使两者都有意义，也不一定相等。

9.4　复合函数的幂等化

在这一节中，我们将讨论如何让复合函数满足幂等性。即假设存在一个复合函数 $f\circ f$，讨论它在什么条件下会满足 $f\circ f=f$。

为便于指代，我们用 $f_l\circ f_r$ 表示要讨论的复合函数 $f\circ f$，因此有 $f_l=f_r$。

在 9.1.1 节我们已经说明过，在不考虑封装的情况下，接口和函数这两个概念是等价的。因此，这一节实际就是在讨论接口的幂等化问题，具有重要的意义。在完成这一节的讨论后，我们将得出在工程领域实现接口幂等化的思路。

9.4.1　函数的幺元化

我们已经知道，对于代数系统中的某个运算而言，该运算的左幺元和右幺元都是幂等的。那么，要想让复合函数 $f_l \circ f_r$ 是幂等的，只需要让 f_l 是左幺元，或者 f_r 是右幺元即可。

在运算中，左幺元的特点是直接将右元素作为整个运算的结果。对于函数而言，恒等函数满足这一条件。如果 f_l 是恒等函数，则会将参数直接传递给右函数，即实现 $(f_l \circ f_r)(x) = f_r(f_l(x)) = f_r(x)$。

同理，右幺元的特点是直接将左元素作为整个运算的结果，也只有恒等函数才能满足。如果右幺元是恒等函数，则会将左函数的计算结果直接传递为最终结果，即实现 $(f_l \circ f_r)(x) = f_r(f_l(x)) = f_l(x)$。

可见，恒等函数既是左幺元又是右幺元。根据定理 9.5，恒等函数为幺元。

所以只要让 f 是恒等函数，就可以实现复合函数 $f \circ f$ 的幂等化。

9.4.2 函数的零元化

我们已经知道，对于代数系统中的某个运算而言，左零元和右零元都是幂等的。那么，要想让复合函数 $f_l \circ f_r$ 是幂等的，只需要让 f_l 是左零元，或者 f_r 是右零元即可。

左零元

在复合函数 $f_l \circ f_r$ 中，f_l 先于 f_r 执行。左零元化，要以 f_l 的视角看待问题，而非 f_r 的视角。从 f_l 的视角看，它之前没有发生过调用，而它也无法预知在它之后会不会发生调用。

左零元的特点是忽略右元素，直接将自身元素作为运算结果。要想满足左零元的特点，f_l 应该实现“给出自身结果并忽略后续函数”的功能。

其中“给出自身结果”是容易实现的，但是“忽略后续函数”却很困难。因为从时间先后上看，函数 f_r 发生在 f_l 的后面，所以 f_l 很难让系统去忽略一个尚未发生的函数。

除非，f_l 让系统失去对后续函数的响应能力。这是极为苛刻的，即使 f_l 是关机函数，只要 f_r 是开机函数，则 f_l 的结果（关机）也会被 f_r 的结果（开机）覆盖。所以，f_l 必须导致系统不可修复地销毁，这样后续的所有函数调用都会被忽略，f_l 的结果也便被永久保留了。

考虑到我们有条件 $f_l = f_r$，则 f_l 不必引发系统的自我销毁，只需要让系统保证不再响应该函数即可，可以继续响应其他函数，即让函数 f_l（也就是 f_r）是一次性的。因此，任何一次性的函数都是幂等函数。

有了条件 $f_l = f_r$ 之后，关机函数是不是一个符合左零元的幂等函数呢？

要想解答这一问题，需要我们考虑一个视角问题：幂等函数的 $f \circ f = f$ 是对于函数调用方而言的，还是对于函数提供方而言的？

答案显然是调用方。可以连续调用幂等函数多次而不会引发混乱，这是从调用方的视角出发的。调用方 A 发起了两次调用 $f_A \circ f_A$ 等效于发起一次调用 f_A，但从函数提供方角度看，它可能同时在接收调用方 B 的调用，即在函数提供方发生的函数调用可能是 $f_A \circ f_B \circ f_A$。

因为左零元化要忽略后续函数，即要保证第一个 f_A 有效，而不是第二个 f_A 有效。所以幂等接口要保证 $f_A \circ f_B \circ f_A$ 的执行结果和 $f_A \circ f_B$ 的执行结果一样。

理解了上述这一点，我们会发现关机函数并不是一个符合左零元的幂等函数。假设调用方 A 连续调用两次关机函数之间插入了调用方 B 的开机函数，则第二次关机函数确实被执行了，并且改变了系统的状态——覆盖了开机函数的结果。

在实际应用中，除了少数特殊函数，我们往往希望一个函数能持续地提供服务，而不是一次性的。函数左零元化要求该函数是一次性的，这是十分苛刻的，因此很少被使用。

右零元

在复合函数 $f_l \circ f_r$ 中，f_r 晚于 f_l 执行。右零元化要以 f_r 的视角看待问题，而非 f_l 的视角。

右零元的特点是忽略左元素的值，直接将自身元素作为运算的结果。要想满足右零元的特点，f_r 应该实现“忽略之前函数并给出自身结果”的功能。

上述功能是容易实现的，只要在给出自身结果的时候不参考之前的调用结果即可。反映在函数上就是函数的输出值与输入值无关。

赋值函数就是一个右零元，形如 $f(x) = a$，它会忽略系统的旧状态 x，直接将系统设置为状态 a。所以，赋值函数满足幂等性。

我们再去思考上文讨论过的关机函数，会发现关机函数是一个符合右零元的幂等函数。无论之前系统是什么状态，该函数都能将系统置为关机状态。或者说，它能够保证 $f_A \circ f_B \circ f_A$ 的执行结果和 $f_B \circ f_A$ 的执行结果一样。

这里再进行一下区分：

- 如果一个函数 f_A 是左零元的，它能做到多次调用后仅有第一次调用真实生效，即 $f_A \circ f_B \circ f_A = f_A \circ f_B$，如一次性函数。

- 如果一个函数 f_A 是右零元的，它能做到多次调用后仅有最后一次调用真实生效，即 $f_A \circ f_B \circ f_A = f_B \circ f_A$，如赋值函数。

零元

我们已经讨论了函数中的左零元和右零元，那么一个复合运算中是不是可以同时存在左零元和右零元，即存在零元呢？

假设某个代数系统的函数复合运算中存在左零元 f_l 和右零元 f_r，那么 f_l 和 f_r 的功能分别如下。

- f_l：给出自身结果并忽略后续函数。
- f_r：忽略之前函数并给出自身结果。

以上两个功能显然是矛盾的，f_l 和 f_r 无法同时存在一个系统中。因此，在系统中，左零元和右零元最多只会存在一个，不可能存在零元。

9.4.3 运算的幂等化

寻找幺元和零元等特殊元素使复合函数 $f \circ f$ 满足幂等性，确实是一种可行的解决方案。但这需要函数满足特定的条件，其普适性不强。

既然代数系统中的运算是可以定义的，那么我们是否可以直接定义一个幂等的复合运算呢？这样无论任何函数通过该复合运算都可以满足幂等性。

我们在复合运算$\circ$基础上定义一个幂等复合运算 Δ：

$$f \Delta g = \begin{cases} f, & f = g \\ f \circ g, & f \neq g \end{cases}$$

有了幂等复合运算 Δ，任何函数都满足 $f \Delta f = f$，即实现了幂等化。

实现上述幂等复合运算 Δ 的关键在于右函数 g。因为右函数 g 的运行时间在左函数 f 之后，右函数 g 可以通过一些信息判断左函数是否与自身相等。

从右函数 g 的角度看，上式等价于：

$$g(x) = \begin{cases} x, & \text{自身已经执行过一次} \\ g(x), & \text{自身尚未执行过} \end{cases}$$

实现上述 g 函数的关键在于判断 g 自身是否执行过，并让 g 根据判断结果执行不同的行为。如果 g 判断自身是被初次调用的，则正常执行；如果 g 判断自身不是被初次调用的，则不改变系统状态。

9.4.4　复合函数幂等化总结

我们已经从理论层面详细讨论了复合函数幂等化的思路，具体有以下三种。

- 函数的幺元化，即让函数不改变系统的状态。具体来说就是将函数转化为恒等函数。
- 函数的零元化，包括左零元化和右零元化。
  - 左零元化以左函数（先执行的函数）的视角看问题，要求该函数能让系统直接忽略以后的调用。具体来说就是让函数是一次性的。
  - 右零元化以右函数（后执行的函数）的视角看问题，要求该函数能忽略系统当前状态，直接将系统设为特定状态。具体来说就是让函数为赋值函数。
- 运算的幂等化是在原有复合运算的基础上创建一种幂等复合运算。它以右函数的视角看问题，要求右函数判断自身是否已经执行过，并根据判断结果采取不同的执行方式：如果尚未执行过，则正常执行；如果已经执行过，则不改变系统状态，即将自身转为恒等函数。

至此，我们已经完成了函数幂等化的讨论。

在 9.1.1 节，我们已经说明过，在忽略封装的情况下，接口和函数这两个概念是等价的。所以，接口幂等化的思路也便清晰了，只不过还都停留在理论层面。

在接下来的 9.5 节～9.7 节，我们将理论层面的思路落地，给出相应的工程方案。

9.5　接口的幺元化

在 9.4.1 节我们已经讨论过，只要让 f 是恒等函数，就可以实现复合函数 $f \circ f$ 的幂等化。

因此，恒等接口形如 $f(x)=x$，是幂等的。软件中的各种查询接口就满足这种形式，因此，查询接口一定是幂等的。

能不能将非幂等接口转化为查询接口，从而实现接口的幂等化呢？

很难。因为查询接口不会改变系统的状态，而许多接口存在的目的就是修改系统的状态，如一些增、删、改功能的接口等。显然我们无法将这些具有修改系统状态功能的接口转化为查询接口。

9.6 接口的零元化

接口的左零元化要求接口必须是一次性的，即软件响应一次针对该接口的请求后，便直接忽略后续的请求。

在实际应用中，往往希望接口提供持续的服务。除非一个接口本身就是要提供一次性的服务，否则将接口转为一次性接口并不是一个可接受的接口幂等化方案。

因此，接口的零元化主要是指接口的右零元化。

接口的右零元化就是将接口转为形如 $f(x)=a$（其中 a 为定值）的赋值接口，即不管系统原本处于何种状态，接口都直接将系统设置为一个固定状态。

根据这个思想可以将一些非幂等接口拆分转化为多个赋值接口，例如接口 A 的功能是完成图 9.6 所示的状态流转。

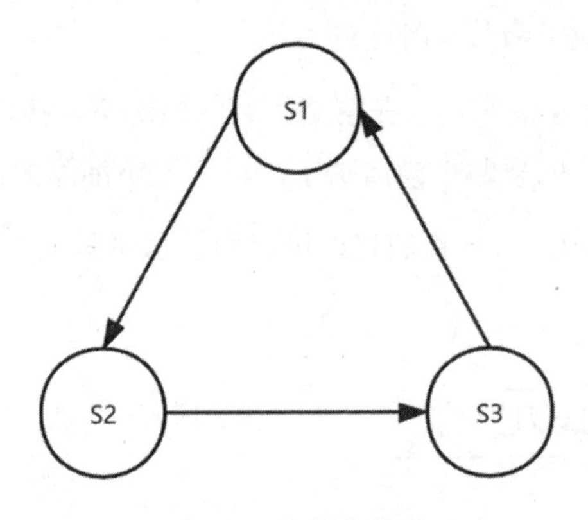

图 9.6 状态流转图

接口 A 的功能描述如下。

接口 A：

状态流转操作，即将当前状态转为下一个状态。

接口 A 显然不是幂等接口，但是我们可以将其拆分为多个赋值接口，拆分后的接口及其功能定义如下。

接口 A1：

将系统状态设置为 S1。

接口 A2：

将系统状态设置为 S2。

接口 A3：

将系统状态设置为 S3。

拆分结束后的接口 A1、A2、A3 同样可以实现接口 A 的状态流转功能。同时，接口 A1、A2、A3 都是赋值接口，都是幂等的。因此，通过拆分，我们实现了接口 A 的幂等化。

9.7 调用的幂等化

直接将复合调用修改为幂等复合调用是一种通用的接口幂等化方案。要实现这一点，关键在于让接口 g 满足：

$$g(x)=\begin{cases} x, & \text{自身已经执行过一次} \\ g(x), & \text{自身尚未执行过} \end{cases}$$

要将上述数学表达式转化到实践中，关键在于两点：第一点，要求接口能够判断自身是否已经被调用过（指的是调用且执行成功）；第二点，要求接口能够在判断自身已经被调用过之后，变为恒等接口。

其中，第二点相对简单，只要让接口对应的增、删、改操作失败或取消，就可以转为恒等接口。因此，关键在于让接口判断自身是否被调用过。

根据具体功能的不同，有以下几种思路供接口 g 判断自身是否被调用过：

- 对于插入接口，可以通过判断数据是否已经插入来判断该接口是否被调用过。
- 对于删除接口，可以通过判断数据是否已经删除来判断该接口是否被调用过。
- 对于更新接口，可以通过判断数据是否已经更新来判断该接口是否被调用过。
- 更简单直接地，可以直接记录每一个接口的调用情况，进而判断一个接口是否被调用过。

对以上四种思路进行工程化实践，就得到了下面的四种方案。

9.7.1 判断插入数据

如果 g 是一个插入接口，则可以通过数据是否已经插入来判断自身是否执行过。目标数据表中的唯一性约束或者“ON DUPLICATE KEY UPDATE”语句等都可以帮助系统完成这一判断。

其中，“ON DUPLICATE KEY UPDATE”语句的使用如下所示：

```
INSERT INTO `tableName` (item01, item02, updateTime)
VALUES(#{item01},#{item02},now())
ON DUPLICATE KEY UPDATE
updateTime = now();
```

在第一次执行 g 时能够顺利插入数据，而再次执行 g 时不会插入新数据。这样，该接口就满足了幂等性。

当然，重复调用上述伪代码会导致 updateTime 属性的变动，因此严格意义上来讲，该接口不算是幂等接口。但很多场景下我们可以将这类接口当作幂等接口看待。

在数据库没有进行去重功能的情况下，我们也可以直接判断数据是否已经存在。如果数据不存在，则插入数据；如果数据已经存在，则不进行操作。伪代码如下所示。

```
if ((SELECT COUNT(*) FROM `user` WHERE `name` = "易哥") == 0)
{
    INSERT INTO `user` VALUES ('1', '易哥', 'yeecode@yeecode.top', '18',
'0', 'Sunny School');
}
```

9.7.2 判断删除数据

对于删除接口，可以通过要删除的目标数据是否存在来判断自身是否被调用过。如果目标数据存在，则自身没有被调用过，此时接口应该执行删除目标数据的操作。如果目标数据不存在，则自身已经被调用过，此时接口不应该改变系统状态。

我们发现普通的删除接口就可以满足上述条件，因为当它删除一个已经被删除过的数据时，不会引发系统的任何改变。可见，删除接口就是一个幂等接口。

9.7.3 判断数据版本

对于更新操作接口，我们可以为目标数据增加一个版本号，用此来判断自身是否执行过。

例如，一个更新 user 对象的接口，如下面的伪代码所示。

```
接口 A:
    user.age = user.age + 1
```

显然该接口不是幂等的。我们对目标数据 user 增加一个版本号 version，该版本号记录了 user 对象的变动次数，并在每次变更操作前增加对版本号的验证。这样，伪代码变成：

```
接口 B:
    if(user.version == #{orignVersion})
    {
        user.age = age+1;
        user.version = #{orignVersion} + 1;
    }
```

则接口 B 是幂等的。在 orignVersion=7 的情况下，无论我们调用多少次“接口 B?orignVersion=7”（这里的问号是 HTTP 请求中 URL 和参数之间的分隔符）操作，user.age 都只会增加一次。

在实践中，我们可以通过在数据库中增加版本号字段实现这一点，即将数据库操作由：

```
接口 A:
    UPDATE `user` SET age=age+1;
```

修改为

```
接口 B:
    UPDATE `user` SET age=age+1, version=version+1  WHERE version =
#{orignVersion};
```

当然，version 字段并不一定需要新建，可以根据情况复用 updateTime 等属性。

基于版本号的幂等化改造会增加接口的调用成本。之前我们可以通过“接口 A”的方式调用接口 A，但是现在需要通过“接口 B?orignVersion=7”的方式调用接口 B。改造后，在调用接口前需要增加一次查询操作以获得当前数据的 orignVersion（查询操作接口本身是幂等接口），然后才可以放心地多次调用接口 B，该过程如图 9.7 所示。

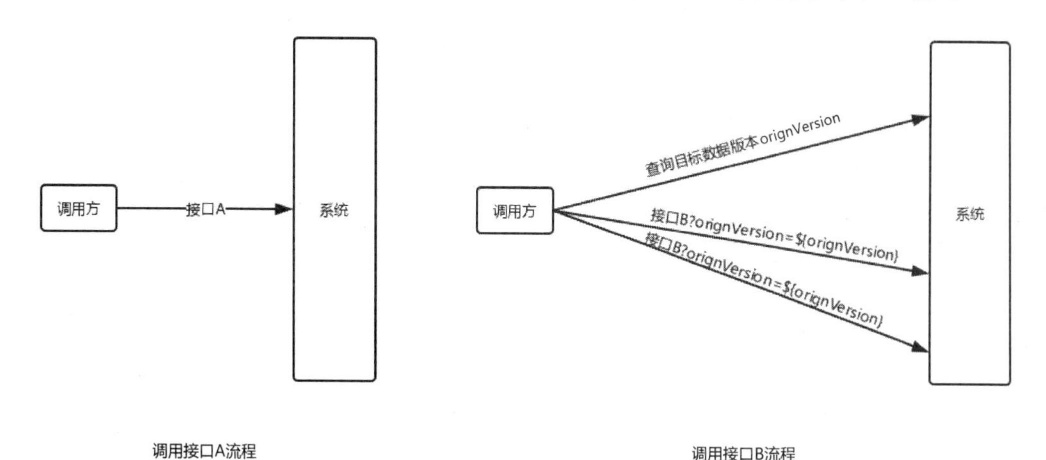

图 9.7　接口调用示意图

因此，这种操作本质上是将一个非幂等接口拆分为两个幂等接口的组合。在拆分中，系统提供了一个可以判断接口是否为初次调用的依据。

9.7.4 拦截重试调用

要判断一个接口是否被调用过，还有一种更为简单的方式——直接记录接口的调用情况。

要将一个接口转为恒等接口，也有一种更为粗暴的方式——拦截该接口的调用。既然调用被拦截了，系统状态显然不会发生任何改变，相当于将接口变成了恒等接口。

于是产生了另一个思路：为所有的调用请求增加一个唯一的编号，后续的重试请求也必须携带该编号。每当请求被成功执行时，则记录请求的这一编号。这样，当这个编号第一次出现时，表明这是初次调用；当这个编号再次出现时，表明这是重试调用。对于初次调用全部放行，对于重试调用直接拦截。

上述操作是与业务逻辑完全无关的，我们可以将其作为一个独立的通用服务提供给分布式系统使用，暂且称其为幂等服务中心。它的工作逻辑如下。

- 任何一个请求发出前，请求的发出方需要向幂等服务中心申请一个全局唯一编号（该申请操作不需要携带编号），并在发出该请求时始终带有该编号。
- 如果被调用方成功执行完某个请求，则将该请求的编号写入幂等服务中心，以标记该请求已经被成功完成。
- 任何请求在到达目标系统时，都需要经过幂等服务中心的过滤：
  - 如果该请求已经在幂等服务中心标记为成功完成，则该请求是重试调用，直接拦截。
  - 如果该请求尚未在幂等服务中心标记为成功完成，则该请求是初次调用或者之前的调用并未成功，放行该请求。

幂等服务中心工作示意图如图 9.8 所示。

进一步地，请求方向幂等服务中心申请唯一请求编号的过程可以省略。只要给每个请求发出方定义一个唯一的编号“RequestClientId”，然后由请求发出方生成一个递增的编号“RequestId”，则将“RequestClientId_RequestId”作为请求编号就能保证全局唯一性。在工程应用中，要注意根据具体应用场景解决高频重复调用可能引发的问题。即在幂等服务中心放过初次请求之后、接收到该请求被成功执行的信息之前，防止后续的重试请求通过幂等服务中心到达服务方，进而使得接口被重复调用。

任何一个接口，无论它是否满足幂等性，经过幂等服务中心的支持，它都能满足幂等性。幂等服务中心的作用如图 9.9 所示。

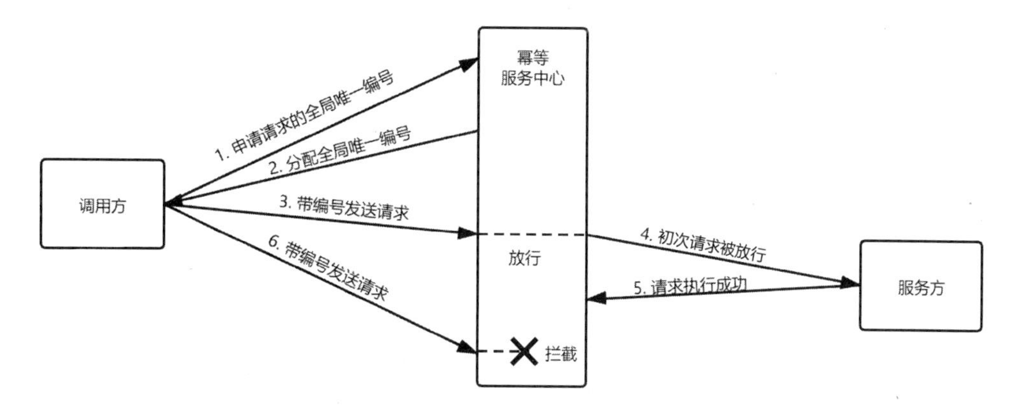

图 9.8 幂等服务中心工作示意图

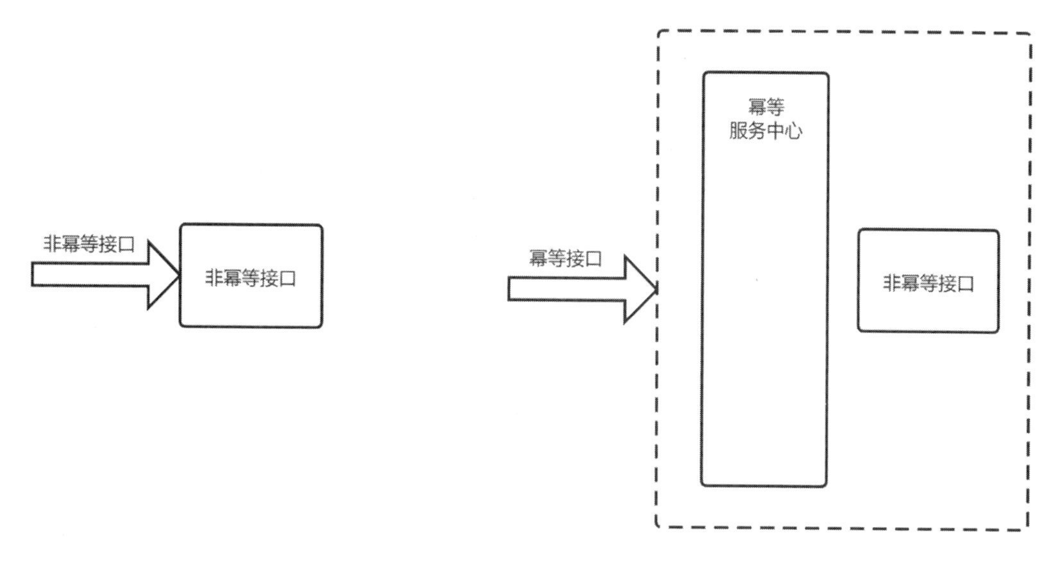

图 9.9 幂等服务中心的作用

通过这种方式，我们可以将任何非幂等接口转化为幂等接口。

9.8 幂等接口总结

接口的幂等化问题不是分布式系统独有的问题，但下面两点使得分布式系统中更容易出现丢失请求状态的情况：

- 分布式系统中的节点可能会在运行过程中加入与退出，这使得新节点无法判断旧节点发出的请求的具体状态。

- 分布式系统的出现，使原本存在于同一应用内的模块被分散到了不同节点中，这些模块间的调用变为了跨节点的网络调用。这使得分布式系统内部网络调用的频率大大增加。

当丢失请求状态时，最常见的办法是重新发送请求，但这要求被调用的接口满足幂等性，否则可能会使被调用系统的状态发生混乱。

并非所有的接口都满足幂等性。将非幂等接口改造为幂等接口的过程，就是接口幂等化。

为实现接口的幂等化，我们借助代数、函数等数学知识，详细推导了函数幂等的数学问题。借助数学工具找到了函数幺元化、函数零元化、运算幂等化三种实现复合函数幂等化的思路。

然后，我们将理论知识推演到软件开发领域，找出了四类常见的幂等接口。

- 查询接口。
- 一次性接口。
- 赋值接口。
- 删除接口。

还推导出了接口幂等化的工程方案，如下所示。

- 转为赋值接口：将非幂等接口拆分为多个赋值接口的组合。该方案可用于状态流转类接口的幂等化改造。
- 判断插入数据：判断要插入的数据是否存在，进而决定是否插入数据。该方案可用于插入接口的幂等化改造。
- 判断数据版本：判断要更新数据的版本号，进而决定是否更新数据。该方案可用于编辑接口的幂等化改造。
- 拦截重试调用：判断要执行的请求是否已经被成功执行过，进而决定是否拦截该请求。该方案可用于任意接口的幂等化改造。

9.9 本章小结

本章主要讨论幂等接口的相关问题，是一个相对独立的章节。但同时，接口的幂等化也是实现其他章节功能的基础。

在本章中，我们先简要介绍了幂等接口的概念。

然后，我们从幂等概念的数学本源出发，介绍了代数系统、函数等数学概念。在代数系统中，我们学习了幺元、零元、幂等的概念。在函数中，我们学习了函数的定义、复合函数的定义。

在此基础上，我们采用数学工具讨论复合函数的幂等化问题，发现实现复合函数幂等化的方法有以下几种：函数的幺元化、函数的零元化、运算的幂等化。

以上述复合函数幂等化知识为理论基础，我们回归到软件开发领域，讨论了接口幂等化的方法。具体方法有：接口的幺元化、接口的零元化、调用的幂等化，并给出了具体的实践方案。

可见，数学知识在本章中起到了重要的指导作用。用理论指导实践，这是本章在教会大家接口幂等化方法的同时想要告诉大家的。

工程篇

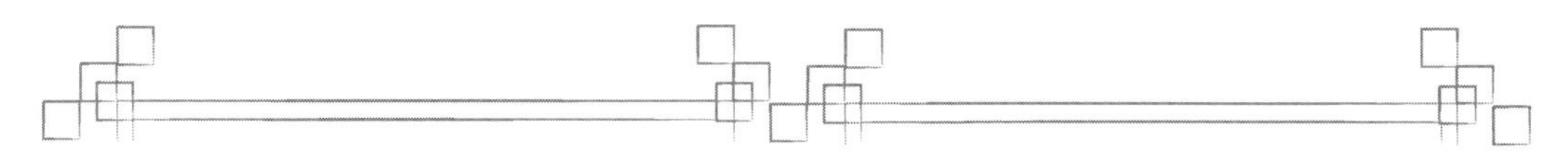

第 10 章　分布式中间件概述

本章主要内容

◇　分布式系统中常见服务的介绍

◇　分布式系统中常用中间件的介绍

分布式系统的出现使原本需要在昂贵大型机和复杂单体应用内实现的功能，可以通过廉价小型机和简单服务组成分布式系统来实现，降低了硬件的成本，也分散了软件的复杂度。

但是，分布式系统的出现也带来了许多新的问题，包括理论层面的问题，也包括实践层面的问题。理论层面的问题包括一致性问题、共识问题、分布式约束问题等；实践层面的问题包括幂等性、分布式锁、分布式事务、服务发现与调用、服务保护与网关等。以上这些问题我们在前面的章节中均一一进行了介绍。

理论层面的学习让我们对实现原理进行了详细的了解，实践层面的学习让我们对实施过程进行了细致的掌握。然而在工程开发中，我们往往不会自行从理论到实践构建一套分布式系统，这样的实施成本太高，搭建出的系统的可靠性也往往较差。

在分布式系统的工程开发中，考虑到成本、可靠性等方面的因素，我们会引入一些非业务组件来解决上述理论层面和实践层面的问题。这些组件被称为分布式中间件，它们独立于业务系统，为业务系统的运行提供支持。

经过前面各个章节的学习，我们知道分布式系统需要的服务有很多，典型的服务如下。

- 分布式一致性服务：提供一致性算法的支持，实现分布式系统内线性一致性、顺序一致性、最终一致性等常见一致性操作。
- 共识服务：封装共识算法，对分布式系统内共识操作的实现提供支持。

- 幂等服务：如幂等服务中心，为分布式系统提供将非幂等接口转化为幂等接口的功能。
- 分布式锁服务：为分布式系统提供各种类型的分布式锁。
- 消息系统服务：为分布式系统提供消息的接收、暂存、分发等功能。例如，使用异步消息中心机制完成分布式事务时，就需要这样的服务。
- 分布式事务服务：为分布式系统提供分布式事务支持，如提供 TCC 操作支持。
- 服务发现服务：为分布式系统提供服务注册、判活、发现等功能。
- 远程过程调用服务：为分布式系统提供远程过程调用功能。
- 服务保护服务：为分布式系统中的服务提供隔离、限流、降级、熔断、恢复等功能。
- 网关服务：为分布式系统提供网关功能。

基于以上需求，产生了众多的分布式中间件。

上面这些服务的功能并不是完全独立和并列的，而是交织糅合的。例如，要实现分布式一致性服务，必然要先实现共识服务；再例如，只要实现了分布式一致性服务，基于线性一致性便可以方便地实现分布式锁。

因此，在工程领域，并不是独立地出现了满足单一功能的中间件，而是出现了几类中间件，每类中间件都可能会满足以上一项或者多项功能。

目前，常用的分布式中间件有以下几种。

- 分布式协调中间件：主要提供共识服务、分布式一致性服务，基于这些服务还可以实现分布式锁服务、服务发现服务。典型分布式协调中间件有 ZooKeeper。
- 服务治理中间件：主要提供服务发现服务、远程过程调用服务，甚至可以包含服务保护服务、网关服务，同时还会集成一些服务接口管理、调用统计等功能。典型的服务治理中间件有 Dubbo、Eureka。
- 消息系统中间件：主要提供消息服务，包括消息的接收、暂存、分发等功能，并支持分发过程中的重试、回应等。典型的消息系统中间件有 RabbitMQ、Flume。
- 分布式缓存中间件：为分布式系统提供高速的缓存服务，通常这类中间件也支持分布式部署，其自身也是一个分布式系统。典型的分布式缓存中间件有 Redis、Etcd 等。
- 分布式存储中间件：为分布式系统提供巨量数据的持久化服务，通常这类中间件需要数据库集群的支持以完成数据的实际存储。典型的分布式存储中间件有 MyCat。

基于组件的架构风格是软件架构设计中经常采用的一种风格，在这种架构风格的指导下，我们可以使用以上成熟组件构建出所需要的分布式系统。这样，能够让构建出的系统在成本、可靠性、扩展性、可维护性等各维度有良好的表现。

上述中间件中，有一些的实现相对简单或者已经在前面的章节中介绍。例如，在7.3.3节，已经对服务治理中间件的核心原理进行了介绍；在作者的《高性能架构之道》一书中的“数据库设计与优化”章节，对分布式存储中间件的核心实现进行了介绍。

接下来，我们分章节介绍两个比较重要且常用的分布式中间件：消息系统中间件RabbitMQ、分布式协调中间件ZooKeeper。

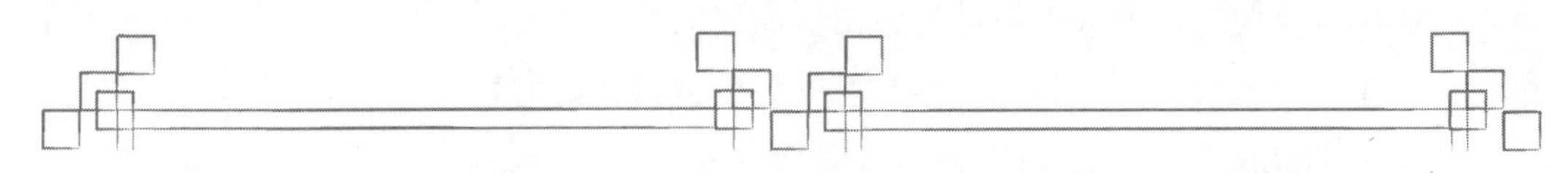

第 11 章 RabbitMQ 详解

本章主要内容

- ◇ RabbitMQ 的内部结构与实现原理
- ◇ RabbitMQ 的功能特点与使用方法
- ◇ RabbitMQ 的应用举例

消息系统是一类常见的分布式中间件，RabbitMQ 就是一个典型的消息系统。

本章将详细介绍 RabbitMQ，包括其模型、组件、附加功能、使用示例等。

通过本章的学习，你将掌握 RabbitMQ 的实现原理和使用方法。本章内容可以作为使用 RabbitMQ 时的参考资料。

11.1 消息系统概述

消息系统是一个具备消息接收、暂存、分发等功能的系统，与其对接的外部系统主要包括消息的生产者和消费者。

11.1.1 消息系统模型

消息系统内部可以分为接收、暂存、分发三个模块。消息系统的工作模型如图 11.1 所示。

在图 11.1 所示的工作模型中，生产者负责生产消息，并将消息推送到消息系统的接收模块。接收模块收到消息后，会将消息缓存到暂存模块中。之后，分发模块会将暂存模块中的消息按照一定规则分发给消费者。

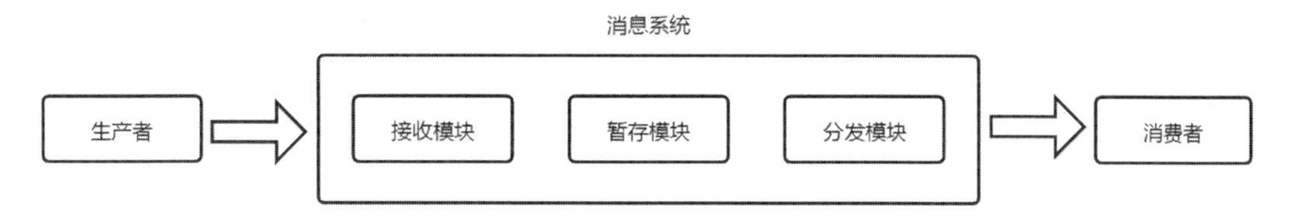

图 11.1　消息系统的工作模型

接收模块比较简单，提供一个消息的入口供生产者进行消息投递即可。这个入口可以全局只有一个，也可以为每个生产者各分配一个，还可以为每种消息类型各分配一个。

暂存模块负责暂存消息，该模块可以将消息存放到内存中，以确保较高的吞吐量；该模块也可以将消息存放到硬盘中，以防意外宕机导致消息丢失；该模块还可以同时使用内存和硬盘，以保证吞吐量和持久化的平衡。

分发模块负责消息的分发。消息的分发主要有以下两种方式。

- 拉取式：消费者主动从消息系统拉取消息。
- 推送式：消息系统给消费者推送消息。

消息系统的分发模块可能还会支持其他功能。例如，消息确认功能，即消息系统在接到消费者回应的确认信息后，才会将对应的消息删除，这可以避免消息的丢失；又如，逐个派发功能，即消息系统只有在接到消费者对上一条消息的消费回应后，才会向该消费者发送下一条消息，这避免了消息在消费者处的堆积。

最终，接收模块、暂存模块、分发模块串联到一起，组成了完整的消息系统。

在消息系统领域存在一个比较公认的协议——AMQP（Advanced Message Queuing Protocol，高级消息队列协议）。AMQP 为消息系统定义了一套完整的模型和规范，包括 Exchange、Queue 等组件，以及这些组件之间的连接方式。许多消息系统都是遵循 AMQP 设计的。

11.1.2　消息系统的应用

基于消息系统可以实现两种常见的消息分发模型。

- 点对点模型：消息生产者将消息发送到队列中，消费者从队列中取出消息进行消费。一个消息被消费者消费后便直接从队列中删除。在这种模型中，一个消息只会被一个消费者接收。

- 发布订阅模型：消息生产者将消息发送到主题中，每个消费者都可以订阅自己感兴趣的多个主题。消息进入主题后，所有订阅该主题的消费者都会收到该消息。这种模型中，一个消息可能会被多个消费者接收。

基于上述两种工作模型，消息系统可以演化出许多常用的功能。

- 数据归类：多个消息生产者产生的不同消息可以按照消息类型等进行分类收集，进而分类分发，这实现了数据的归类功能。
- 可靠投递：消息系统往往具有投递重试功能，只有消费者将消息成功消费后，消息系统才会删除消息；否则，消息系统会不断尝试投递该消息。这使消息生产者只要将消息发送给消息系统，就能保证该消息最终会被消费。
- 异步处理：消息生产者将消息发送给消息系统后便可以返回，而消息系统则先将消息缓存，然后在合适的时机将其分发给消费者。这样便实现了消息投递和消息消费的异步化。
- 业务解耦：消息生产者不需要关心消费者的具体地址，只需要将消息发送给消息系统即可；而消息消费者也不需要关心消息生产者的具体地址，只需要从消息系统获取消息即可。通过消息系统，实现了消息生产者和消息消费者的解耦。
- 事件驱动：基于发布订阅模型，一个消息可以被多个消费者接收。基于此，可以实现事件驱动的架构风格，事件的发起方将对应的消息发出，而事件的接收方可根据消息响应事件。

上述功能中，有的功能更注重系统的灵活性，如事件驱动功能需要系统具有丰富的发布订阅模型，其对系统的吞吐量要求不高；有的功能更注重系统的吞吐量，如数据归类功能需要消息系统具有较高的吞吐量以支持大量数据的汇总，其对系统的灵活性要求不高。

正因为以上两种需求的侧重点不同，分化出了不同的消息系统。RabbitMQ 和 Kafka 便是两个代表。

RabbitMQ 是一种灵活的消息系统，它支持多种消息传递方式、消息分发模型等，但是其吞吐量并不高，适合用来进行通知、请求等轻量级消息的分发。Kafka 是一种高吞吐量的消息系统，损失了灵活性但具有极高的吞吐量，通常用来进行操作日志、文件等重量级信息的收集传输。

接下来，我们将以 RabbitMQ 为例介绍消息系统的原理和使用方法。Kafka 的原理和使用方法则更为简单，只要掌握了 RabbitMQ 之后便可以快速上手，因此我们不再单独介绍。

11.2　RabbitMQ 概述

RabbitMQ 遵循了 AMQP 协议，是 AMQP 协议的良好工程实践。

RabbitMQ 的结构非常清晰，内部定义了 Exchange、Queue 两大组件。这两大组件依次连接起来便组成了整个系统。消息（也可以看作一种组件）则可以在这个系统中传递流转。

图 11.2 所示为 RabbitMQ 的整体结构。

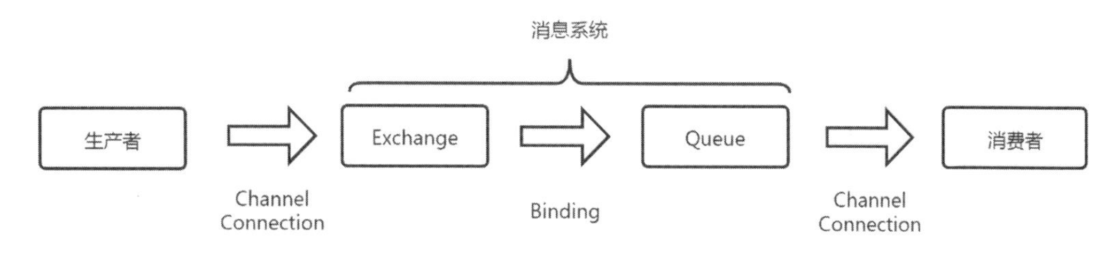

图 11.2　RabbitMQ 的整体结构

此外，RabbitMQ 自身也支持分布式部署。

11.3　RabbitMQ 的组件

在这一节中，我们将会对 RabbitMQ 的组件进行介绍。了解清楚这些组件对于掌握 RabbitMQ 的工作原理和使用方法十分重要。

11.3.1　Exchange

Exchange 是消息的接收模块，负责接收生产者发来的消息或者另一个 Exchange 给出的消息。

Exchange 主要有以下属性。

- name：Exchange 的名字。

- type：Exchange 的类型，具体包括 direct、fanout、topic 三种类型。类型决定了 Exchange 中消息的路由方式。
- durable：持久化属性。如果是持久化的，则当消息系统宕机重启后，会自动恢复该 Exchange。
- autoDelete：是否自动删除。如果为 true，则最后一个 Queue 或者 Exchange 与它解绑时，它会被自动删除。
- internal：是否为内置的。如果为 true，则该 Exchange 不能接收生产者的消息，只能接收其他 Exchange 传来的消息。
- arguments：一些其他参数，如在这里可以配置该 Exchange 的备选 Exchange。

11.3.2 Queue

Queue 是消息的存储队列，是消息系统的暂存模块和分发模块。它主要有以下属性。

- name：队列的名称。
- durable：持久化属性。如果是持久化的，则当消息系统宕机重启后，会自动恢复该 Queue。
- exclusive：独占属性。如果一个 Queue 是独占的，则只有创建它的 Connection 可以使用它。
- autoDelete：是否自动删除。如果为 true，则最后一个消费者与它解绑时，它会被自动删除。
- arguments：一些其他参数，如在这里可以对消息的 TTL、队列的长度等进行设置。

11.3.3 Message

RabbitMQ 中的消息被定义为 Message，本身也可以看作一个组件。它在消息系统中被接收、传递、给出，它的主要属性如下。

- deliveryMode：分发模式。可以选择持久化的或者非持久化的。如果是持久化的，则系统宕机后消息不会丢失。
- headers：消息头。在这里可以以键值对的形式自由地配置许多头信息。
- properties：消息的其他属性。在这里可以以键值对的形式配置消息的属性，可以配置的属性有 contentType、contentEncoding、replyTo、correlationId 等。
- payload：消息的正文内容。

11.4 RabbitMQ 的连接

组件定义清楚后，便可以将这些组件连接起来组成一个完整的消息系统。在这一章中，我们将介绍各个组件之间的连接。

11.4.1 生产者与 Exchange

生产者产出消息后，要将消息投递给 RabbitMQ，RabbitMQ 中负责接收消息的便是 Exchange 组件。

在投递前，生产者需要先和 RabbitMQ 建立连接，这个连接是一个 TCP 连接，被称为 Connection。

建立 Connection 后，生产者和 RabbitMQ 可以在 Connection 的基础上创建多个 Channel。Channel 是虚拟连接，不同的 Channel 之间是完全隔离的。例如，我们使用多线程操作 RabbitMQ 时，就建议每个线程持有一个单独的 Channel，进而实现各线程操作的隔离。Channel 的引入使 Connection 可以复用，提高了 Connection 的利用率。

RabbitMQ 的 Channel 提供了许多方法，不仅有让生产者投递消息的方法，还有创建 Exchange、创建 Queue、在 Queue 和消费者之间建立连接的方法等。因此，Channel 是客户端与 RabbitMQ 交流的桥梁。

我们可以用图 11.3 表示生产者与 Exchange 之间的连接，一个 Connection 内建立了多个 Channel。

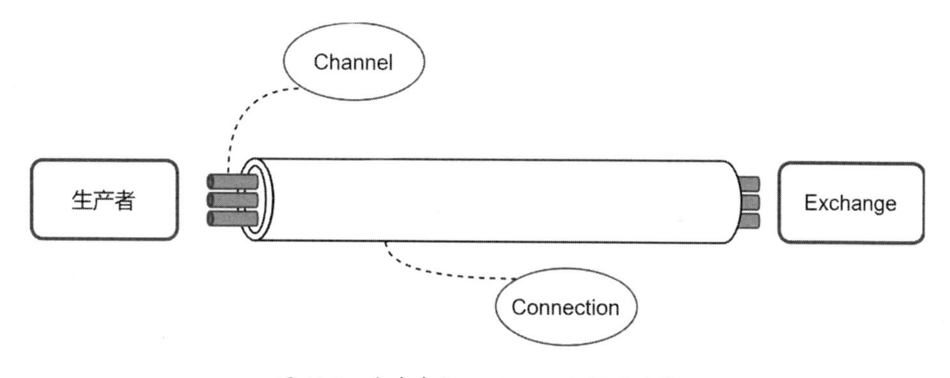

图 11.3　生产者与 Exchange 之间的连接

通过 Channel，生产者可以向 RabbitMQ 投递消息，每条消息只能投递给固定的一个 Exchange。下面展示了 Channel 提供的一个生产者向 Exchange 投递消息的方法：

```
    void basicPublish(String exchange, String routingKey, BasicProperties
props, byte[] body) throws IOException;
```

其中，exchange 参数为要投递到的 Exchange 的名称；routingKey 与后续的消息分发有关，会在接下来进行介绍；props 为消息的属性；body 为消息的正文。

需要注意的是，RabbitMQ 中的消息暂存模块是 Queue。这意味着，如果我们向 RabbitMQ 投递了消息，而又没有对应的 Queue 来暂存该消息，则该消息会丢失。因此，投递某类消息时，需要先确保暂存这类消息的 Queue 是存在的，否则就需要先创建一个对应的 Queue。

所以，通常生产者与 RabbitMQ 建立连接并初次投递消息的流程如下所示。

（1）创建 ConnectionFactory，并配置连接信息。

（2）通过 ConnectionFactory 生成 Connection。

（3）在 Connection 中创建 Channel。

（4）通过 Channel 校验指定的 Exchange 是否存在，不存在则创建该 Exchange。

（5）通过 Channel 校验消息对应的 Queue 是否存在，不存在则创建对应的 Queue，并与指定的 Exchange 建立连接。

（6）向指定的 Exchange 投递消息。

11.4.2 Exchange 与 Queue

生产者将消息投递到了 Exchange，而暂存消息的模块是 Queue。接下来，我们探讨消息是怎么从 Exchange 到达 Queue 的。

要想让消息从 Exchange 到达 Queue，需要先在两者之间建立连接。Exchange 和 Queue 之间的连接为 Binding。声明一个 Binding 需要以下三个参数。

- source：连接的源头，为 Exchange 的名称。
- destination：连接的目的地，如果要在 Exchange 和 Queue 之间建立连接，则为 Queue 的名称。Binding 也支持在 Exchange 之间建立连接，此时则为 Exchange 的名称。
- bindingKey：该 Binding 的键，与消息分发路由有关。

如果一个 Exchange 没有和某个 Queue 建立 Binding，则消息一定不会从该 Exchange

转发到这个 Queue。但是建立 Binding 之后，消息也并不一定会转发过去，而是会按照一定的路由规则进行转发。

Exchange 将消息转发到 Queue 的方式十分灵活，这也是 RabbitMQ 的强大之处。其转发方式由每个 Exchange 的 Type 决定。Exchange 的每种 Type 和对应的转发规则如下所示。

- direct：全匹配策略。Exchange 会将消息的 routingKey（由 basicPublish 方法中 routingKey 参数指定）与 Binding 的 bindingKey 进行比较，如果两者完全一致，则将消息转发给该 Binding 对应的 destination。
- fanout：扇出策略。Exchange 会将消息转发给以它作为 source 的所有 Binding 的 destination。
- topic：主题策略。Exchange 会将消息的 routingKey 与 Binding 的 bindingKey 匹配，如果匹配成功，则将消息转发给该 Binding 对应的 destination。匹配过程中支持正则表达式。
- headers：头部匹配策略。这也是一种全匹配策略，与 direct 策略不同的是，其匹配的是消息的 headers 与 Binding 的 bindingKey。这种方式需要解析消息的 headers 信息，工作效率较低，因此并不常用。

Binding 不仅可以连接 Exchange 和 Queue，也可以连接 Exchange 和 Exchange。进而让一个 Exchange 分发消息给另一个 Exchange，实现 Exchange 的级联。在这种情况下，后面的 Exchange 往往被设置为内置的，即只允许接收其他 Exchange 发来的消息，不允许直接接收生产者发来的消息。

11.4.3 Queue 与消费者

Queue 是消息系统的暂存模块，也是分发模块，它负责将消息分发给消费者。所以，Queue 与消费者之间存在连接。

消费者连接到 RabbitMQ 时，实际是连接到某个 Queue 上。这意味着，消费者连接 RabbitMQ 时，对应的 Queue 必须存在。因此，如果不存在则需要消费者创建一个 Queue。

这时我们发现，无论是生产者还是消费者，都可以创建 Queue。

- 生产者创建 Queue 是因为 Queue 是暂存模块，只有 Queue 存在，才能保存生产者给出的消息。
- 消费者创建 Queue 是因为 Queue 是分发模块，只有 Queue 存在，消费者才能与之建立连接。

消费者连接到 RabbitMQ 上的流程和生产者一样，先创建 Connection，然后在 Connection 中建立 Channel。通过 Channel 就可以创建一个和 Queue 的连接。

消费者与 Queue 建立连接之后，有两种方式获取 Queue 中暂存的消息。

- 推送式：消费者通过 basicConsume 命令，订阅某一个 Queue 中的消息。Queue 中如果存在消息，则会推送给消费者。
- 拉取式：消费者通过 basicGet 命令，主动拉取 Queue 中的一条消息。该操作效率相对比较低，要慎重使用。因为其具体执行逻辑为先订阅队列，并在取得第一条消息后再取消订阅。

basicConsume 方法如下：

```
String basicConsume(String queue, Consumer callback) throws IOException;
```

basicGet 方法如下：

```
GetResponse basicGet(String queue, boolean autoAck) throws IOException;
```

参数 queue 指明了要连接的 Queue 的名称，callback 指明了对应的消费者，autoAck 用于设置是否自动应答消息。

如果一个 Queue 连接了多个消费者，则 Queue 会将其暂存的消息依次分配给这些消费者。整个过程中，Queue 认为所有的消费者都是等价的，一条消息只会发送给一个消费者，而不是多个消费者。

11.5 附加功能

除了能够完成最基本的消息接收、暂存、分发功能，RabbitMQ 还提供许多附加功能供我们选择。这些附加功能大大地拓展了 RabbitMQ 的应用场景。

接下来，我们介绍常见的附加功能。

11.5.1 投递确认功能

生产者向 RabbitMQ 投递消息时，存在丢失消息的可能性。对此，RabbitMQ 设置有投递确认功能。

启用投递确认功能后，RabbitMQ 将在接收到消息后向生产者发送确认消息。这样，生产者可以得知消息的投递情况，并据此开展回退等操作。

例如，在下面的代码中，我们先开启了投递确认功能，然后投递了一条消息，接下来便可以等待RabbitMQ确认投递消息。

```
// 开启消息确认
channel.confirmSelect();
// 发送消息
channel.basicPublish(exchange, "", null, message.getBytes("UTF-8"));
// 等待确认消息。如果消息丢失，waitForConfirms方法就会抛出异常
if (channel.waitForConfirms()) {
System.out.println("消息发送成功" );
}
```

上述代码展示的是针对单次投递的、同步的消息确认。此外，投递确认功能还支持批量的消息确认和异步的消息确认。

11.5.2 持久化功能

RabbitMQ可能会在运行过程中崩溃，RabbitMQ支持持久化设置，以便在重启系统后恢复相关组件、消息。

Exchange、Queue组件存在durable属性，如果设置为false，则系统停止后这些组件将会丢失；如果设置为true，则系统停止后再重启，这些组件将会恢复。

要注意的是，Queue组件被设置为持久的，不代表其中的消息不会丢失。如果想要消息不丢失，则还需要将Message的deliveryMode属性设置为持久的。

因此，要想确保Message不丢失，需要满足两个条件：一是存储该Message的Queue是持久的；二是Message本身是持久的。

11.5.3 消费确认功能

RabbitMQ中的Queue将消息发送给消费者后，消费者可能在刚接收到消息但尚未展开处理的时候宕机。这样这条消息便无法最终生效，即丢失了。

为避免上述情况的发生，RabbitMQ设置了消费确认功能。一条消息从Queue发送到消费者后，只有收到消费者的回应，才认为该消息被正常消费，否则RabbitMQ不会删除Queue中的该消息，而是会找机会再次发送。

投递确认功能、持久化功能、消费确认功能，以上三者共同保证了消息不会在RabbitMQ的流转过程中丢失，保证了消息传递的可靠性。

11.5.4 逐条派发功能

Queue 中的消息会被推送给消费者，当推送过快时，消费者可能来不及处理，进而造成消息拥堵。为解决此问题，RabbitMQ 支持逐条派发。

启用逐条派发功能后，RabbitMQ 只有在收到消费者给出的前一个 Message 的消费确认回应后，才会向其派发第二个 Message。这样，可以保证消费者每次只需要处理一条 Message。

逐条派发功能也可以设置为 n 条，即当消费者持有的未回应消息数目小于 n 时，RabbitMQ 会继续派发新的消息给消费者；当消费者中持有的未回应消息数目达到 n 时，RabbitMQ 便停止派发新消息。

11.5.5 RPC 功能

通常情况下，通过消息系统进行的消息流转是一个单向的过程，如图 11.4 所示。消息总是从生产者经过消息系统流向消费者的。

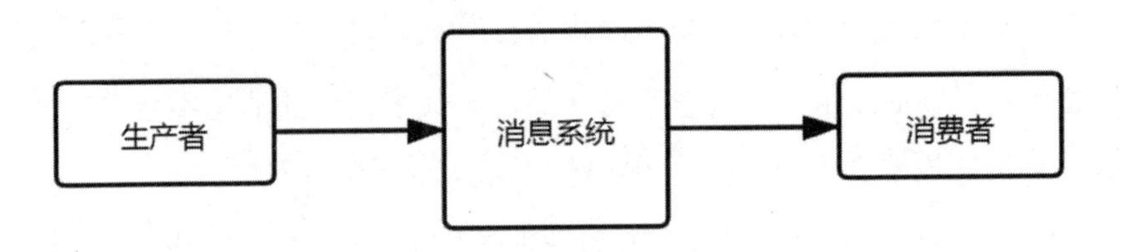

图 11.4 单向的消息流动

在有些场景下，生产者希望获得消息被消费后给出的结果。这样，消息的流转过程有了回路，如图 11.5 所示。

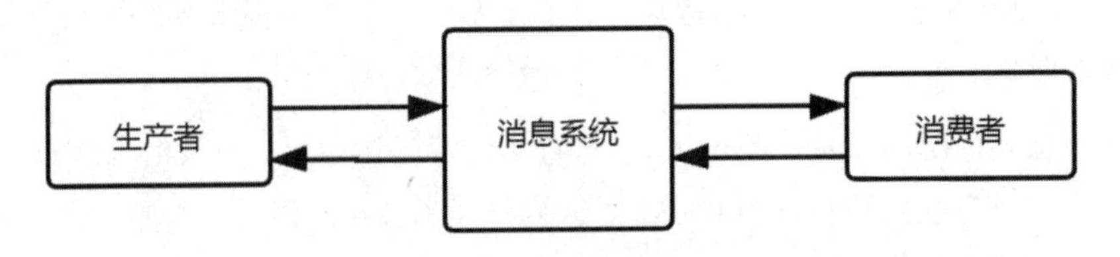

图 11.5 RPC 式的消息流动

在这种场景下，生产者可以基于消息系统远程调用消费者，从而实现了 RPC 功能。

RabbitMQ 支持图 11.5 所示的消息流转方式。具体实现上，生产者需要在发出消息的 replyTo 属性中注明消费者回应消息的 Queue 名称。消费者将消息消费完成后，要将消费结果投递到该 Queue 中，然后生产者便可以从该 Queue 中取到回应结果。

生产者可能会向消费者发送多条消息，然后收到多条回应。因此，生产者需要建立回应和消息的一一对应关系。有两种方式可以帮助生产者建立这种对应关系：

第一种方式是为每一条回应创建一个 Queue，即不同消息的 replyTo 是不同的。生产者订阅该消息对应的 Queue 后，一定只会拿到唯一的回应。这种方式需要为每个回应创建一个 Queue，比较影响效率。

第二种方式是为每个生产者节点创建一个 Queue，然后为不同的消息设置不同的 correlationId 值，该 correlationId 值也会出现在回应中。生产者从 Queue 中取到回应后，根据回应中携带的 correlationId 区分该回应对应了哪一条消息。

基于RabbitMQ的RPC功能，我们可以方便地实现异步RPC操作，并且由于RabbitMQ的存在，服务的发起方与调用方完全解耦。

11.6 模型与应用

在项目中，点对点模型和发布订阅模型都是常用的模型。接下来，我们将介绍如何使用 RabbitMQ 组建这两种模型，并各自介绍一个典型的应用场景。

11.6.1 点对点模型

在点对点模型中，“点”可以指一个应用节点，即从一个应用节点向另一个应用节点推送消息；“点”也可以理解为应用集群，即从一个应用集群向另一个应用集群推送消息。在后者中，一条消息将会被目标集群中的某一个应用节点接收到。

图 11.6 所示为点对点模型示例，图中生产者发出的消息会根据 routingKey 路由到 Queue_A 或者 Queue_B 中暂存。之后，Queue_A 中的消息会被推送给消费者 A 或者消费者 B 中的一个，Queue_B 中的消息会被推送给消费者 C。

假设图 11.6 中的生产者是订单应用中的一个节点，消费者 A、B 是库存应用中的两个节点，消费者 C 是优惠券应用中的一个节点。基于图 11.6，订单应用可以根据需要给库存应用或者优惠券应用推送异步消息，进而展开集群之间的协作。

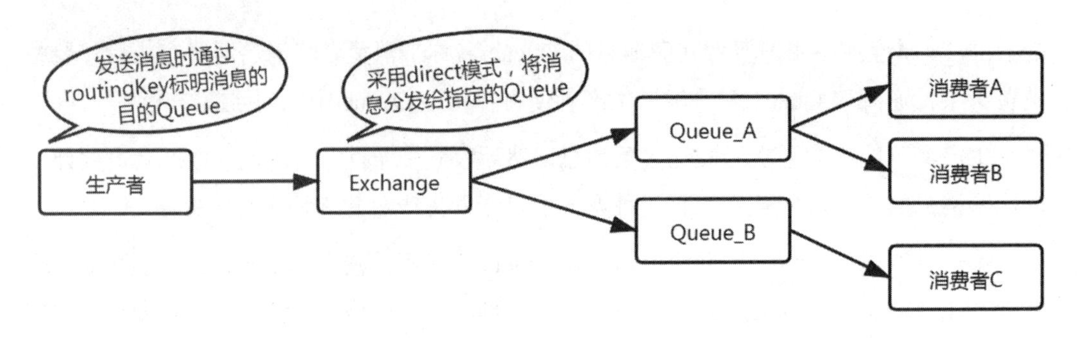

图 11.6 点对点模型示例

11.6.2 发布订阅模型

基于发布订阅模型可以实现广播操作。生产者将消息发送到某个主题中，凡是对该主题感兴趣的消费者都可以订阅主题，凡是订阅了某主题的消费者都可以收到主题中的所有消息。

在发布订阅模型中，Queue 往往和消费者一一对应，然后绑定到 fanout 模式的 Exchange 上。Exchange 就作为主题存在。

图 11.7 所示为发布订阅模型示例，图中消费者 A 关注了 Exchange_A 主题，消费者 B 关注了 Exchange_A 和 Exchange_B 两个主题。生产者将消息投递到 Exchange_A 主题后，消费者 A、B 都会收到该消息；生产者将消息投递到 Exchange_B 主题后，消费者 B、C、D 都会收到该消息。

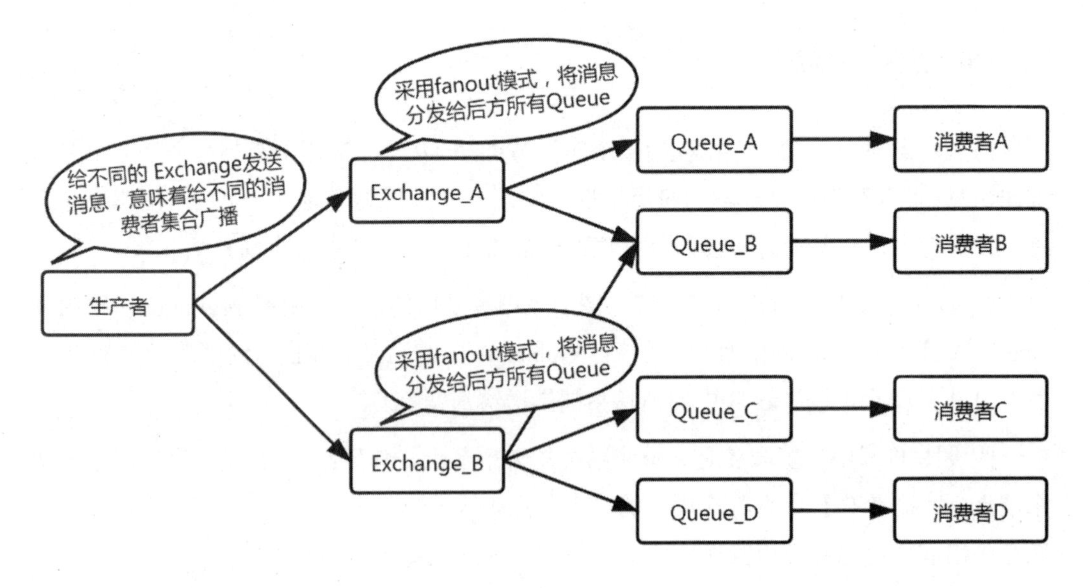

图 11.7 发布订阅模型示例

发布订阅模型也十分常用。例如，生产者可以是后端系统，消费者可以是浏览器标签页（前端 Web 页面可以作为消费者直接连接 RabbitMQ），主题按照页面元素划分（如股市状态显示元素、新闻列表显示元素、广播通知显示元素等）。

浏览器打开网站标签页后，便在消息系统中创建该标签页对应的 Queue，并根据标签页中显示的元素去订阅对应的主题。Queue 设置为 autoDelete，当浏览器标签页关闭时它会被自动删除。

后端系统发生状态变更后，给该变更影响的所有页面元素主题投递消息。

这样，后端系统的状态变更会通过消息系统分发到浏览器的标签页上，浏览器标签页便可以跟随后端系统的状态进行变更。这种前后端联动方式不需要前端的频繁轮询，提升了响应速度的同时降低了对系统 I/O 的消耗。

基于这种方式，后端也可以给指定的标签页推送消息，或者向所有的标签页广播消息。

11.7 本章小结

消息系统是分布式系统中一类常见的中间件，其能够实现消息的接收、暂存、分发，并支持分发过程中的重试、回复等设置。基于消息系统，我们可以方便地实现服务之间的解耦、异步通信等。

本章首先介绍了消息系统的模型，不仅帮助大家从概念上了解消息系统的各个组成部分，还介绍了消息系统的主要应用场景。

然后，我们对常见的消息系统 RabbitMQ 进行了详细的介绍，包括 RabbitMQ 的三大组件：Exchange、Queue、Message，以及各个组件之间的连接。

接下来，我们介绍了 RabbitMQ 的附加功能，包括其投递确认功能、持久化功能、消费确认功能、逐条派发功能、RPC 功能。

最后，我们介绍了如何用 RabbitMQ 实现点对点模型和发布订阅模型，并给出了相关的应用实例。

作为一个基础服务，消息系统在分布式系统中十分重要。分布式系统中的许多功能都是在消息系统的协助下开展的。

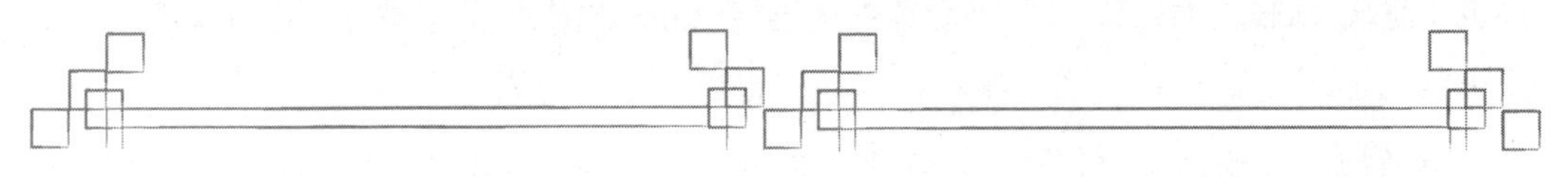

第 12 章　ZooKeeper 详解

本章主要内容

◇ ZooKeeper 的内部模型与实现原理

◇ ZooKeeper 的功能特点与使用方法

◇ ZooKeeper 的应用举例

ZooKeeper 是一个基于 Java 开发的支持集群扩展的分布式协调系统。ZooKeeper 能够将分布式系统最核心的分布式一致性问题转移到自身内部解决，进而降低分布式系统的实现难度。ZooKeeper 十分通用，分布式系统可以基于它实现节点命名、服务发现、应用配置、分布式锁等功能。

ZooKeeper 的数据模型是一棵树，树上的节点被称为 znode。每个 znode 既可以挂载子节点又可以存储数据。针对 ZooKeeper 的相关操作都基于这棵树开展，既便于理解又便于使用。

接下来，我们会介绍 ZooKeeper 的使用方法、数据模型、交互式客户端、监听器等知识，然后在此基础上剖析 ZooKeeper 集群的实现原理，并介绍 ZooKeeper 的典型使用场景。

本章内容也可以作为读者使用 ZooKeeper 时的参考资料。

12.1　单机配置与启动

单机安装 ZooKeeper 十分简单，只要下载安装包后简单配置便可启动。

ZooKeeper 的安装包可以从官网下载，将安装包下载到本地后，再将其解压，得到

图 12.1 所示的文件结构。

› apache-zookeeper-3.6.0-bin ›

名称	类型	大小
bin	文件夹	
conf	文件夹	
docs	文件夹	
lib	文件夹	
logs	文件夹	
LICENSE.txt	文本文档	12 KB
NOTICE.txt	文本文档	1 KB
README.md	MD 文件	2 KB
README_packaging.md	MD 文件	4 KB

图 12.1　ZooKeeper 安装文件

12.1.1　运行配置

首先，要为 ZooKeeper 创建一个数据存储文件夹，如在 ZooKeeper 的安装目录下创建 data 文件夹。

然后，在 ZooKeeper 安装目录的 conf 文件夹下找到配置示例文件 zoo_sample.cfg，将其复制一份命名为 zoo.cfg，作为 ZooKeeper 的配置文件。接下来，将 zoo.cfg 中的 dataDir 地址修改为 data 文件夹的地址。

ZooKeeper 配置文件中常用配置项及其含义如下。

- tickTime：每个滴答对应的毫秒数。滴答是 ZooKeeper 的一个时间单位，ZooKeeper 使用滴答来衡量 ZooKeeper 各个服务器之间、ZooKeeper 服务器与客户端之间的通信时间间隔。例如，我们可以设置客户端 session 的超时时间是几个滴答，当 ZooKeeper 服务器未收到客户端的心跳长达这个时间后，会判定客户端离线。
- initLimit：新 ZooKeeper 服务器加入 ZooKeeper 集群后，其初始同步阶段允许花费的时间，单位为滴答。
- syncLimit：ZooKeeper 服务器集群中的从服务器和主服务器之间的心跳时间，单位为滴答。
- dataDir：运行数据的存储目录。

- clientPort：ZooKeeper 启动后供客户端连接的端口。
- maxClientCnxns：每个 ZooKeeper 服务器可以连接的客户端数目的最大值。
- autopurge.snapRetainCount：在 dataDir 中可以存储的快照数目。
- autopurge.purgeInterval：ZooKeeper 自动清理策略的执行时间间隔。

例如，下面是一份单机启动的配置示例。

```
tickTime=2000
initLimit=10
syncLimit=5
dataDir=D:/Program/apache-zookeeper-3.5.7-bin/data
clientPort=2181
```

12.1.2 启动

ZooKeeper 是基于 Java 开发的，启动 ZooKeeper 的过程就是一个设置各种环境变量并启动 jar 包的过程。因此，启动 ZooKeeper 前需要先安装 Java。

安装 Java 后，便可以在 Windows 或者 Linux 环境下启动 ZooKeeper 服务。通过下面的方式以单机形式启动 ZooKeeper。

- 在 Windows 系统中，直接双击运行 bin 目录下的 zkServer.cmd 文件。
- 在 Linux 系统中，使用命令“./zkServer.sh start”运行 bin 目录下的 zkServer.sh 文件。

启动成功后，可以看到图 12.2 所示的 Zookeeper 运行界面。

```
C:\Windows\system32\cmd.exe
and command URL /commands
2020-03-21 18:10:34,483 [myid:] - INFO  [main:ServerCnxnFactory@169] - Using org.apache.zookeeper.server.NIOServerCnxnFactory as server connection factory
2020-03-21 18:10:34,483 [myid:] - WARN  [main:ServerCnxnFactory@309] - maxCnxns is not configured, using default value 0.
2020-03-21 18:10:34,484 [myid:] - INFO  [main:NIOServerCnxnFactory@666] - Configuring NIO connection handler with 10s sessionless connection timeout, 2 selector thread(s), 24 worker threads, and 64 kB direct buffers.
2020-03-21 18:10:34,485 [myid:] - INFO  [main:NIOServerCnxnFactory@674] - binding to port 0.0.0.0/0.0.0.0:2181
2020-03-21 18:10:34,495 [myid:] - INFO  [main:WatchManagerFactory@42] - Using org.apache.zookeeper.server.watch.WatchManager as watch manager
2020-03-21 18:10:34,495 [myid:] - INFO  [main:WatchManagerFactory@42] - Using org.apache.zookeeper.server.watch.WatchManager as watch manager
2020-03-21 18:10:34,496 [myid:] - INFO  [main:ZKDatabase@132] - zookeeper.snapshotSizeFactor = 0.33
2020-03-21 18:10:34,496 [myid:] - INFO  [main:ZKDatabase@152] - zookeeper.commitLogCount=500
2020-03-21 18:10:34,499 [myid:] - INFO  [main:SnapStream@61] - zookeeper.snapshot.compression.method = CHECKED
2020-03-21 18:10:34,502 [myid:] - INFO  [main:FileSnap@85] - Reading snapshot D:PortableProgramapache-zookeeper-3.6.0-bin\version-2\snapshot.1
2020-03-21 18:10:34,504 [myid:] - INFO  [main:DataTree@1730] - The digest in the snapshot has digest version of 2, , with zxid as 0x1, and digest value as 1371985504
2020-03-21 18:10:34,507 [myid:] - INFO  [main:ZKDatabase@289] - Snapshot loaded in 11 ms, highest zxid is 0x1, digest is 1371985504
2020-03-21 18:10:34,508 [myid:] - INFO  [main:FileTxnSnapLog@470] - Snapshotting: 0x1 to D:PortableProgramapache-zookeeper-3.6.0-bin\version-2\snapshot.1
2020-03-21 18:10:34,510 [myid:] - INFO  [main:ZooKeeperServer@519] - Snapshot taken in 2 ms
2020-03-21 18:10:34,516 [myid:] - INFO  [main:RequestThrottler@74] - zookeeper.request_throttler.shutdownTimeout = 10000
2020-03-21 18:10:34,524 [myid:] - INFO  [main:ContainerManager@83] - Using checkIntervalMs=60000 maxPerMinute=10000 maxNeverUsedIntervalMs=0
2020-03-21 18:10:34,525 [myid:] - INFO  [main:ZKAuditProvider@42] - ZooKeeper audit is disabled.
```

图 12.2　ZooKeeper 运行界面

12.2　数据模型

了解 ZooKeeper 的数据模型，对于掌握 ZooKeeper 的使用和原理都非常重要。在本章中，我们将对 ZooKeeper 的数据模型进行介绍。

在学习 ZooKeeper 的数据模型时，我们可以直接使用交互式命令来操作这一模型，以便于加深对模型的理解。关于交互式命令相关的内容我们会在 12.3 节进行介绍，必要时可以提前查询相关命令的含义与使用方法。

12.2.1　时间语义

使用 ZooKeeper 时，会涉及多种时间语义。在进一步了解 ZooKeeper 的原理之前，我们有必要厘清这些语义。

在信息系统中，时间是一个广义的概念，它不仅可以是以秒计算的时间，还可以是基准时钟（如晶振的振荡周期）的计数，甚至可以是只能区分先后、不能区分长短的事件顺序。在 ZooKeeper 中，存在以下四种时间语义。

- 全局变更编号 zxid ：ZooKeeper 的树结构或者数据发生变更时，ZooKeeper 会为每次变更分配一个在 ZooKeeper 集群范围内全局唯一的变更编号 zxid，这一序列号是递增的。通过 zxid，ZooKeeper 可以保证变更操作的全局有序。
- 版本号：每个 znode 都有多个版本号，分别是对应着 znode 数据版本的 dataVersion、对应着子 znode 版本的 cversion、对应着 ACL（Access Control Lists，访问控制列表）版本的 aclVersion。当 znode 发生变动时，对应的版本号会增加。例如，当某个 znode 增加一个子 znode 时，其 cversion 会加一。
- 滴答：指 ZooKeeper 中定义 ZooKeeper 服务器间、ZooKeeper 服务器与客户端间交互的一个时间单位。状态同步、会话超时等操作都以滴答作为时间基准。
- 时间戳：在 znode 创建和修改时，ZooKeeper 会在 znode 的状态中存储对应的时间戳，这一时间戳对应的是机器的时间。

基于以上四种时间语义，ZooKeeper 可以实现全局事件顺序、版本变更、多服务器协作等方面的时间管理。

12.2.2 树状模型

ZooKeeper 的数据模型与标准文件系统十分类似，都是一个树状结构。不过 ZooKeeper 树中的节点不区分目录和文件，每个节点都兼顾目录和文件的功能，称为 znode。在 znode 中，可以存放数据，也可以包含子 znode。

ZooKeeper 的数据结构如图 12.3 所示。

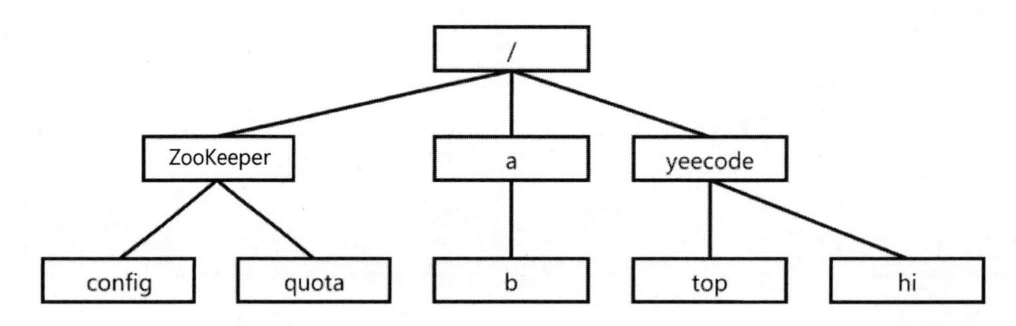

图 12.3　ZooKeeper 的数据结构

在 ZooKeeper 中，用斜线“/”作为 znode 路径的分隔符。在图 12.3 中，存在“/a/b”“/yeecode/top”等 znode。

在 znode 树中，“/zookeeper/config”和“/zookeeper/quota”这两个 znode 是 ZooKeeper 自带的，前者与 ZooKeeper 的设置有关，我们会在 12.3.1 节进行介绍，后者与 ZooKeeper 的限额有关，我们会在 12.2.5 节进行介绍。其他 znode 则可由用户自由创建、编辑。

在 ZooKeeper 中，znode 的信息保存在 ZooKeeper 的内存中，因此 ZooKeeper 支持众多客户端以极低的响应时间来获取这棵树的信息。

各个连接到 ZooKeeper 的客户端都可以根据自身权限来读写树的结构、访问 znode 的数据等。此外，客户端也可以监听树中的结构和数据，从而能在结构、数据发生变化时及时收到通知。

在 ZooKeeper 的数据结构中，最重要的就是 znode。接下来，我们会从不同的角度详细了解 znode。

12.2.3 znode 的数据与状态

每个 znode 包含两部分内容：一部分是数据，另一部分是状态（被称为 stat）。

每个 znode 都可以存储一个二进制形式的数据，可以在创建 znode 时直接设置数据的值，也可以在 znode 创建后修改数据的值。使用“get”命令可以读取数据的值，如下所示。

```
[ZooKeeper: localhost:2181(CONNECTED) 6] get /hi
hello
```

每个 znode 中除包含数据信息外，还包含自身的状态信息。我们可以使用“stat”命令或者“get -s”命令查看 znode 的状态信息。下面展示了一个实际 znode 的状态信息示例。

```
[ZooKeeper: localhost:2181(CONNECTED) 7] stat /hi
cZxid = 0x3
ctime = Sat Mar 21 22:40:17 CST 2020
mZxid = 0x3
mtime = Sat Mar 21 22:40:17 CST 2020
pZxid = 0x3
cversion = 0
dataVersion = 0
aclVersion = 0
ephemeralOwner = 0x0
dataLength = 5
numChildren = 0
```

znode 状态信息的具体说明如下。

- cZxid：创建该 znode 时对应的全局变更编号 zxid。
- ctime：创建该 znode 的时间戳。
- mZxid：上次修改该 znode 时对应的 zxid。
- mtime：上次修改该 znode 的时间戳。
- pZxid：上次修改该 znode 的子 znode 时对应的 zxid。
- cversion：该 znode 的子 znode 信息版本号。
- dataVersion：该 znode 的数据版本号。
- aclVersion：该 znode 的 ACL 版本号。
- ephemeralOwner：如果该 znode 是临时 znode，则此处值为所有者的会话 id；如果该 znode 不是一个临时 znode，则此处值为 0。
- dataLength：znode 中数据的长度。
- numChildren：znode 的子 znode 数目。

每个 znode 的数据都可以被客户端原子读写，并且 ZooKeeper 也支持使用 ACL 来控制客户端对 znode 的访问。

12.2.4 znode 的可选特性

每个 znode，除持有自身的状态信息并可以存储数据外，还支持一些其他特性。在这一节，我们将介绍 znode 支持的一些特性。

持久特性

默认情况下，创建的 znode 是持久的。这类 znode 被创建后会一直存在，直到被主动删除。

短暂特性

在 ZooKeeper 中，可以创建短暂 znode。短暂 znode 的存活与否是与创建该 znode 的会话绑定的，即当某个会话创建一个短暂 znode 之后，如果该会话断开，则该短暂 znode 会被自动删除。

短暂 znode 的这种特性可以使它作为会话客户端是否在线的标志。一个客户端创建短暂 znode 后，只要短暂 znode 存在就意味着该客户端还与 ZooKeeper 保持着联系；而只要 znode 消失便意味着该客户端与 ZooKeeper 断开。另外，短暂 znode 也可以像普通 znode 一样被删除。

短暂 znode 随时可能因为对应会话的断开而被删除，因此，它不允许有子 znode。

序列特性

创建 znode 时，还可以要求 ZooKeeper 在 znode 名称的末尾附加一个单调递增的序列号。这样可以保证创建出的 znode 一定不会重名。序列号的格式为“%010d”，即总是 10 位数字，且前面填充 0，形如“0000000012”。这种前面填充 0 的序列格式易于排序。

例如，我们使用“create -s /hi/yeecode”命令在“/hi”路径下创建具有序列特性的“/hi/yeecode”，可以看出每次创建的 znode 名称都会递增。

```
[zk: localhost:2181(CONNECTED) 6] create /hi
Created /hi
[zk: localhost:2181(CONNECTED) 7] create -s /hi/yeecode
Created /hi/yeecode0000000000
[zk: localhost:2181(CONNECTED) 8] create -s /hi/yeecode
Created /hi/yeecode0000000001
```

```
[zk: localhost:2181(CONNECTED) 9] create -s /hi/yeecode
Created /hi/yeecode0000000002
[zk: localhost:2181(CONNECTED) 10]
```

要注意的是，存储下一个序列号的计数器是由父 znode 维护的带符号整数（4 字节），当递增超过 2147483647 时，计数器将溢出。

容器特性

容器 znode 也是一类比较特殊的 znode。当容器 znode 的最后一个子 znode 被删除时，容器 znode 自身会在一段时间内（直到被 ZooKeeper 检查到）被 ZooKeeper 删除。

在容器 znode 中创建子 znode 时可能会遇到 NoNodeException，这是因为要操作的容器 znode 已经被删除。因此，在容器 znode 中创建 znode 时需要检查 NoNodeException 异常，在捕获到该异常后通常需要重新创建容器 znode。

TTL 特性

ZooKeeper 在 3.5.3 版本为 znode 引入了 TTL（Time To Live，存活时间）特性。

对于持久 znode 和持久序列 znode，可以为其设置 TTL，单位为 ms。如果某个 znode 没有子 znode 且在 TTL 规定的时间内没有被修改，那么它将在一段时间内（直到被 ZooKeeper 检查到）被 ZooKeeper 删除。

需要注意的是，默认情况下 TTL 是被禁用的，必须在 ZooKeeper 的设置中主动启用。如果尝试在未启用该特性的情况下创建 TTL 形式的 znode，服务器将抛出 UnimplementedException。

znode 特性总结

在上文中介绍了 znode 的许多特性，但这些特性并不是可以任意组合的。例如，持久特性和短暂特性显然是互斥的，无法组合在一起；TTL 设置也不支持短暂 znode、容器 znode。

最终，以上特性可以组合成下面七种 znode 类型。

- PERSISTENT：普通的持久 znode。
- PERSISTENT_SEQUENTIAL：带序列功能的持久 znode。
- EPHEMERAL：短暂 znode。
- EPHEMERAL_SEQUENTIAL：带序列功能的短暂 znode。

- CONTAINER：容器 znode。
- PERSISTENT_WITH_TTL：带 TTL 功能的持久 znode。
- PERSISTENT_SEQUENTIAL_WITH_TTL：带序列功能、TTL 功能的持久 znode。

在 ZooKeeper 源码中，上述七种 znode 类型存于枚举类 CreateMode 中。使用过程中，我们可以依据项目需要组装 znode 的特性，最终得到上述七种 znode 类型中的一种。

12.2.5 znode 的限额

ZooKeeper 支持对 znode 设置限额，限额包含两类：znode 允许的最大数据字节数、znode 允许的最大子 znode 数目。

当为某个 znode 设置子 znode 限额时要注意，该节点自身也会占据一个限额。如果我们设置“/yeecode/top”的子 znode 限额为 5，则实际允许“/yeecode/top”上挂载 4 个子 znode，因为“/yeecode/top”自身也占据了一个限额。

例如，我们使用“setquota -n 5 /yeecode/top”来将“/yeecode/top”的子 znode 限额设置为 5。之后，使用“listquota /yeecode/top”命令可以查询“/yeecode/top”的限额和当前的额度状态，如下所示。

```
[zk: localhost:2181(CONNECTED) 22] setquota -n 5 /yeecode/top
[zk: localhost:2181(CONNECTED) 23] listquota /yeecode/top
absolute path is /zookeeper/quota/yeecode/top/zookeeper_limits
Output quota for /yeecode/top count=5,bytes=-1
Output stat for /yeecode/top count=1,bytes=0
```

我们可以看到，“/yeecode/top”的子 znode 限额为 5，数据长度限额为-1（不设限）。目前“/yeecode/top”已经占据 1 个 znode 额度，0 bytes 的数据额度。

其实，每个 znode 的限额信息和当前额度信息是存储在“/zookeeper/quota”对应路径下的。例如，存储“/yeecode/top”额度信息的路径是“/zookeeper/quota/yeecode/top”。我们可以看到该路径包含 zookeeper_limits、zookeeper_stats 两个 znode，zookeeper_limits 中存储了限额信息，zookeeper_stats 中存储了当前额度状态。

```
[zk: localhost:2181(CONNECTED) 24] setquota -n 5 /yeecode/top
[zk: localhost:2181(CONNECTED) 25] ls /zookeeper/quota/yeecode/top
[zookeeper_limits, zookeeper_stats]
[zk: localhost:2181(CONNECTED) 26] get /zookeeper/quota/yeecode/top/
zookeeper_limits
count=5,bytes=-1
[zk: localhost:2181(CONNECTED) 27] get /zookeeper/quota/yeecode/top/
```

```
zookeeper_stats
    count=1,bytes=0
```

需要注意的是，限额不具有强制性，只具有警示性。当某个 znode 超过限额时，ZooKeeper 不会阻止子 znode 的创建或者数据的写入，只会给出警告。

12.2.6 znode 权限设置

ZooKeeper 支持使用 ACL（Access Control Lists，访问控制列表）来控制客户端对 znode 的访问。

ZooKeeper 的 ACL 设置与 UNIX 的文件访问权限设置非常相似，但与标准 UNIX 权限设置不同，ZooKeeper 没有将用户划分为所有者、组、全局三个作用域，而是直接进行权限分配。

还要注意，每个 znode 的 ACL 设置都是独立的，不会被子 znode 继承。例如，“/app” 可以设为只能由 “ip:172.16.16.1” 读取，而其子 znode “/app/status” 可以设为全局可读。

要想实现对 znode 的 ACL 设置，除要解决 ACL 的存储、验证外，还要实现两个先决条件：权限表示规则、用户识别规则。

接下来，我们介绍 ZooKeeper 中的权限表示规则和用户识别规则。

1. 权限表示规则

权限系统需要采用一定的规则将权限表示出来，以便于进行权限的赋予、剥夺，这个规则就是权限表示规则。例如，在 Unix 中使用 “rw-r--r--” 或者 “644” 等来表示一组权限。

ZooKeeper 定义了下面几个权限，并为每个权限指定了字母简称。

- CREATE：简称为 c，表示创建子 znode。
- READ：简称为 r，表示获取 znode 的数据和它的子 znode。
- WRITE：简称为 w，表示写入 znode 的数据。
- DELETE：简称为 d，表示删除子 znode，注意是删除子 znode，而不是该 znode 自身。
- ADMIN：简称为 a，表示修改 ACL 值权限。

用以上各个权限的简称便可以表示一组权限。例如，“cda” 表示具有创建子 znode、删除子 znode、修改 ACL 值的权限。

除以上操作外，还有一些操作是不受 ACL 制约的，即任何一个用户都可以进行这些操作。这些操作有查看 znode 状态操作、查看 znode 限额操作、删除 znode 自身操作。例如，下面的示例中，我们作为没有权限的用户查看了“/hi/yeecode”节点的状态，然后删除了该节点。

```
    [zk: localhost:2181(CONNECTED) 1] getAcl /hi/yeecode
    Authentication is not valid : /hi/yeecode
    [zk: localhost:2181(CONNECTED) 3] get /hi/yeecode
    org.apache.zookeeper.KeeperException$NoAuthException: KeeperErrorCode =
NoAuth for /hi/yeecode
    [zk: localhost:2181(CONNECTED) 4] stat /hi/yeecode
    cZxid = 0x78
    ctime = Sat Mar 21 23:40:17 CST 2020
    mZxid = 0x78
    mtime = Sat Mar 21 23:40:17 CST 2020
    pZxid = 0x78
    cversion = 0
    dataVersion = 0
    aclVersion = 3
    ephemeralOwner = 0x0
    dataLength = 2
    numChildren = 0
    [zk: localhost:2181(CONNECTED) 5] delete /hi/yeecode
    [zk: localhost:2181(CONNECTED) 6] get /hi/yeecode
    org.apache.zookeeper.KeeperException$NoNodeException: KeeperErrorCode =
NoNode for /hi/yeecode
```

还有一点需要说明，即每个 znode 只能设置一个权限规则。如果某个 znode 先对 A 类用户设置权限集合 P_A，然后对 B 类用户设置权限集合 P_B，则后设置的 P_B 会覆盖先设置的 P_A。最终只有一个权限规则 P_B 在该 znode 中被保存下来。

2. 用户识别规则

权限系统需要采用一定的规则将某个或某类用户识别出来，然后才能给他们设置权限，这个规则就是用户识别规则。最简单地，各个系统中的 UserId 就是一个用户识别规则，每个 UserId 就能识别出唯一的一个用户。

ZooKeeper 面对的用户就是客户端，因此接下来的讨论中，我们所述的用户就是指连接到 ZooKeeper 集群的客户端。这些客户端可能并没有在 ZooKeeper 中提前注册，如何识别每一个客户端是一个需要解决的问题。

ZooKeeper的用户识别规则支持world、ip、auth、digest四种方案。我们分别进行介绍。

world方案

world方案中，只有一个用户anyone，这个anyone用户代表了所有用户。world方案格式为“world:anyone”。

默认情况下，一个znode创建时便采用world方案将znode的所有权限赋给了所有用户。例如，我们可以采用“getAcl”命令查看某个znode的权限。

```
[zk: localhost:2181(CONNECTED) 15] getAcl /hi/yeecode
'world,'anyone
: cdrwa
```

可见，所有用户都对上述节点具有“cdrwa”权限。

我们可以使用“setAcl”命令修改znode的权限，如下所示：

```
[zk: localhost:2181(CONNECTED) 16] setAcl /hi/yeecode world:anyone:crwd
[zk: localhost:2181(CONNECTED) 17] getAcl /hi/yeecode
'world,'anyone
: cdrw
```

则我们将所有用户的权限修改成了“cdrw”。

ip方案

ip方案通过客户端的ip地址来识别用户。

ip方案的格式为“ip:rule”。其中，rule可以直接是一个ip地址，如“192.168.20.30”。rule也可以包含子网掩码，如“192.168.0.0/16”匹配“192.168.*.*”。

例如，在下面的操作中，我们把“cdrwa”权限赋予ip为“127.0.0.1”的用户。

```
[zk: 127.0.0.1:2181(CONNECTED) 55] getAcl /hi/yeecode
'world,'anyone
: cdrwa
[zk: 127.0.0.1:2181(CONNECTED) 56] setAcl /hi/yeecode ip:127.0.0.1:cdrwa
[zk: 127.0.0.1:2181(CONNECTED) 57] redo 55
'ip,'127.0.0.1
: cdrwa
```

auth方案

auth方案通过用户认证来识别用户。在使用这种方案前，需要先使用“addauth”命令建立认证用户。

例如，下面的命令建立了一个用户名为“yee”，密码为“yeecode.top”的认证用户。

```
addauth digest yee:yeecode.top
```

然后，我们可以使用 auth 方案为 znode 设置权限。

auth 方案的格式为“auth:name”。下面的示例中，在“/hi/yeecode”节点上为用户名为“yee”的用户设置了权限“crwa”。

```
[zk: 127.0.0.1:2181(CONNECTED) 59] getAcl /hi/yeecode
'ip,'127.0.0.1
: cdrwa
[zk: 127.0.0.1:2181(CONNECTED) 61] setAcl /hi/yeecode auth:yee:crwa
[zk: 127.0.0.1:2181(CONNECTED) 62] getAcl /hi/yeecode
'digest,'yee:PPcWQzPgk954tUk/Jef+e1+6CFM=
: crwa
```

当客户端与 ZooKeeper 断开连接再重新连接时，会失去用户“yee”具有的权限，只有通过“addauth digest yee:yeecode.top”命令再次认证身份后，才能找回用户“yee”的权限。

```
[zk: 127.0.0.1:2181(CONNECTED) 65] getAcl /hi/yeecode
Authentication is not valid : /hi/yeecode
[zk: 127.0.0.1:2181(CONNECTED) 66] addauth digest yee:yeecode.top
[zk: 127.0.0.1:2181(CONNECTED) 67] getAcl /hi/yeecode
'digest,'yee:PPcWQzPgk954tUk/Jef+e1+6CFM=
: crwa
```

通过上面的交互命令可以看出，最终“/hi/yeecode”上存储的权限方案是 digest 方案而不是 auth 方案。这是因为如果直接存储 auth 信息就暴露了客户端设置的密码，使用 digest 方案存储更具有安全性。

auth 方案设置的权限信息最终使用 digest 方案存储，但还是需要客户端通过“addauth”命令用明文向 ZooKeeper 发送密码，带来了密码泄露的隐患。而下面要介绍的 digest 方案则可以避免这一点。

digest 方案

digest 方案和 auth 方案十分类似。auth 方案的格式为“auth:name”，而 digest 方案的格式为“digest:name:abstract”。其中，abstract 是指该用户的用户名和密码的摘要信息。

在 Unix 中，通过下面的命令可以生成用户名和密码的摘要信息。

```
echo -n username:password | openssl dgst -binary -sha1 | openssl base64
```

例如，下面的代码中，生成了用户名为“yee”、密码为“yeecode.top”的用户的摘要信息。

```
$ echo -n yee:yeecode.top | openssl dgst -binary -sha1 | openssl base64
PPcWQzPgk954tUk/Jef+e1+6CFM=
```

上述摘要信息的生成过程是在客户端本地完成的，因此不需要将密码明文传输到 ZooKeeper 服务器。

获得了用户的摘要信息之后，便可以使用 digest 方案为指定用户设置权限。例如，下面的代码中，我们设置用户“yee”在“/hi/yeecode”的权限为“crwa”。

```
[zk: 127.0.0.1:2181(CONNECTED) 70] getAcl /hi/yeecode
'world,'anyone
: cdrwa
[zk: 127.0.0.1:2181(CONNECTED) 71] setAcl /hi/yeecode digest:yee:
PPcWQzPgk954tUk/Jef+e1+6CFM=:crwa
[zk: 127.0.0.1:2181(CONNECTED) 72] getAcl /hi/yeecode
'digest,'yee:PPcWQzPgk954tUk/Jef+e1+6CFM=
: crwa
[zk: 127.0.0.1:2181(CONNECTED) 73]
```

可见，digest 方案在 auth 方案的基础上避免了密码的明文传输，更为安全。

除上述权限表示规则和用户识别规则外，ZooKeeper 还支持用户外置自定义的权限设置。

12.3 交互式命令行客户端

ZooKeeper 安装包的 bin 文件夹中提供了一个交互式命令行客户端 zkCli。在 Windows 中我们可以运行 zkCli.cmd 文件启动客户端，在 Linux 中我们可以运行 zkCli.sh 文件启动客户端。

客户端启动后，可以看到图 12.4 所示的运行界面。

通过这个交互式命令行客户端，我们可以方便地连接到 ZooKeeper 上并开展一些操作。

接下来，我们对 ZooKeeper 交互式命令行客户端支持的命令进行介绍。

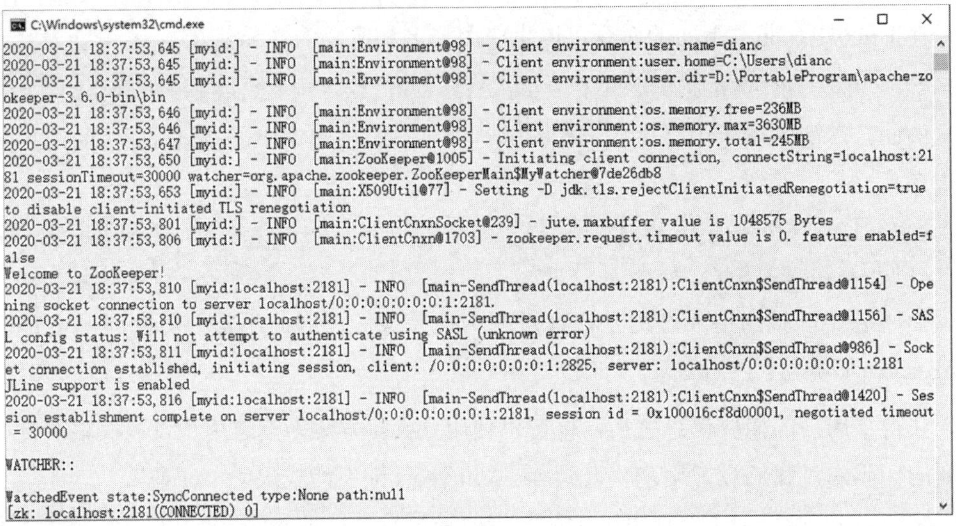

```
C:\Windows\system32\cmd.exe
2020-03-21 18:37:53,645 [myid:] - INFO  [main:Environment@98] - Client environment:user.name=dianc
2020-03-21 18:37:53,645 [myid:] - INFO  [main:Environment@98] - Client environment:user.home=C:\Users\dianc
2020-03-21 18:37:53,645 [myid:] - INFO  [main:Environment@98] - Client environment:user.dir=D:\PortableProgram\apache-zo
okeeper-3.6.0-bin\bin
2020-03-21 18:37:53,646 [myid:] - INFO  [main:Environment@98] - Client environment:os.memory.free=236MB
2020-03-21 18:37:53,646 [myid:] - INFO  [main:Environment@98] - Client environment:os.memory.max=3630MB
2020-03-21 18:37:53,647 [myid:] - INFO  [main:Environment@98] - Client environment:os.memory.total=245MB
2020-03-21 18:37:53,650 [myid:] - INFO  [main:ZooKeeper@1005] - Initiating client connection, connectString=localhost:21
81 sessionTimeout=30000 watcher=org.apache.zookeeper.ZooKeeperMain$MyWatcher@7de26db8
2020-03-21 18:37:53,653 [myid:] - INFO  [main:X509Util@77] - Setting -D jdk.tls.rejectClientInitiatedRenegotiation=true
to disable client-initiated TLS renegotiation
2020-03-21 18:37:53,801 [myid:] - INFO  [main:ClientCnxnSocket@239] - jute.maxbuffer value is 1048575 Bytes
2020-03-21 18:37:53,806 [myid:] - INFO  [main:ClientCnxn@1703] - zookeeper.request.timeout value is 0. feature enabled=f
alse
Welcome to ZooKeeper!
2020-03-21 18:37:53,810 [myid:localhost:2181] - INFO  [main-SendThread(localhost:2181):ClientCnxn$SendThread@1154] - Ope
ning socket connection to server localhost/0:0:0:0:0:0:0:1:2181.
2020-03-21 18:37:53,810 [myid:localhost:2181] - INFO  [main-SendThread(localhost:2181):ClientCnxn$SendThread@1156] - SAS
L config status: Will not attempt to authenticate using SASL (unknown error)
2020-03-21 18:37:53,811 [myid:localhost:2181] - INFO  [main-SendThread(localhost:2181):ClientCnxn$SendThread@986] - Sock
et connection established, initiating session, client: /0:0:0:0:0:0:0:1:2825, server: localhost/0:0:0:0:0:0:0:1:2181
JLine support is enabled
2020-03-21 18:37:53,816 [myid:localhost:2181] - INFO  [main-SendThread(localhost:2181):ClientCnxn$SendThread@1420] - Ses
sion establishment complete on server localhost/0:0:0:0:0:0:0:1:2181, session id = 0x100016cf8d00001, negotiated timeout
 = 30000

WATCHER::

WatchedEvent state:SyncConnected type:None path:null
[zk: localhost:2181(CONNECTED) 0]
```

图 12.4　交互式命令行客户端 zkCli

12.3.1　设置命令

设置命令是一些与客户端连接、客户端配置、服务器配置相关的命令。各个命令的含义与参数说明如下。

- connect host:port：连接到指定地址、端口的 ZooKeeper 服务器。
- addauth scheme auth：添加认证用户。
  - scheme：认证方案。
  - auth：认证描述，因具体的认证方案不同而不同。详细设置方式见 12.2.6 节。
- config [-c] [-w] [-s]：获取 ZooKeeper 的配置，等价于读取“/zookeeper/config”的信息。
  - -c：只输出当前版本信息和集群设置字符串。
  - -w：对 ZooKeeper 的设置信息增加监听，即对“/zookeeper/config”节点的数据设置监听。
  - -s：获取配置的状态信息。
- reconfig [-s] [-v version] [[-file path] | [-members serverID=host:port1:port2;port3[,...]*]] | [-add serverId=host:port1:port2;port3[,...]]* [-remove serverId[,...]*]：更改 ZooKeeper 的配置信息。
  - -s：同时返回“/zookeeper/config”的状态信息。
  - -v version：只有当前“/zookeeper/config”的数据版本为给定值时，修改才能生效。

  - -file path：使用配置文件来更新配置，并给出配置文件的地址。
  - -members serverID=host:port1:port2;port3[,...]*：重新设置服务器列表。
  - -add serverId=host:port1:port2;port3[,...]：新增加服务器。
  - -remove serverId[,...]*：删除指定的服务器。
- history：获取交互式命令行客户端的操作历史。
- printwatches on|off：设置交互式命令行客户端中是否输出监听事件通知。
- redo cmdno：再次执行对话中的某条历史命令。
  - cmdno：历史命令编号。
- sync path：强制当前连接的 ZooKeeper 服务器与 Leader 服务器同步指定路径的信息。
  - path：要同步信息的路径。
- close：关闭与 ZooKeeper 服务器的连接。
- quit：退出当前的交互式命令行客户端。

12.3.2　znode 操作命令

znode 操作命令包括一些与 znode 的创建、编辑、删除相关的命令，还包括设置 znode 的监听器、限额、权限等。

- create [-s] [-e] [-c] [-t ttl] path [data] [acl]：创建一个 znode。不支持递归创建，必须存在其父 znode 才能创建成功。其中各项参数介绍如下。
  - -s：要创建的节点是序列节点。
  - -e：要创建的节点是临时节点。
  - -c：要创建的节点是容器节点。
  - -t ttl：节点的最长存活时间。
  - path：要创建的节点的路径。
  - data：要创建的节点中包含的数据。
  - acl：节点的访问控制信息。
- delete [-v version] path：删除指定的 znode。不支持递归删除，要删除的 znode 必须没有子 znode 才能删除成功。
  - -v version：只有当前 znode 的数据版本为给定值时，删除操作才能生效。
  - path：要删除的 znode 的路径。
- deleteall path：删除指定路径的节点并递归删除其子 znode，这是 delete 的递归版本。

- get [-s] [-w] path：获取一个 znode 的数据信息。
  - -s：同时返回 znode 的状态信息。
  - -w：同时给该 znode 增加一个数据监听器。
  - path：znode 的路径。
- set [-s] [-v version] path data：设置 znode 的值。
  - -s：同时输出 znode 的状态信息。
  - -v version：只有当前 znode 的数据版本为给定值时，修改才能生效。
  - path：znode 的路径。
  - data：znode 中的数据。
- stat [-w] path：查询指定 znode 的状态。
  - -w：同时给该 znode 增加一个数据监听器。
  - path：znode 的路径。
- getAcl [-s] path：获取一个 znode 的访问控制信息。
  - -s：同时返回 znode 的状态信息。
  - path：znode 的路径。
- ls [-s] [-w] [-R] path：查询某 znode 的子 znode。
  - -s：同时返回 znode 的状态信息。
  - -w：同时设置一个子 znode 监听器。
  - -R：递归查询子 znode 的下级节点。
  - path：znode 的路径。
- removewatches path [-c|-d|-a] [-l]：删除指定 znode 的监听器。
  - -c|-d|-a：分别指删除子 znode 监听器、数据监听器、所有监听器。
  - -l：如果客户端与服务器断开连接，则可以先删除客户端本地的监听器设置。
- setAcl [-s] [-v version] [-R] path acl：修改指定 znode 的访问控制规则。
  - -s：同时输出 znode 的状态。
  - -v version：只有当前 znode 的数据版本为给定值时，修改才能生效。
  - -R：递归修改节点的子 znode。
  - path：znode 的路径。
  - acl：访问控制规则。
- listquota path：查询指定 znode 的限额。
- setquota -n|-b val path：设置指定 znode 的限额。
  - -n|-b val：设置子 znode 数目限额值或者数据字节数限额值。
  - path：znode 的路径。

- delquota [-n|-b] path：删除指定 znode 的限额。
  - -n|-b：要删除的限额的类型，分别指子 znode 数目限额、数据字节数限额。
  - path：znode 的路径。

备注

此外，还有一些被标注为废弃的命令，它们的功能都可以用以上常用命令替代。对于这些要被废弃的命令，我们没有介绍，也不推荐使用。

12.3.3 使用示例

学习完交互式命令行客户端的命令之后，我们可以使用这些命令来访问、修改 ZooKeeper 中的信息。

例如，在下面命令行中，我们先创建了一个 znode，并为其设置监听器。然后，修改 znode 的信息来触发监听器。

```
[zk: localhost:2181(CONNECTED) 4] create /yeecode
Created /yeecode
[zk: localhost:2181(CONNECTED) 5] create /yeecode/top 易哥
Created /yeecode/top
[zk: localhost:2181(CONNECTED) 6] get -w /yeecode/top
易哥
[zk: localhost:2181(CONNECTED) 7] set /yeecode/top yeecode.top

WATCHER::
[
WatchedEvent state:SyncConnected type:NodeDataChanged path:/yeecode/top
zk: localhost:2181(CONNECTED) 8]
```

ZooKeeper 的交互式命令行客户端是 Java 实现的，该客户端定义了一组交互式命令规则，并能够解析、执行这些命令。该客户端源码的主入口为“org.apache.zookeeper.ZooKeeperMain”类的 main 方法。查看 Unix 版本的交互式客户端 zkCli.sh 的源码，可以看到它主要进行了执行环境的设置，然后就调用了“org.apache.zookeeper.ZooKeeperMain”类的 main 方法。

```
ZOOBIN="${BASH_SOURCE-$0}"
ZOOBIN="$(dirname "${ZOOBIN}")"
ZOOBINDIR="$(cd "${ZOOBIN}"; pwd)"

if [ -e "$ZOOBIN/../libexec/zkEnv.sh" ]; then
```

```
  . "$ZOOBINDIR"/../libexec/zkEnv.sh
else
  . "$ZOOBINDIR"/zkEnv.sh
fi

ZOO_LOG_FILE=zookeeper-$USER-cli-$HOSTNAME.log

"$JAVA" "-Dzookeeper.log.dir=${ZOO_LOG_DIR}" "-Dzookeeper.root.logger=
${ZOO_LOG4J_PROP}" "-Dzookeeper.log.file=${ZOO_LOG_FILE}" \
     -cp "$CLASSPATH" $CLIENT_JVMFLAGS $JVMFLAGS \
     org.apache.zookeeper.ZooKeeperMain "$@"
```

在学习很多框架、平台时，阅读其源码能帮助我们准确、高效地了解其使用方法、实现原理，并能够在这个过程中学习到先进的架构知识，提升自己的编程能力。

备注

阅读源码对于提升技术能力大有裨益，但是阅读源码也确实很难。“授人以鱼不如授人以渔”，作者出版了《通用源码阅读指导书》，以真实 MyBatis 源码为例总结了源码阅读的流程和方法，还对 MyBatis 的架构方式、实现技巧等进行了深入的剖析，有助于提升读者的源码阅读能力、编程架构能力。

写作本书时，《通用源码阅读指导书》已备受好评，并已发行繁体版。感兴趣的读者可以阅读，并希望它能在你的源码阅读过程中为你提供帮助，让你多一些收获。

12.4 监听器

ZooKeeper 支持监听器功能。基于监听器，客户端可以在感兴趣的 znode 上设置监听，并在该 znode 发生变动时收到通知。

在这一节中，我们介绍的是设置在 znode 上的监听器，即 znode 监听器，也是最常用的监听器。此外，ZooKeeper 中还存在连接监听器，其特性和 znode 监听器并不完全相同。关于连接监听器，我们将在 12.5.4 节进行介绍。

12.4.1 特性

ZooKeeper 中的监听器有几个重要特性需要注意，我们一一展开介绍。

一次性

ZooKeeper 中的 znode 监听器是一次性的，也就是说只要监听器被触发一次，它就被移除了。

例如，我们使用"getData("/hi", true)"方法（这是 ZooKeeper 的 Java 客户端中提供的方法）在"/hi"上设置一个数据监听器。当第一次修改"/hi"的数据时，ZooKeeper 会发出事件通知。当再次修改"/hi"的数据时，ZooKeeper 就不会再发出通知了。因为在第一次事件触发后，ZooKeeper 已经将"/hi"上的数据监听器移除了。

如果要持续监听一个 znode，则需要在每次事件触发后重新设置一个监听器。并且要注意，在上次监听器被移除和下次监听器被设立之间存在时间差，在这个时间差中我们可能会错过某些事件。

顺序性

事件发生时，ZooKeeper 会给监听该事件的客户端发送通知。但是，通知在到达客户端之前会经历一段时间。这意味着，事件已经发生，但是监听该事件的客户端需要过一段时间后才能收到该通知。

上述情况可能会引发一些问题。例如，客户端 A 设置了一个监听器用来监听"/hi"是否存在。在其他客户端成功删除了"/hi"之后，客户端 A 收到事件通知之前，如果客户端 A 读取"/hi"的数据，那么会发生什么呢？

这种情景的时序图如图 12.5 所示。

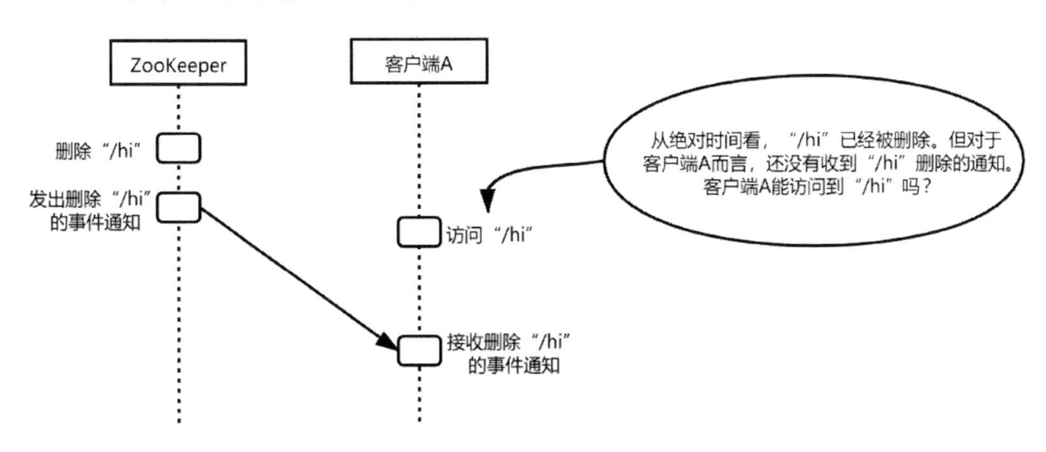

图 12.5　ZooKeeper 的监听通知顺序性示意图

为了避免上述矛盾，ZooKeeper 提供了顺序性保证。

在顺序性保证下，其他客户端成功删除了“/hi”之后，客户端 A 收到事件通知之前，如果客户端 A 读取“/hi”的数据则会正常读到“/hi”的数据。直到客户端 A 收到“/hi”删除的事件通知后，对于客户端 A 而言，“/hi”才是真的被删除了。

分类别

ZooKeeper 中的 znode 监听器是分类别的，它分为数据监听器和子 znode 监听器。

通过“getData”方法和“exists”方法（均为 ZooKeeper 的 Java 客户端中提供的方法）设置的监听器是数据监听器，当目标 znode 的数据发生变动时会触发这类监听器。通过“getChildren”方法（ZooKeeper 的 Java 客户端中提供的方法）设置的是子 znode 监听器，当子 znode 发生增删时会触发这类监听器。

当创建某个新 znode 时，会触发该 znode 正在创建的数据监听器和父 znode 的子 znode 监听器。当删除某个 znode 时，则会触发该 znode 的数据监听器、子监听器，并触发父 znode 的子 znode 监听器。

轻量级

ZooKeeper 中的事件信息是轻量的，仅仅包含连接状态、事件类型、znode 路径三项。例如，当 znode 的数据发生变动时，数据监听器通知中不会包含 znode 数据的值。

这种轻量级的通知方式利于信息的快速抵达，如果客户端需要获取详细信息，则可以在接收到通知后主动拉取。

恢复性

客户端设置的监听器实际保存在客户端中，并在客户端所连接的 ZooKeeper 服务器的对应 znode 上设有标志位。当客户端切换连接的服务器时，客户端连接到的新 ZooKeeper 服务器会立刻恢复该客户端对应的监听标识位。

但是要注意，在客户端与旧 ZooKeeper 服务器断开之后、与新 ZooKeeper 服务器连接之前的这段时间内，如果发生了监听事件，则该事件无法触发监听器的通知。

单线程

ZooKeeper 客户端与服务器建立连接后，会在客户端中建立两个线程。一个是负责命令发送与结果接收的工作线程，另一个是负责接收监听器通知的监听器线程。所有的监听器，包括各个 znode 监听器和连接监听器都工作在监听器线程中。

因此，如果一个事件处理函数的操作时间过长，则会阻塞其他监听器。所以要保证监听器处理函数的简短迅速，防止阻塞监听器线程进而影响其他监听器接收事件通知。

12.4.2　事件通知

设置监听后，当发生指定的事件时，对应的监听器便可以收到事件通知。例如，下面是一条事件通知示例：

```
WatchedEvent state:SyncConnected type:DataWatchRemoved path:/hi
```

其中，主要包含了以下三个内容。

- state：事件发生时的客户端与 ZooKeeper 的连接状态。
- type：事件的具体类型。
- path：事件的发生路径。

通常情况下，事件由 znode 的增删或者 znode 数据的变动引发，此时事件的状态 state 为 SyncConnected，表明客户端和服务端正常连接。

监听通知中的事件类型主要有以下几种。

- NodeCreated：被监听的 znode 被创建。
- NodeDeleted：被监听的 znode 被删除。
- NodeDataChanged：被监听的 znode 中的数据发生变化。
- NodeChildrenChanged：被监听的 znode 的子 znode 发生增删。
- DataWatchRemoved：被监听的 znode 的数据监听器被删除，当调用 removewatches -d 或者 removewatches -a 时触发。
- ChildWatchRemoved：被监听的 znode 的子 znode 监听器被删除，当调用 removewatches -c 或者 removewatches -a 时触发。
- None：没有与 znode 相关的事件，用在连接监听器发出的通知中。

客户端接收到事件后，可以分析事件发生时的连接状态、事件类型、发生路径，然后采取对应的行为。

通过阅读 ZooKeeper 的源码，我们可以了解监听器的实现原理，其具体实现并不复杂。服务端在收到客户端发出的读取指令后，会判断是否需要在当前 znode 处为当前会话增加监听。如果需要，则在该 znode 的监听列表中保存这个会话。当 znode 发生变动时，Zookeeper 只需要给监听列表中保存的所有会话推送该事件通知即可。

12.4.3 交互式命令行客户端中的监听器

当使用 zkCli 客户端连接 ZooKeeper 时，zkCli 客户端会为我们创建一个默认监听器绑定到这个会话上。这个默认的监听器便是 zkCli 客户端中唯一的监听器。

当我们要为某个 znode 设置监听器时，可以在相应的读取指令中设置。

- “get”命令用来获取一个 znode 的数据信息，如果在该命令执行时增加“-w”参数，则会在相应的 znode 上增加一个数据监听器。
- “stat”命令用来查询指定 znode 的状态，如果在该命令执行时增加“-w”参数，则会在相应的 znode 上增加一个数据监听器。
- “ls”命令用来查询某 znode 的子 znode，如果在该命令执行时增加“-w”参数，则会在相应的 znode 上增加一个子 znode 监听器。

当对应的 znode 上发生指定类型的事件时，zkCli 客户端会打印对应的事件信息。例如，在下面的代码中，我们为“/yeecode”设置了一个子 znode 监听器，当在“/yeecode”下新增子 znode 时，便可以收到对应的事件信息。

```
[zk: localhost:2181(CONNECTED) 4] create /yeecode
Created /yeecode
[zk: localhost:2181(CONNECTED) 5] ls -w /yeecode
[]
[zk: localhost:2181(CONNECTED) 6] create /yeecode/top

WATCHER::Created /yeecode/top


WatchedEvent state:SyncConnected type:NodeChildrenChanged path:/yeecode
[zk: localhost:2181(CONNECTED) 7]
```

使用“removewatches path [-c|-d|-a] [-l]”命令可以将指定 znode 上的指定类型的监听器删除。

12.4.4 其他客户端中的监听器

使用其他客户端与 ZooKeeper 连接时，需要传入一个监听器。例如，在 Java 客户端中，ZooKeeper 构造方法中的 Watcher 参数便用来接收该监听器。这里传入的监听器也是此次连接的默认监听器。

```
    public ZooKeeper(String connectString, int sessionTimeout, Watcher
watcher) throws IOException
    {
```

```
        // 省略操作代码
    }
```

如果想在指定 znode 变动时收到通知，则需要在对应的 znode 上设置监听器，具体操作也十分简单。ZooKeeper 的读操作方法，如获取 znode 数据的"getData"方法、获取子 znode 的"getChildren"方法、判断 znode 是否存在的"exists"方法中都包含一个监听器设置选项。在调用这些方法时，我们可以通过监听器设置选项启用默认监听器或者设置一个新监听器。

例如，ZooKeeper 的 Java 客户端中存在方法"public List<String> getChildren(String path, boolean watch)"。如果在调用该方法时，watch 参数的值为 true，则该方法会在读取 path 的子 znode 的同时在 path 处设置子 znode 监听器。具体使用的监听器即客户端与 ZooKeeper 建立连接时传入的默认监听器。

ZooKeeper 的 Java 客户端中还存在方法"public List<String> getChildren(final String path, Watcher watcher)",与上面的方法唯一的不同点在于这里将使用 watcher 参数所指的监听器，而非默认的监听器。这样，客户端中可以存在多个监听器，当事件发生时，只有对应的监听器会收到通知。这种设置方式便于我们用不同的监听器来处理不同的通知。

还有一点要注意，无论创建了多少个监听器，它们都工作在同一个监听器线程中，会互相阻塞。因此，要确保每个监听器的事件处理函数都不包含耗时操作。

12.5 连接与会话

ZooKeeper 服务器启动之后，便可以接收客户端的连接。客户端连接到 ZooKeeper 服务器之后，便可以读取 ZooKeeper 中 znode 的结构和数据。

如果 ZooKeeper 以集群的形式部署，则一个客户端在某个时刻只会连接 ZooKeeper 集群中的一台服务器，而且会根据负载等情况在服务器间进行切换。

在这一节中，我们将了解 ZooKeeper 中连接与会话相关的知识。

12.5.1 连接建立

客户端与 ZooKeeper 建立连接的方式十分简单，以 Java 客户端为例，可以调用下面的方法建立连接。

```
    public  ZooKeeper(String  connectString,  int  sessionTimeout,  Watcher
watcher) throws IOException
    {
        // 省略操作代码
    }
```

其中的三个参数介绍如下。

- connectString：连接字符串。
- sessionTimeout：会话超时时间。
- watcher：监听器。

交互式命令行客户端 zkCli 就是一个典型的 Java 客户端，它在启动后会自动连接“localhost:2181”的服务器，并将 session 过期时间设置为 30000。这段设置可以在 ZooKeeper 的源码中看到，其位于“org.apache.zookeeper.ZooKeeperMain”类中，相关设置代码如下。

```
    public ZooKeeperMain(String[] args) throws IOException,
InterruptedException {
        cl.parseOptions(args);
        System.out.println("Connecting to " + cl.getOption("server"));
        connectToZK(cl.getOption("server"));
    }
    // 省略了大量其他代码

    static class MyCommandOptions {
        public MyCommandOptions() {
            options.put("server", "localhost:2181");
            options.put("timeout", "30000");
        }

        public String getOption(String opt) {
            return options.get(opt);
        }
        // 省略了大量其他代码
    }
```

交互式命令行客户端还会为连接准备一个监听器，其实现如下。

```
    private class MyWatcher implements Watcher {

        public void process(WatchedEvent event) {
            if (getPrintWatches()) {
                ZooKeeperMain.printMessage("WATCHER::");
                ZooKeeperMain.printMessage(event.toString());
            }
```

```
        }
    }
```

可见该监听器的功能就是将接收到的事件通知打印到控制台上。

关于监听器的设置我们已经在 12.4 节进行了介绍。接下来，我们详细介绍连接字符串、会话超时时间这两个参数。

连接字符串

连接字符串中记录了服务器的主机、端口信息，如“127.0.0.1:4545”。

如果 ZooKeeper 以集群方式部署，那么客户端的连接字符串中可以提供多个主机、端口信息，它们之间使用“,”分割即可，如“127.0.0.1:3000,127.0.0.1:3001, 127.0.0.1:3002”。如果提供多个主机、端口信息，那么客户端会从中选择一个可用的服务器连接，而不是同时连接多个服务器。

在 3.2.0 版本之后，可以在主机、端口信息之后增加一个路径信息。该路径将作为此次连接的会话根目录，这类似于 Unix 的“chroot”命令。例如，我们可以使用“127.0.0.1:4545/app/a”与 ZooKeeper 建立连接，则该连接中所有会话的根目录将变为“/app/a”。当使用“get /foo/bar”命令时，实际操作的路径为“/app/a/foo/bar”。这一特性十分适合在多租户集群中使用，每个租户可以设置自身的根目录，避免租户间互相干扰。

会话超时时间

会话超时时间也是建立连接时的一个重要参数，其单位为 ms。

要注意的是，客户端设定的该值并不会被直接采纳。ZooKeeper 服务器会对该值进行调整，将该值限定到滴答时间（tickTime，在 ZooKeeper 的配置文件中设置）的 2 倍到 20 倍之间。ZooKeeper 服务器会回复最终确定的会话超时时间，在客户端中也可以读取到这个会话超时时间。

例如，在“tickTime=2000”的情况下，把客户端将会话超时时间设置为 1000000ms。显然，该值太大了，超过了 tickTime 的 20 倍。设置过程如下所示：

```
    public static void main(String[] args) {
        int expectedSessionTimeout = 1000000;
        try (ZooKeeper zk = new ZooKeeper("127.0.0.1:2181", 1000000, new
ConnectionWatcher())) {
            Thread.sleep(1000);
            System.out.println("--连接建立--");
```

```
            System.out.println("期望会话过期时间为：" + expectedSessionTimeout
+ "ms；协商后的实际会话过期时间为：" + zk.getSessionTimeout() + "ms。");
        }
    }
```

运行程序，会打印出如下结果。

```
--连接建立--
期望会话过期时间为：1000000ms；协商后的实际会话过期时间为：40000ms。
```

这表明 ZooKeeper 最终将会话超时时间定为了 40000ms，即 tickTime 的 20 倍。可见，当客户端设置的超时时间过大时，ZooKeeper 会将其修改为滴答时间的 20 倍。同理，当客户端设置的超时时间过小时，ZooKeeper 会将其修改为滴答时间的 2 倍。

客户端连接 ZooKeeper 服务器后，会以一定时间间隔向 ZooKeeper 服务器发送心跳。如果 ZooKeeper 服务器未接收到客户端的心跳请求超过会话超时时间，则会认为客户端掉线，继而会删除该客户端创建的临时节点，并发送相应的事件通知。

心跳请求一方面帮助 ZooKeeper 服务器判断客户端是否在线，另一方面也帮助客户端判断自己连接的 ZooKeeper 服务器是否正常工作。当客户端发现自己连接的 ZooKeeper 服务器停止工作后，会尝试从连接字符串中找出新的 ZooKeeper 服务器进行连接。因此，心跳的时间间隔比会话超时时间短许多，以便客户端检测到自身连接的 ZooKeeper 服务器停止工作后，有充足的时间寻找和连接新的 ZooKeeper 服务器。

12.5.2 服务器切换

客户端连接 ZooKeeper 服务器时，可以使用一个逗号分隔的主机端口列表，列表中的每一项都代表一个 ZooKeeper 服务器。当客户端连接的服务器宕机时，客户端会尝试从列表中选择其他的 ZooKeeper 服务器连接。

ZooKeeper 服务器集群也会使用负载平衡算法协调各个 ZooKeeper 服务器的连接数，当发现某个 ZooKeeper 服务器连接的客户端过多时，会将这些客户端转移到其他 ZooKeeper 服务器上。这个过程会导致 ZooKeeper 客户端与 ZooKeeper 集群暂时断开。

客户端与 ZooKeeper 建立连接后，ZooKeeper 将为该客户端创建一个 ZooKeeper 会话，会话 ID 为 64 位数字。ZooKeeper 还为这个会话 ID 设置了一个密码，ZooKeeper 集群中的任何一个服务器都可以验证该密码。客户端切换服务器时，它会在握手信息中向新的服务器发送会话 ID 和密码，新服务器可以根据这些信息验证客户端的身份。

12.5.3　会话状态

客户端与 ZooKeeper 服务器建立连接的过程中，会话将处在 CONNECTING 状态。当连接成功后，会话将变为 CONNECTED 状态。

当客户端与 ZooKeeper 集群失联时，对应的会话将会转为 CONNECTING 状态，客户端会重新从连接字符串中搜寻一个可用的 ZooKeeper 服务器进行连接，并在重新连接成功后再次恢复到 CONNECTED 状态。因此，正常情况下，客户端的会话状态为 CONNECTING 或者 CONNECTED。

客户端在连接过程中如果身份验证失败，则连接会变为 AUTH_FAILED 状态；而如果连接超时，或者主动关闭，则连接会转为 CLOSED 状态。

图 12.6 所示为会话状态转换图。

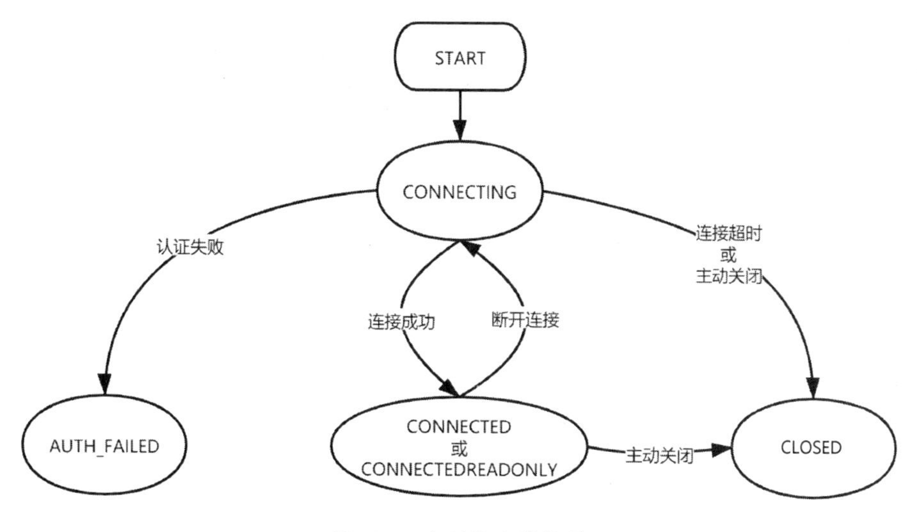

图 12.6　会话状态转换图

图 12.6 中 CONNECTEDREADONLY 和 CONNECTED 类似，也代表了客户端与 ZooKeeper 服务器连接成功。只是当前服务器处在只读状态。

当某个 ZooKeeper 服务器与大多数服务器失联后，它会变为只读状态，此时它只接受声明了只读的客户端前来连接。

由状态转换图可以看出，会话能够自动从 CONNECTING 状态恢复为 CONNECTED 状态。因此当连接监听器接收到会话断开的 Disconnected 通知时，不要重新创建会话（在 Java 客户端中新建 ZooKeeper 对象或者在 C 客户端中重建 ZooKeeper 句柄），而应该等待客户端自动重连。

会话过期是由 ZooKeeper 集群管理的，而不是由客户端管理的。当集群中的服务器在指定的会话超时时间内没有收到来自某客户端的心跳时，将判断该会话过期。当会话过期后，集群将删除该会话拥有的所有临时 znode，并通知所有监听这些 znode 的客户端。

12.5.4 连接监听器

ZooKeeper 除能为 znode 设置监听器外，还为客户端与 ZooKeeper 的连接状态设置了一个监听器，所使用的监听器就是建立客户端连接时传入的默认监听器。

连接监听器不是一次性的，它可以被多次触发。每当连接状态发生变化时，客户端都会收到对应的事件通知。例如，当客户端连接到 ZooKeeper 时，监听器会收到下面的通知，表示与服务器同步成功。

```
    http-nio-12301-exec-1-EventThread watcher:WatchedEvent state:SyncConnected
type:None path:null
```

当客户端与 ZooKeeper 集群断开时，客户端也会收到 Disconnected 通知。要注意的是，当 Disconnected 通知产生时，客户端已经和 ZooKeeper 集群断开，因此这一通知是客户端自己产生的。

假设经过一段时间后，客户端重新连接上了服务器，如果这时没有超过会话超时时间，则客户端会再次收到 SyncConnected 通知，表明连接成功；如果已经超过了会话超时时间，则客户端会收到 Expired 通知，表明会话已经过期。

Disconnected 通知是客户端自己产生的，Expired 通知是客户端重新连接到 ZooKeeper 上后，ZooKeeper 服务器发送给客户端的。

我们可以举一个生活中的例子。我们玩游戏时突然断网了，这时我们内心会想“坏了，断网退出游戏了”，这就是 Disconnected 通知。过了一段时间后，我们连接上了游戏，游戏界面弹出“刚才你中途退出了游戏”，这就是 Expired 通知。

连接监听器给出的状态一共有以下几种。

- SyncConnected：成功连接到 ZooKeeper 集群。
- Disconnected：与 ZooKeeper 集群断开连接。该通知是由客户端自己生成的，而不是由 ZooKeeper 集群发出的。
- AuthFailed：认证失败。
- ConnectedReadOnly：连接到了只读的 ZooKeeper 服务器上。
- SaslAuthenticated：用于通知客户端已通过 SASL 身份验证，客户端可以使用 SASL 授权的权限执行 ZooKeeper 操作。

- Expired：与 ZooKeeper 的会话已经过期。
- Closed：客户端关闭。该通知是由客户端调用关闭命令时自己生成的，而不是由 ZooKeeper 集群发出的。

以上状态要注意和 12.5.3 节所述的会话状态进行区分。会话状态是客户端与 ZooKeeper 集群的会话的状态，而这里是连接监听器给出的通知中的连接状态，这里的状态一部分是由于会话状态改变而引发的，但并不全是。

12.6　集群模式

在生产环境中，ZooKeeper 多以集群的形式对外提供服务，以提高自身的容错性能、并发性能。在这一节，我们将了解 ZooKeeper 集群的安装方法和基本原理。

12.6.1　集群配置与启动

ZooKeeper 集群的安装十分简单，只需要在单机安装的基础上稍加改动即可。

首先，在每台机器的 ZooKeeper 的 dataDir 目录下创建一个 myid 文件（该文件名无后缀），在 myid 文件中写入该台机器 ZooKeeper 的编号，取值 1～125。需要确保不同机器的 ZooKeeper 编号不会重复。

然后，打开配置文件 zoo.cfg，在配置文件的最下方列出所有机器 ZooKeeper 的地址、端口信息。其格式为：

```
server.A=B:C:D
```

- A：表示是第几号服务器，与 myid 文件中设置的编号相对应。
- B：表示该服务器的 IP。
- C：表示该服务器与 Leader 服务器交换信息的端口。
- D：表示该服务器进行选举时的通信端口。

下面展示了集群中某个 ZooKeeper 的 zoo.cfg 文件示例。

```
tickTime=2000
initLimit=10
syncLimit=5
dataDir=D:/ProgramFiles/apache-zookeeper-3.5.7-bin/data
clientPort=12301
server.1= 192.168.31.20:2301:2401
```

```
server.2= 192.168.31.21:2301:2401
server.3= 192.168.31.22:2301:2401
```

要注意的是，在 ZooKeeper 的集群部署中，至少需要三个 ZooKeeper 实例，并且建议实例是奇数个。

当然，如果只有一台机器也可以体验集群的配置，即用伪集群的方式搭建集群。具体有两种方案供大家参考。

- 第一种方案，将 ZooKeeper 的安装文件复制多份，每一份中都有不同的 dataDir 目录和写有这一份 ZooKeeper 编号的 myid 文件，然后分别启动这些安装文件。
- 第二种方案，在 ZooKeeper 的安装文件中复制多个 cfg 文件，每个 cfg 文件的 dataDir 目录设置不同，且每个 dataDir 路径下都有写有不同编号的 myid 文件。然后，通过指定不同 cfg 文件的方式多次启动 ZooKeeper。ZooKeeper 启动时支持接收一个 cfg 文件的地址参数。

无论使用上述哪种方式启动伪集群，都要确保各个 ZooKeeper 实例使用的 clientPort，与 Leader 服务器交换信息的端口、选举时的通信端口不要冲突。

12.6.2 一致性实现

ZooKeeper 支持集群部署，并可以保证整个集群实现顺序一致性。

注意

一种普遍的错误认知是“ZooKeeper 实现的是最终一致性”，但是 ZooKeeper 实现的是顺序一致性，无论是通过 ZooKeeper 的官方文档还是实现原理都可以证实这一点。在 12.6.3 节，我们会给出证明。

为了保证顺序一致性的实现，ZooKeeper 采用了一种名为原子广播（ZooKeeper Atomic Broadcast，ZAB）支持崩溃恢复的算法。整个算法分为广播阶段、选主阶段、恢复阶段。

ZAB 算法和 Raft 算法有些类似，但更容易理解。如果已经学习完 3.6 节中的 Raft 算法，那么下面的内容就十分简单了。

在介绍 ZAB 的实现之前，我们先介绍 ZooKeeper 服务器集群中的角色与状态划分。

角色与状态划分

ZooKeeper 集群中的服务器一共分为以下三种角色。

- Leader：集群中最多只有一个 Leader。集群丧失 Leader 后会立刻开始新 Leader 的选举。它可以处理写请求，也可以处理读请求。
- Follower：集群中可以有多个 Follower。它可以处理读请求，并将写请求转发给 Leader 处理。当集群丧失 Leader 后，它会参与新 Leader 的选举过程。
- Observer：集群中可以有多个 Observer。它可以处理读请求，并将写请求转发给 Leader 处理。它不参与集群的 Leader 选举过程。它的存在是为了提升集群的读请求响应能力。

ZooKeeper 服务器在工作过程中处于以下几种状态之一。

- LOOKING：集群已经丧失 Leader，或者当前服务器与 Leader 失联。这种情况下，Leader 的选举即将或者正在展开。
- FOLLOWING：当前服务器的角色是 Follower，且它与 Leader 保持联系。
- LEADING：当前服务器的角色是 Leader。
- OBSERVING：当前服务器的角色是 Observer。

了解了这些之后，我们介绍 ZAB 算法的实现流程。ZAB 算法一共包括三个阶段：广播阶段、选主阶段、恢复阶段。

广播阶段

当整个集群稳定工作时，集群处在广播阶段。

在这一阶段，集群中存在一个公认的 Leader。Leader 可以处理读请求和写请求，Follower 和 Observer 可以处理读请求，并把写请求转发给 Leader。

Leader 接收到写请求后，会把它当作一个事务处理，并为该事务分配一个递增的事务编号 zxid。zxid 一共有 64 位，其高 32 位记录了 Leader 改变的次数，每次重新选举出新的 Leader，高 32 位都会改变；其低 32 位记录了事务的编号。

Leader 会采用两阶段提交的方式来处理事务，其过程如下：

- Leader 向集群中的 Follower 广播这一事务。
- Follower 接收到 Leader 的事务广播后，执行但不提交事务，并在执行结束后回复 Leader。
- Leader 收到过半数的 Follower 回复（包含自己的一个回复）后，向所有 Follower 广播事务提交。

这样，一个事务就完成了。在这个过程中，Observer 不会参与其中，它只负责尽量从 Leader、Follower 中同步最新的事务，但是不会参与事务的准备、提交等过程。因此在接下来的讨论中，我们可以直接忽略 Observer 的存在。

事务完成后，ZooKeeper 保证了过半数的服务器（指 Leader 和 Follower，忽略 Observer）提交了该事务。

选主阶段

在广播阶段，如果因为 Leader 宕机或者网络问题导致集群分裂，则集群中与 Leader 失联的服务器进入选主阶段，重新选择合适的 Leader。

在选主阶段，默认采用的算法是 Fast-Paxos 算法。下面我们介绍其具体实现流程。

- 进入 LOOKING 状态后，每个 Follower 开始广播自己的 myid 与自己保存的最大的 zxid（最近处理的事务编号）。其含义是要推选自己为 Leader，并给出了自己保存的最大 zxid。
- 每个 Follower 也会收到其他 Follower 的广播。它会改选持有最大 zxid 的服务器（如果 zxid 相同，则选择 myid 较大的服务器）为 Leader，并广播自己更新后的投票。
- 最终投票可能进行多轮，以最后一轮的数据为准。统计所有投票，最终得票过半数的 Follower 被推选为 Leader。

可见，经过选举后，新的 Leader 持有最大的 zxid，这就意味着它保存的事务是最新的。这时，进入恢复阶段。

以上选主流程中，有几点需要说明。

首先，ZooKeeper 中不会出现脑裂。新 Leader 需要获得全部服务器过半数以上支持，如果 ZooKeeper 网络一分为二，则一分为二的两个集群中总有一个集群的服务器数目少于或者等于半数，这个集群是无法选举出新 Leader 的。

其次，凡是旧 Leader 提交过的数据不会因为选举的发生而丢失。因为，只要是旧 Leader 提交过的数据就已经保存在了过半数的服务器上，而在新 Leader 的选举中要求新 Leader 获得过半数的支持，必定有服务器保存了这个 zxid。

恢复阶段

选主阶段产生了新的 Leader 后，就要进入恢复阶段来同步各个服务器的状态。

每个 Follower 会向新 Leader 发送自己保存的最大的 zxid 值，这代表了该 Follower

自身的状态进度。如果该状态进度小于 Leader，那么 Leader 会将最新的状态进度同步给这个 Follower。

经过这样的同步，集群中各个服务器的状态都达到最新。这时集群便完成了恢复，开始转入广播阶段。

12.6.3　一致性级别讨论

经过对 ZooKeeper 中 ZAB 算法的学习，我们已经了解了 ZooKeeper 集群的具体工作过程。接下来，我们讨论 ZooKeeper 集群基于以上工作过程会达到何种一致性级别，并给出证明。

讨论这种问题时，我们可以采用假设法。假设 ZooKeeper 满足某个一致性级别，然后证明这一点。如果证明成功了，则尝试证明 ZooKeeper 是否满足更高的一级；如果证明失败了，则尝试证明 ZooKeeper 是否满足更低的一级。最终，可以找出 ZooKeeper 满足的一致性级别。

我们假设 ZooKeeper 满足顺序一致性，然后看能否证明这一点。

这时，我们列出第 2 章中的顺序一致性的两个约束。

- 单个节点的所有事件在全局事件历史上符合程序的先后顺序。
- 全局事件历史在各个节点上一致。

只要我们在 ZooKeeper 集群中找出一个符合上述约束的全局事件历史，便证明了 ZooKeeper 集群满足顺序一致性。

ZooKeeper 接收外界读写请求的阶段为广播阶段，其他阶段则在处理内部竞选问题，不涉及一致性。因此，我们聚焦讨论广播阶段。

在广播阶段，只有 Leader 处理写请求，并且会给每个变更分配一个递增的编号 zxid。zxid 给出的顺序就是全局写事件的顺序。可见，写操作是全局串行执行的，一定满足线性一致性。

在广播阶段，各个节点都会处理读请求。读请求不会被分配 zxid，而是会被每个节点分别处理。要理解，这些读事件在节点间是独立且不存在关联的（即从两个节点上读取同一个变量的值，这是两个独立的事件，在全局事件历史上无先后顺序要求），只在节点内部才有关联（即从一个节点上读取同一个变量的值，这两个事件在全局事件历史上的先后顺序要和在节点上的先后顺序一致）。那么，我们可以以节点为单位，将每个节点上的读事件逐一排放在 zxid 给出的全局写事件历史的时间轴上，而完全不用顾忌不同节点间读事件的先后。这样，一定能够给出一个符合顺序一致性约束的包含读写的全局事件历史，即证明 ZooKeeper 的读写操作满足顺序一致性。

上述这段话十分拗口，也不便理解。我们接下来举例说明。

假设存在图 12.7 所示的事件历史，最上面为全局写事件历史，各个事件的顺序由 zxid 标定；下面分别是 ZooKeeper 的两个节点 node01 和 node02 上的读事件历史。

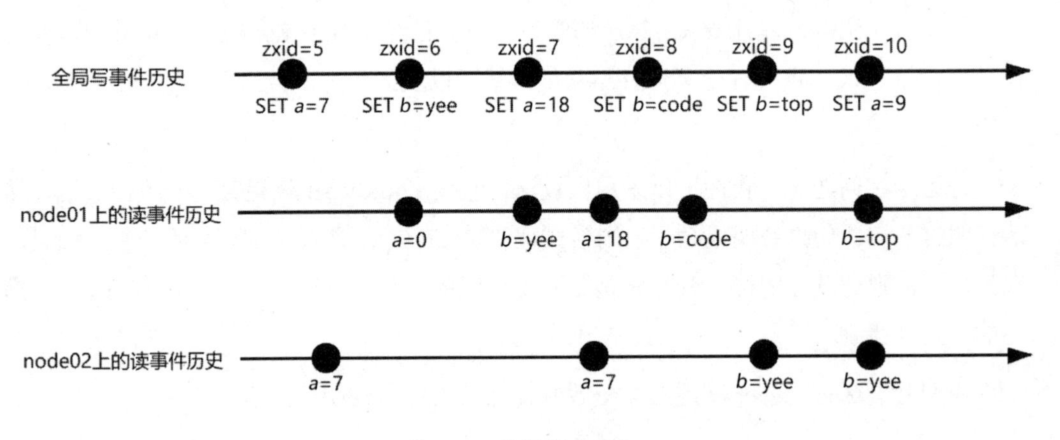

图 12.7　读写事件历史

首先，我们要理解各个节点上的读事件的历史是自洽的。以图 12.7 展现的这一小段历史为例，如果 node01 在某次读到了"*b*=code"，则接下来它一定不会读到"*b*=yee"。因为读到"*b*=code"表明 node01 至少已经同步到了"zxid=8"的事件，不可能回退到更早的状态。这一点，ZAB 算法会保证任何节点都不会丢失已经同步的状态。

接下来，我们可以将 node01 的读事件历史映射到全局写事件历史上。我们使用虚线表示映射，如图 12.8 所示。在这个过程中，各个事件在节点内部是有关联的，因此，各个读事件在 node01 上的顺序要和在全局写事件历史上的顺序一致，在图上的表现就是虚线不会出现交叉。显然我们至少可以找到一组合理的映射，图 12.8 就给出了满足条件的一组。

然后，将 node02 的读事件历史映射到全局写事件历史上，我们使用点画线表示映射，如图 12.9 所示。同样，点画线不能出现交叉。但是，不同节点上的读事件是不存在关联的，因此点画线和虚线可以随意交叉。显然，我们至少可以找到一组合理的映射，图 12.9 就给出了满足条件的一组。

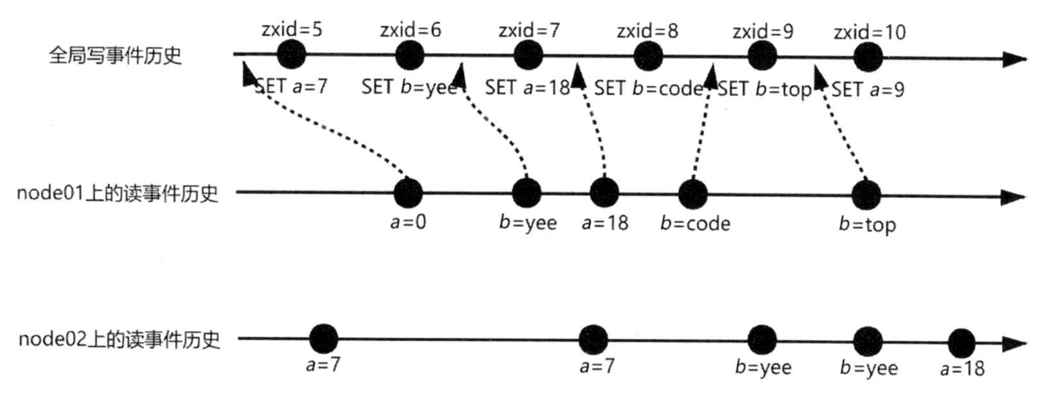

图 12.8 将 node01 的读事件历史映射到全局写事件历史

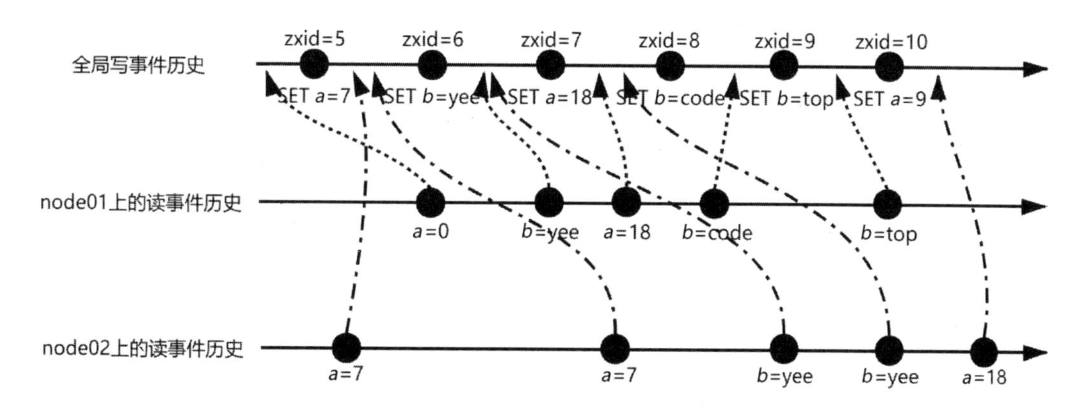

图 12.9 将 node02 的读事件历史映射到全局写事件历史

如果有更多节点，那么，我们可以把它们的读事件都映射到全局写事件历史上。因为节点间的事件是不存在关联的，所以节点间的映射线可以随意交叉。这意味着，我们在映射某个节点的读事件时，不会受到前面已经映射完成的节点的制约。因此，这个映射工作是肯定可以完成的。

最终，我们就将所有的读事件都映射到了全局写事件历史上，进而得到了一个完整的包含读、写的全局事件历史。下面我们校验该全局事件历史是否满足顺序一致性的两个约束。

- 单个节点的所有事件在全局事件历史上符合程序的先后顺序。这一点是满足的，因为同一节点的读事件映射到全局写事件历史上时没有交叉，因此单个节点上的事件历史和全局事件历史上的事件先后顺序一致。
- 全局事件历史在各个节点上一致。这一点是满足的，所有节点有一个相同的全局事件历史，就是我们通过映射得到的包含读、写的全局事件历史。

可见，ZooKeeper 确实能够实现顺序一致性。

备注

到这里，我们已经证明 ZooKeeper 集群中的节点能实现顺序一致性。

但还需要一个条件，才能让连接到 ZooKeeper 集群的客户端读到完全满足顺序一致性的结果。这个条件是：客户端中途不能切换自身连接的 ZooKeeper 服务器节点。

如果某个客户端先连接了 node01，读取到了“*b*=code”，然后与 node01 断开又连接了 node02，则可能会读取到“*b*=yee”。这时，对于该客户端而言，ZooKeeper 不满足顺序一致性。

不过这种情况的发生概率很低，通常可以忽略。

既然 ZooKeeper 能够实现顺序一致性，我们就要讨论它是不是也满足了线性一致性。

线性一致性在顺序一致性的基础上增加了一个约束：

- 如果事件 A 的开始时间晚于事件 B 的结束时间，则在全局事件历史中，事件 B 在事件 A 之前。

从这一个约束出发，综合考虑读事件和写事件，便可以证明 ZooKeeper 不满足线性一致性。这里的证明过程留给读者自行思考。

提示

线性一致性要求节点间事件满足全局先后顺序的约束，这就要求分布式系统必须协调出一个全局同步的时钟。显然，ZooKeeper 通过 zxid 为写操作协调出了一个全局同步的时钟，以此对写操作进行先后顺序的区分。

可是，有全局时钟来区分读操作的先后顺序吗？有全局时钟来区分读操作和写操作之间的先后顺序吗？

你是不是已经有了思路？那你能举出一个反例来证明 ZooKeeper 不满足线性一致性吗？

我们在论证 ZooKeeper 满足顺序一致性时，说节点间的映射线可以随意交叉。线性一致性能允许这种交叉存在吗？

当然，ZooKeeper 也能支持顺序一致性，不过要使用 ZooKeeper 内置的事务功能。频繁使用事务会影响 ZooKeeper 的并发性能。

备注

对 ZooKeeper 的一个误解是“ZooKeeper 是一个最终一致性系统”。虽然，ZooKeeper 的官方文档中已经明确说明 ZooKeeper 满足顺序一致性，而且在上文中，我们也进行了证明。但还是有必要思考下为什么会造成这种普遍的错误认知。

存在这种错误认知的原因是当 ZooKeeper 遇到网络故障等时，确实会表现出最终一致性的特点，即大多数节点正常工作，少数节点的状态不能更新。当网络故障消除后，少数节点才会恢复到最新的状态。

显然，按照这种说法，ZooKeeper 满足最终一致性。

其实，ZooKeeper 确实满足最终一致性，但这并不代表它只满足最终一致性。

这就像“三角形中有两个角”的说法。严格来看，这个说法没有错误，毕竟从三角形中一定可以找出两个角。但这个说法也不那么正确，很容易造成误导。正确的说法是“三角形有三个角”。

事实上，即便是出现了网络故障，ZooKeeper 也满足顺序一致性。因为仍然能够找到符合顺序一致性约束的全局事件历史。

在分布式领域，很多大家习以为常的结论未必正确，如“Paxos 是一个完备的一致性算法”“ZooKeeper 是一个最终一致性系统”“事务满足 ACID，那么分布式事务一定满足强一致性”……这样的混淆有很多，这正是大家学习分布式系统时感到混乱的原因，也正是我写作本书的动力。我想通过本书，帮大家在分布式系统领域建立体系化的认知。

同样，为了能让大家掌握体系化的架构方法，我编写了《高性能架构之道》一书；为了能让大家掌握阅读源码的技巧，我编写了《通用源码阅读指导书》一书。每一本书，我都尽量深入浅出，让大家读得更顺畅一点、收获更多一点。

但是，诚然，理论难免艰深，实践难免枯燥，源码难免晦涩。但也正是这艰深、枯燥、晦涩，带来了我们的成长与进步。

12.7 应用示例

在这一节中，我们基于 ZooKeeper 提供的 Java 连接组件搭建一个最为简单的 ZooKeeper 使用示例，以便于让大家更为清晰地了解 ZooKeeper 的使用。

依赖引入

在 Maven 中引入 ZooKeeper 的客户端依赖包，整个 POM 文件如下所示。

```
    <?xml version="1.0" encoding="UTF-8"?>
    <project xmlns="http://maven.apache.org/POM/4.0.0" xmlns:xsi="http://
www.w3.org/2001/XMLSchema-instance"
        xsi:schemaLocation="http://maven.apache.org/POM/4.0.0
https://maven.apache.org/xsd/maven-4.0.0.xsd">
        <modelVersion>4.0.0</modelVersion>
        <groupId>com.github.yeecode</groupId>
        <artifactId>easyzk</artifactId>
        <version>0.0.1-SNAPSHOT</version>
        <name>EasyZK</name>
        <description>Demo project for ZooKeeper</description>
        <properties>
            <java.version>1.8</java.version>
        </properties>
        <dependencies>
            <dependency>
                <groupId>org.apache.zookeeper</groupId>
                <artifactId>zookeeper</artifactId>
                <version>3.6.0</version>
            </dependency>
        </dependencies>
    </project>
```

创建监听器

在 Java 中，继承 ZooKeeper 提供的“org.apache.zookeeper.Watcher”接口，并实现其中的 process 方法便可以创建监听器。

下面的连接监听器会在接收到连接通知时，打印通知信息和当前监听器所在线程的名称。

```
    package com.github.yeecode.easyzk;

    import org.apache.zookeeper.WatchedEvent;
    import org.apache.zookeeper.Watcher;

    public class ConnectionWatcher implements Watcher {
        @Override
        public void process(WatchedEvent event) {
            System.out.println("--连接事件--");
            System.out.println(this.getClass().getSimpleName() + "接收到事件：
" + event.toString());
            System.out.println(this.getClass().getSimpleName() + "所在线程："
+ Thread.currentThread().getName());
        }
    }
```

编写一个znode监听器，它会在接收到znode通知时打印通知信息和当前监听器所在线程的名称。此外，该监听器还会根据通知的类型获取目标 znode 的数据或者目标znode的子znode信息，并重新在目标znode上设置监听。

```
    package com.github.yeecode.easyzk;

    import org.apache.zookeeper.WatchedEvent;
    import org.apache.zookeeper.Watcher;
    import org.apache.zookeeper.ZooKeeper;

    public class ZnodeWatcher implements Watcher {
        private ZooKeeper zk;

        public ZnodeWatcher(ZooKeeper zk) {
            this.zk = zk;
        }

        @Override
        public void process(WatchedEvent event) {
            System.out.println("--znode事件--");
            System.out.println(this.getClass().getSimpleName() + "接收到事件：
" + event.toString());
            System.out.println(this.getClass().getSimpleName() + "所在线程："
+ Thread.currentThread().getName());
            try {
                Event.EventType eventType = event.getType();
```

```
            if (eventType.equals(Event.EventType.NodeDataChanged)) {
                // 拉取目标 znode 的数据信息并重新设置监听
                System.out.println("目标 znode 的数据: " + new String(zk.
getData(event.getPath(), this, null)));
            } else if (eventType.equals(Event.EventType.
NodeChildrenChanged)) {
                // 拉取目标 znode 的子 znode 信息并重新设置监听
                System.out.println("目标 znode 的子 znode:" + zk.getChildren
(event.getPath(), this));
            }
        } catch (Exception ex) {
            ex.printStackTrace();
        }
    }
}
```

主流程编写

接下来，我们编写主流程函数。

在主流程中，令客户端与 ZooKeeper 服务器建立连接，然后创建一个 znode 为“/yeecode”，并为该 znode 设置数据监听器和子 znode 监听器。

然后，修改“/yeecode”的数据和子 znode，从而触发相关的监听器。整个代码如下所示。

```
package com.github.yeecode.easyzk;

import org.apache.zookeeper.CreateMode;
import org.apache.zookeeper.KeeperException;
import org.apache.zookeeper.ZooDefs;
import org.apache.zookeeper.ZooKeeper;
import org.apache.zookeeper.data.Stat;

public class EasyZKApplication {
    public static void main(String[] args) {
        int expectedSessionTimeout = 1000000;
        try (ZooKeeper zk = new ZooKeeper("127.0.0.1:2181",
expectedSessionTimeout, new ConnectionWatcher())) {
            Thread.sleep(1000);
            System.out.println("--连接建立--");
            System.out.println("所在线程: " + Thread.currentThread().
getName());
            System.out.println("期望会话过期时间为: " + expectedSessionTimeout
```

```
+ "ms；协商后的实际会话过期时间为：" + zk.getSessionTimeout() + "ms。");
                // 延时是为了等待事件监听线程打印结束，防止两个线程的信息混在一起
                Thread.sleep(1000);
                System.out.println("--创建 znode /yeecode 并监听该 znode--");
                zk.create("/yeecode", "Hello World".getBytes(), ZooDefs.Ids.
OPEN_ACL_UNSAFE, CreateMode.PERSISTENT);
                ZnodeWatcher znodeWatcher = new ZnodeWatcher(zk);
                System.out.println("znode /yeecode 的子 znode：" + zk.getChildren
("/yeecode", znodeWatcher));
                System.out.println("znode /yeecode 的值：" + new String(zk.
getData("/yeecode", znodeWatcher, new Stat())));
                Thread.sleep(1000);
                System.out.println("--创建 znode /yeecode 的子 znode");
                zk.create("/yeecode/top", "yeecode.top".getBytes(), ZooDefs.
Ids.OPEN_ACL_UNSAFE, CreateMode.PERSISTENT);
                Thread.sleep(1000);
                System.out.println("--修改/yeecode 的值--");
                zk.setData("/yeecode", "易哥".getBytes("UTF-8"), -1);
                // 延时是为了防止主程序退出，这样事件监听线程可以继续运行
                Thread.sleep(1000000);
            } catch (Exception ex) {
                ex.printStackTrace();
            }
        }
    }
```

最终，我们可以在工作台上看到如下所示的输出。

```
    --连接事件--
    ConnectionWatcher 接收到事件：WatchedEvent state:SyncConnected type:None
path:null
    ConnectionWatcher 所在线程：main-EventThread
    --连接建立--
    所在线程：main
    期望会话过期时间为：1000000ms；协商后的实际会话过期时间为：40000ms。
    --创建 znode /yeecode 并监听该 znode--
    znode /yeecode 的子 znode：[]
    znode /yeecode 的值：Hello World
    --创建 znode /yeecode 的子 znode
    --znode 事件--
    ZnodeWatcher 接收到事件：WatchedEvent state:SyncConnected type:
NodeChildrenChanged path:/yeecode
    ZnodeWatcher 所在线程：main-EventThread
    目标 znode 的子 znode：[top]
    --修改/yeecode 的值--
```

```
    --znode 事件--
    ZnodeWatcher 接收到事件：WatchedEvent state:SyncConnected type:
NodeDataChanged path:/yeecode
    ZnodeWatcher 所在线程：main-EventThread
    目标 znode 的数据：易哥
```

这个示例虽然简单，但已经覆盖了 ZooKeeper 的常见操作。在实际使用中，我们可以根据需求继续扩展。

12.8 应用场景

ZooKeeper 的数据模型十分简单，使用也不复杂。但是，基于 ZooKeeper 可以完成众多的分布式协调操作，其根本原因是：**ZooKeeper 将分布式系统节点间复杂的分布式一致性问题转移到了 ZooKeeper 内部并解决。**

在不使用 ZooKeeper 时，分布式系统的结构如图 12.10 所示。此时，各个节点之间要想保证一致性，便要处理复杂的一致性问题，需要涉及前面章节介绍的一致性算法、共识算法、分布式约束等知识。

使用 ZooKeeper 以后，各个节点可以直接连接到 ZooKeeper 集群上。ZooKeeper 集群会自动分配各个节点的连接，并保证各个节点访问到的信息的一致性。整个结构如图 12.11 所示，此时分布式系统像是一个共享信息池的集群系统，大大地降低了分布式系统的实现成本，也提升了系统的可靠性。

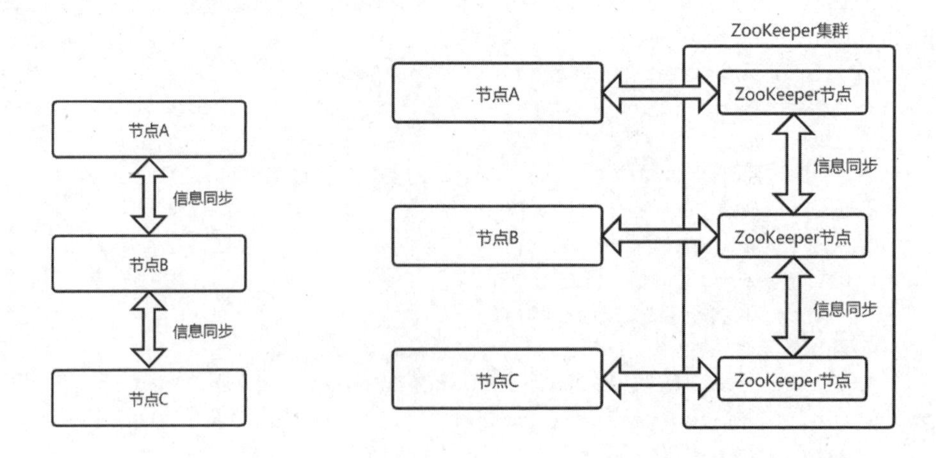

图 12.10　不使用 ZooKeeper 的分布式系统结构　　图 12.11　使用 ZooKeeper 的分布式系统结构

12.8.1　节点命名

在分布式集群中，各运行节点可能是同质的，即每个节点上运行的程序完全一样。这时候为每个节点设置唯一性标识成了各个节点进行交流、通信的基础。

为分布式集群中的各个节点赋予各不相同名称的过程常被称为节点命名，基于ZooKeeper便可以实现。

例如，我们在ZooKeeper中创建一个znode 为“/name”。分布式集群中的节点启动后，都去“/name”下创建一个有序的子znode，得到的子znode的名称就可以作为该节点的名称。

简化版的节点命名功能实现代码如下所示。

```
    /**
     * 节点全局命名函数
     *
     * @param zk 要使用的zk连接
     * @param namePrefix 要使用的名称的前缀
     * @return 当前节点注册得到的名称
     * @throws Exception 抛出异常
     */
    private static String naming(ZooKeeper zk, String namePrefix) throws
Exception {
        Stat nameStat = zk.exists("/name", false);
        if (nameStat == null) {
            zk.create("/name", null, ZooDefs.Ids.OPEN_ACL_UNSAFE, CreateMode.
PERSISTENT);
        }

        String nodePath = zk.create("/name/" + namePrefix, null, ZooDefs.
Ids.OPEN_ACL_UNSAFE, CreateMode.EPHEMERAL_SEQUENTIAL);
        return nodePath.split("/")[2];
    }
```

假设传入的namePrefix变量为“orderService”，则该命名方法将返回类似“orderService0000000023”形式的名称，该名称是全局唯一的，可以作为分布式集群中节点的名称使用。

节点命名的实现主要基于ZooKeeper的全局有序性这一特性。所有客户端针对ZooKeeper的操作都是全局有序性的，因此在“/name”目录下，不会创建出同名的znode。

12.8.2 服务发现

服务发现是指当业务集群中一个服务提供方节点上线或者下线时，应该被调用方感知到。

服务发现功能可以使用 ZooKeeper 实现。可以在 ZooKeeper 上设立一个 znode，如“/service”。然后在其中以各个服务名创建子 znode，如“/service/UserService”。当对应服务的节点上线时，可以在对应的服务 znode 下创建自身的 znode，如“/service/UserService/node0000000001”，该 znode 是临时的、有序的，而该 znode 中存储的数据即该服务节点的对外服务地址。

服务调用方可以监听自身感兴趣的服务路径，如“/service/UserService”。当该路径下的子 znode 发生变动时，服务调用方可以及时通过通知得知变动。服务发现示例如图 12.12 所示。

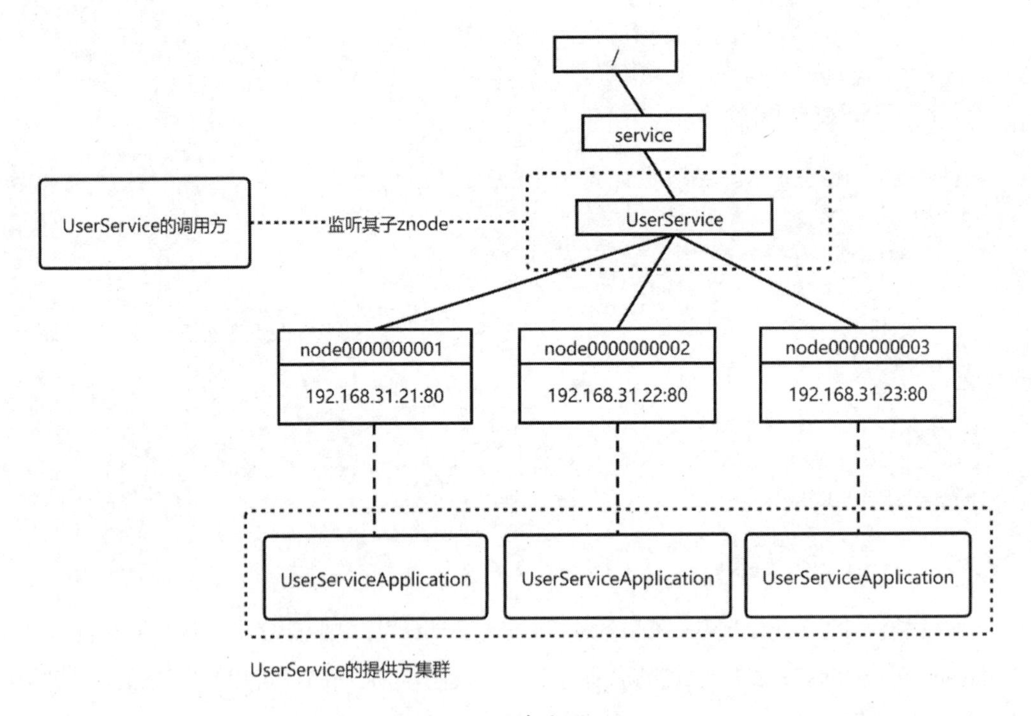

图 12.12 服务发现示例

服务发现功能使用了 ZooKeeper 的临时 znode 功能，从而将服务提供方节点的存在与否映射到了 ZooKeeper 的 znode 的结构上。服务发现功能也使用了 ZooKeeper 的通知功能，从而使得服务调用方能够及时感知服务提供方节点的变化。

12.8.3　应用配置

在分布式系统中，可能存在一些针对所有节点的配置信息。例如，外部服务的地址、降级等级配置等。

这些信息可以放置在一个统一的数据源中供各个节点以一定的频率查询，但这样会使配置信息的更新存在滞后。因此，还需要开发一个推送模块，当配置信息发生变动时，将最新的配置推送到各个节点上，但这又要求推送模块掌握所有节点的地址信息。

ZooKeeper 可以帮助我们方便地完成上述应用配置工作。业务应用中各个节点只需要在存放配置信息的 znode 上设置监听。当需要修改配置时，直接修改 znode 上的数据即可。这样，各个业务应用节点都会收到通知，然后便可以拉取最新的配置信息。

业务应用中的节点还可以分组在不同的 znode 上设置监听，从而以组为单位使用不同的配置。

12.8.4　分布式锁

我们可以基于 ZooKeeper 实现分布式锁。

ZooKeeper 不允许一个 znode 下出现同名的子 znode，并且，ZooKeeper 可以保证操作的全局有序性。基于以上两点可以实现分布式锁。

业务应用的各个节点可以到同一目录下创建一个同名 znode，最终只能有一个节点创建成功。哪个节点成功创建了这个 znode，哪个节点便获取了分布式锁。

例如，我们可以设置一个名为“/lock”的 znode，用于存放所有的锁。假设有一个整理 FTP 中文件夹的操作只能由业务集群中的一个节点进行，这时，各个业务节点可以尝试创建名为“/lock/organizeFtpFolders”的 znode，即调用下面的 setLock 方法，传入的 lockKey 参数为“organizeFtpFolders”。

```
/**
 * 获取锁
 *
 * @param zk      要使用的 zk 连接
 * @param lockKey 要获取的锁的名称
 * @return 是否获取成功
 * @throws Exception
 */
```

```
    private static boolean setLock(ZooKeeper zk, String lockKey) throws
Exception {
        Stat nameStat = zk.exists("/lock", false);
        if (nameStat == null) {
            zk.create("/lock", null, ZooDefs.Ids.OPEN_ACL_UNSAFE, CreateMode.
PERSISTENT);
        }

        String taskKeyPath = "/lock/" + lockKey;
        Stat taskKeyStat = zk.exists(taskKeyPath, false);
        if (taskKeyStat == null) {
            try {
                zk.create(taskKeyPath,  null,  ZooDefs.Ids.OPEN_ACL_UNSAFE,
CreateMode.EPHEMERAL);
            } catch (KeeperException.NodeExistsException ex) {
                return false;
            }
            return true;
        } else {
            return false;
        }
    }
```

最终，多个业务节点中只能有一个节点创建名为“/lock/organizeFtpFolders”的 znode 成功，其调用的 setLock 方法返回 true，这意味着它获取到了锁，可以展开整理 FTP 文件夹的操作。而其他节点调用 setLock 方法返回 false，即获取锁失败。

因为锁对应的 znode 是短暂性的 znode，当获取锁的业务节点与 ZooKeeper 集群断开时会自动释放锁。业务节点也可以在任务结束后调用下面的方法主动释放锁。

```
    /**
     * 释放锁
     *
     * @param zk      要使用的 zk 连接
     * @param lockKey 要释放的锁的名称
     * @throws Exception
     */
    private static void releaseLock(ZooKeeper zk, String lockKey) throws
Exception {
        Stat nameStat = zk.exists("/lock", false);
        if (nameStat == null) {
            return;
        }
```

```
    String taskKeyPath = "/lock/" + lockKey;
    Stat taskKeyStat = zk.exists(taskKeyPath, false);
    if (taskKeyStat != null) {
        zk.delete(taskKeyPath, -1);
    }
}
```

ZooKeeper 能保证变更操作全局有序，且不允许出现同名 znode，这使得我们可以将特定的 znode 作为锁来使用。而 ZooKeeper 为 znode 提供的短暂特性又使得 ZooKeeper 能在锁的持有者掉线后及时释放锁。当然，我们也可以使用 znode 的 TTL 特性，创建具有一定存活时间的锁。可见，ZooKeeper 为分布式锁的创建提供了极大的便利。

12.9 本章小结

分布式协调中间件整合了分布式系统需要的大量基础服务，如共识服务、分布式一致性服务等。ZooKeeper 就是一个出色的分布式协调中间件。

在本章中，我们先简要介绍了 ZooKeeper 的安装和使用。然后详细介绍了 ZooKeeper 的数据模型，包括数据模型的树状结构，也包括树状结构中的节点 znode，并详细介绍了 znode 的数据、状态、特性、限额、权限等知识。

之后，我们介绍了 ZooKeeper 的交互式命令行客户端，并给出了客户端支持的各类命令。还通过示例展示了交互式命令行客户端的使用方法。这部分内容可以作为手册供大家在使用交互式命令行客户端时查询。

12.4 节详细介绍了 ZooKeeper 的 znode 监听器。znode 监听器具有一次性、顺序性、分类别、轻量级、恢复性、单线程的特点。当监听器被触发时，ZooKeeper 会向相应的客户端发送事件通知。也介绍了事件通知中各项内容的含义，并通过示例对监听器的使用进行了介绍。

12.5 节详细介绍了 ZooKeeper 的连接与会话，包括连接的建立过程、服务器的切换过程，并总结了上述过程中的会话状态转移逻辑。然后，我们介绍了一类特殊的监听器——连接监听器，并进一步分析了连接监听器的各种状态。

12.6 节详细介绍了 ZooKeeper 的集群安装方法，并从算法角度分析了 ZooKeeper 如何实现集群内各个节点的顺序一致性。

12.7 节和 12.8 节分别介绍了 ZooKeeper 的使用方法和典型使用场景。以帮助大家快速上手 ZooKeeper，并用 ZooKeeper 解决一些分布式系统中遇到的实际问题。

ZooKeeper 是分布式系统中一个十分重要的中间件，了解它的工作原理和使用方法将帮助我们快速搭建出一套成熟可靠的分布式系统。本章便是对 ZooKeeper 的全面介绍。

总结篇

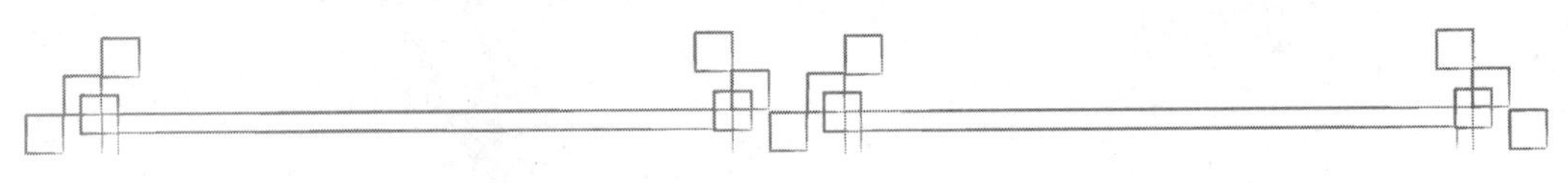

第 13 章　再论分布式系统

本章主要内容

◇　分布式与一致性的关系

◇　本书中各知识点的层次关系

◇　总结与展望

分布式系统涉及的内容众多，很容易让大家感到混乱。本章将在前面各个章节的基础上，对相关知识进行汇总整理，帮助大家建立一个完整的知识体系。

13.1　分布式与一致性

一个应用诞生之后，会不断迭代发展，并在这个过程中逐渐变得庞大起来。这里的庞大指两个方面：一个是功能上，它包含的业务逻辑越来越多；另一个是性能上，它要服务的用户越来越多。

功能的增加会带来开发维护上的困难，性能的提升则需要更强大的硬件资源的支撑。可是开发维护能力和硬件资源都是有上限的，当应用变得足够庞大时，拆分就成了必然。只有拆分，才能将功能、性能的压力分散开来，于是单体应用就演变成了集群应用、狭义分布式应用、微服务应用等各种结构形式。

图 13.1 所示为应用的结构形式。

在图 13.1 展示的应用结构形式中，信息一致的节点集群、狭义分布式应用、微服务应用统称为分布式应用。因为**这些应用中的各节点使用多个一致的信息池**。即整个系统中包含多个信息池，每个信息池可以独立提供数据读写能力，但它们又要一致地变更。

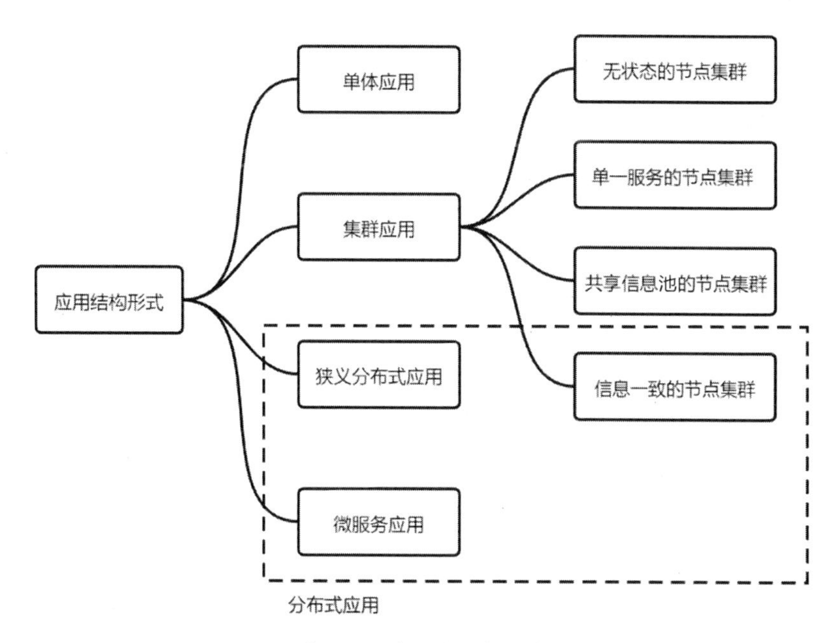

图 13.1　应用的结构形式

一致地变更是说当集群中某个节点上发生变更并经过一定时间后，能够从应用中的每一个节点上读取到这个变更。这其实就要求集群满足一致性。

因此，**应用节点使用多个一致的信息池的另一种表述是：应用需要面临分布式一致性问题。**

究其根源，分布式一致性问题的产生来源于下面的矛盾。

我们把单体应用拆分为分布式应用是为了分散功能和性能。但是在拆分之后，我们又想让整个分布式应用像一个单体应用般对外提供服务。**我们想要分散功能和性能但不想分散服务，这就是分布式系统面临的矛盾。**为了解决这个矛盾，我们在分布式系统中追求一致性，也就是要解决分布式一致性问题。

追求一致性并不是说放弃其他所有而只要求一致性，我们是想在不丢失分布式系统的分区容错性、可用性的基础上追求一致性。但是，CAP 定理直接阐明了在分布式系统中同时实现分区容错性、可用性、一致性是不可能的。

BASE 定理提出了一种可行的思路。于是，我们在 BASE 定理的指引下构建了分布式系统。

然而这一切并不容易。架构和实现一套分布式系统需要我们在理论层面厘清相关概念，需要我们在实践层面实现相关功能，需要我们在工程层面掌握相关中间件。这正是本书的主要内容。

13.2 本书脉络

除去本章所属的汇总篇，本书一共分为三篇：理论篇、实践篇、工程篇。

理论篇介绍分布式系统的相关理论知识，是实践篇、工程篇的基础。理解透彻这些理论能够让我们在实践和工程中时刻知道自己正在用什么方法解决什么问题，避免陷入迷茫与混乱。

实践篇基于理论知识实现分布式系统所需要的各项功能，是理论知识的落地。工程篇中介绍的分布式中间件也是由这些实践项目进一步完善和发展而来的。很多时候遇到一些不方便使用中间件达成或者中间件尚未提供的功能时，都需要我们运用实践篇的内容来实现。

工程篇介绍了一些成熟的分布式中间件。这些中间件功能强大、运行可靠、使用方便，可以直接应用在工程项目中。熟练掌握这些中间件将使我们的工程开发工作事半功倍。

13.2.1 理论篇

理论篇包含分布式概述、一致性、共识、分布式约束等内容。该篇章在理论层面向大家阐明了如下三个问题。

第一个问题，什么是分布式系统？“分布式系统”是一个被广泛使用的词语，辨别一个系统是不是分布式系统，是探讨后续问题的基础。该部分从软件系统由总到分的发展历史讲起，总结了软件系统的各结构形式，最终给出了判断分布式系统的标准：应用节点是否使用多个一致的信息池。这些内容都包含在第 1 章中。

第二个问题，什么是一致性？“一致性”也是一个在不同场景下被广泛使用的词语。在讲解这一部分时，我们首先帮助大家厘清各种“一致性”概念，区分了 ACID 一致性、CAP 一致性（在第 3 章还进一步区分了共识、一致性哈希）。然后，对一致性的强弱进行了明确的介绍，并介绍了常见的一致性算法，包括两阶段提交、三阶段提交。这些内容都包含在第 2 章中。

第三个问题，能否在分布式系统中实现一致性？CAP 定理直接阐明了分布式系统中无法实现绝对的一致性，而 BASE 定理则给出了实现部分一致性的思路。这些内容在本书的第 4 章介绍。

上述三个问题之间的关系，如图 13.2 所示。

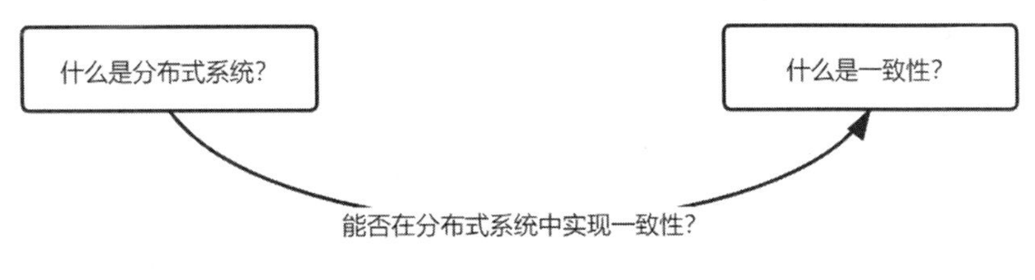

图 13.2　三个重要问题

简单来说，理论篇介绍了一个背景：分布式系统；给出了一个目标：一致性。然后探讨能否在该背景下实现该目标，以及如何实现该目标。

在理论篇中，除上述三个问题外，还有一个重要的概念，就是“共识”。**“共识”总会被错误地称为“一致性”，而“共识”只是分布式系统在实现一致性的过程中必然要经历的步骤。**所以说，“共识”概念既和“什么是一致性？”这一问题有关系，又和“能否在分布式系统中实现一致性？”这一问题有关系。理解好“共识”对于学习分布式系统非常重要。并且，共识领域中还包含了著名的 Paxos 算法。

一致性和共识的关系如图 13.3 所示。

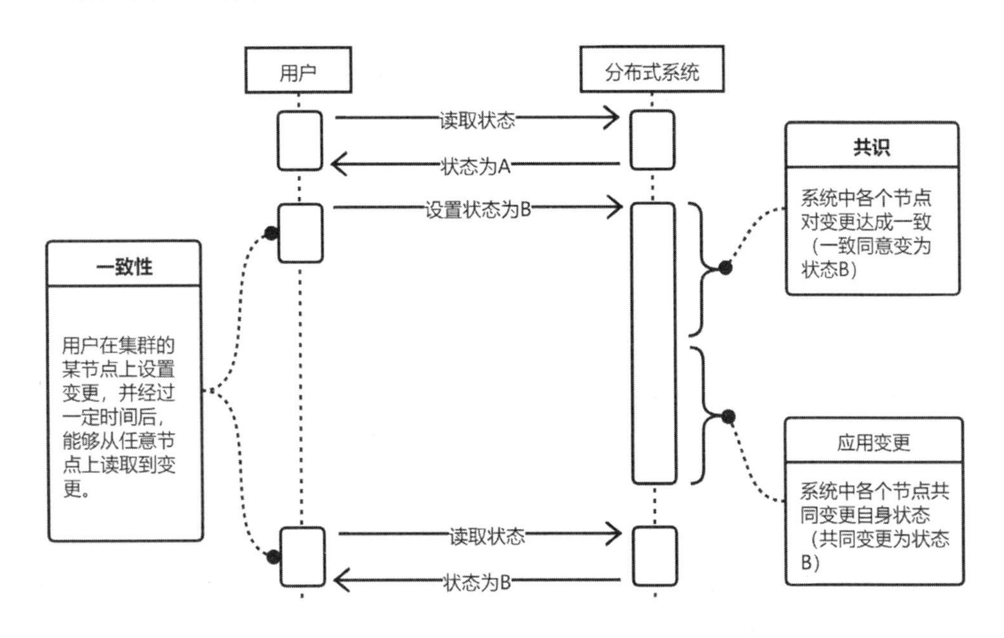

图 13.3　一致性和共识的关系

在第 3 章中我们介绍了共识，并详细阐述了共识算法 Paxos 及其演变形式。

13.2.2 实践篇

在实践篇中，我们以理论知识为指导，解决分布式系统设计和开发中的各项实际问题。

分布式系统面临的最主要问题就是分布式一致性问题，为了解决这个问题，我们进行了下面的工作。

首先，我们实现了分布式锁。这就是第 5 章的内容。

然后，以分布式锁为基础，我们实现了分布式事务。这是第 6 章的内容。

分布式锁实现了分布式系统内的变量级别的原子变更；分布式事务则实现了分布式系统内的程序片段级别的原子执行。这两者都为分布式一致性的实现提供了保证。

但分布式系统除了要面临分布式一致性这一难题，还要面临一些其他问题。

第一个问题，怎么让一群节点共同对外服务呢？服务发现就用来解决这个问题，确保外部系统能够准确地找到提供服务的合适节点。这是第 7 章服务发现部分的内容。

第二个问题，节点之间怎么高效通信呢？服务调用用来解决这个问题。这是第 7 章服务调用部分的内容。

第三个问题，怎么保证节点的正常工作呢？分布式系统往往由众多低廉的硬件组成，要确保它们不会被巨量的请求击垮。这就是服务保护问题，在第 8 章中介绍。

内部节点间的服务调用使用的协议可能是特殊的，并不一定与外部协议兼容，需要一个结构来完成内外协议的转换；服务保护的实现也需要一个具体的结构来承载。以上这两个需求就催生了网关，这是第 8 章网关部分的内容。

在以上各个问题的解决中，往往需要对一个接口展开重试调用，这要求接口满足幂等性。因此，我们在第 9 章讨论了幂等接口。

可见实践篇中各内容都是为解决分布式系统中的四个问题而产生的，并且各内容之间也是相互关联的。四个问题和各内容之间的关系可以简要表达为图 13.4 所示的形式。

另外，图 13.4 仅仅展示了各功能模块之间的主要关系，而不是全部关系。当一个功能模块开发完成后，实际是为整个系统赋予了对应的能力，其他功能模块都可以借助这种能力实现更为复杂的功能。因此，各个功能模块之间的依赖远比图 13.4 中表现得多。例如，服务调用模块可以借助分布式锁来防止请求被重复执行，服务发现模块可以借助分布式事务来实现节点的唯一命名，等等。

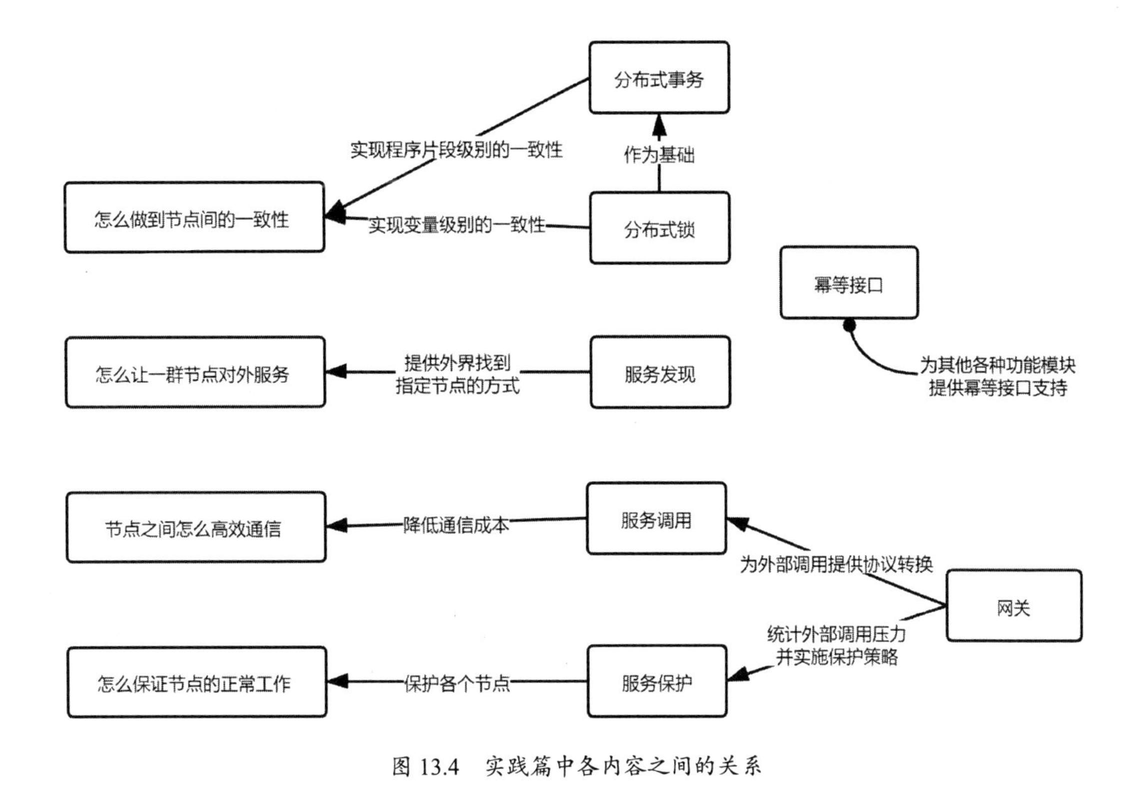

图 13.4　实践篇中各内容之间的关系

实践篇的内容就是理论篇内容的落地。通过实践篇的学习，我们能更清晰地了解设计和开发分布式系统时面临的实际问题和对应的解决方案。

13.2.3　工程篇

经过实践篇的梳理，我们发现分布式系统中面临的问题有很多，而且解决起来往往琐碎和复杂。在每个分布式工程中都一一解决上述问题且不留下漏洞是很困难的。于是，产生了众多的分布式中间件。

第 10 章介绍了常见的分布式中间件的种类，以及它们提供的服务类型。在众多的分布式中间件中，典型的框架有两类：一个是消息系统，另一个是分布式协调系统。

消息系统可以看作是一致性、可用性、分区容错性三者中间的润滑剂。首先，它将消息生产者和消费者进行了解耦。解耦使得消费者即使不在线，生产者也可以投递消息，这便保证了分区容错性。其次，它保证了消息的可靠送达。可靠送达使得最终一致性得以实现，进而保证了系统的可用性。

分布式协调系统则直接将分布式系统面临的一致性问题转移到了自身内部并加以解决。使用方可以像使用一个单体应用般使用一个分布式协调系统集群，而不用去关心分布式协调系统集群中的各个节点如何实现一致性。这大大地降低了分布式系统的搭建门槛。

在工程篇中，我们对以上两类中间件的设计思想、实现算法、主要结构、典型用例都进行了介绍。

另外，工程篇中介绍的中间件是实践篇中所述功能模块的升级和完善。这些中间件都经过业内顶尖开发者成千上万次的提交，在功能性、可靠性、易用性、规范性等各维度上都有着优异的表现。阅读这些中间件的源码不仅能让我们掌握它们的架构思路、实现原理、使用方法，更能让我们以此为圭臬找到自身架构能力、编程能力的不足，进而带来自身架构能力和编程能力的飞跃。因此，推荐大家阅读这些优秀开源项目的源码。

备注

阅读源码对于提升技术能力大有裨益，但是阅读源码也确实很难。“授人以鱼不如授人以渔”，作者出版了《通用源码阅读指导书》，以真实 MyBatis 源码为例向大家总结源码阅读的流程和方法。该书还对 MyBatis 的架构方式、实现技巧等进行了深入的剖析，有助于提升读者的源码阅读能力、编程架构能力。

写作本书时，《通用源码阅读指导书》已备受好评，并已发行繁体版。感兴趣的读者可以阅读，并希望它能在你的源码阅读过程中为你提供帮助，让你多一些收获。

13.3 总结与展望

13.3.1 总结

从理论到实践，从实践到工程。本书力求展现分布式系统的全貌，为大家梳理出完整的知识体系。

完整的知识体系是十分重要的，它能让我们在面对问题时有清晰的思路，而不是“知其然却不知其所以然”，陷入迷茫和混乱。

实际工作中，我们大多会直接使用成熟的工程框架，渐渐忽视理论知识的学习，这是很多读者反映分布式系统学起来很混乱的原因，也是作者决定写作本书的原因。

理论、实践、工程之间的关系如图 13.5 所示。

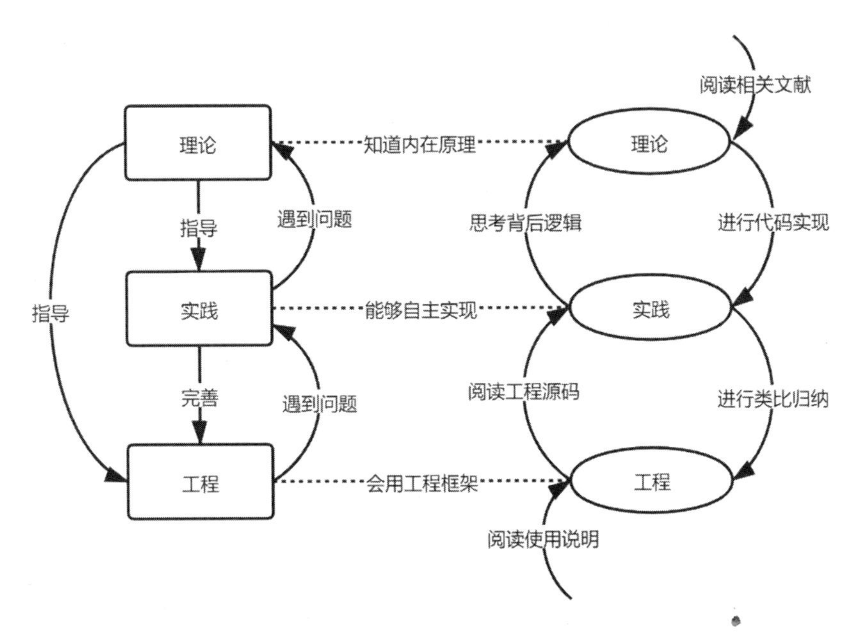

图 13.5　理论、实践、工程之间的关系

从图 13.5 的左侧可以看出，理论、实践、工程是互相关联的整体。

在图 13.5 的右侧，作者总结了理论、实践、工程三个层级的学习路线。我们可以从阅读使用说明入手掌握工程知识，然后逐步上浮，直到掌握理论知识；也可以从阅读相关文献开始掌握理论知识，然后逐步下沉，直到掌握工程知识。最终的目的都是建立起完整的知识体系。

希望这套学习路线能够给你带来启发。另外，真心希望本书能够解答你在分布式系统方面的疑惑，提升你的分布式系统架构能力。

13.3.2　展望

从单体应用到集群应用，从分布式应用到微服务应用，软件系统从未停止它的演化脚步。

分布式系统并不是终极形态，系统的演变过程仍在继续。

目前，我们所讨论的分布式系统多以对外服务为目的，如果各个节点不再追求对外服务，而侧重于节点间对等地互相服务，如完成文件共享、消息传递、流媒体等工作，那么系统便演化为对等（P2P）计算系统。

目前，我们所讨论的分布式系统的各个节点在网络拓扑上都是相邻的，如果各个节点在网络上分散开来，部署到各边缘节点上，于是，节点间的通信成本提高，而节点和用户之间的通信成本降低，那么系统便演化为边缘计算系统[11]。

目前，我们所讨论的分布式系统的各个节点都是完全可控的，如果各个节点的自主性进一步加强，完全不受控地加入和退出，且硬件资源等方面也进一步差异化，那么系统便演化为网格计算系统[12]。

此外，还有一些其他的演化形式，我们不再一一列举。

以本书介绍的知识体系为基础，研究以上任何一个领域都可以展开一幅浩瀚且有趣的知识画卷。本书仅作提及，留给感兴趣的读者继续探索。

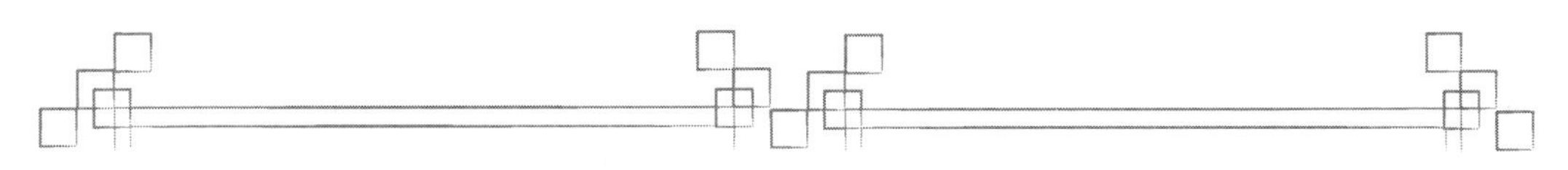

参考文献

[1] GeorgeCoulouris，Jean Dollimore，Tim Kindberg，著. 金蓓弘，马应龙，译. 分布式系统：分布式系统概念与设计[M]. 北京：机械工业出版社，2013.

[2] Andrew S. Tanenbaum，Maarten Van Steen，著. 辛春生，陈宗斌，译. 分布式系统原理与范型[M]. 北京：清华大学出版社，2008.

[3] 陈明. 分布系统设计的 CAP 理论[J]. 计算机教育，2013（15）：109-112.

[4] 易哥. 高性能架构之道：分布式、并发编程、数据库调优、缓存设计、I/O 模型、前端优化、高可用[M]. 北京：电子工业出版社，2021.

[5] 骥朱萍. 有限群表示论[M]. 北京：科学出版社，2006.

[6] 邵学才. 离散数学（修订版）[M]. 北京：清华大学出版社，2010.

[7] 郭晋云. 环与代数（第 2 版）[M]. 北京：科学出版社，2009.

[8] 冯刚. 离散数学[M]. 北京：清华大学出版社，2006.

[9] 邱晓红. 离散数学[M]. 北京：中国水利水电出版社，2010.

[10] 邓辉文. 离散数学（第 2 版）（计算机系列教材）[M]. 北京：清华大学出版社，2010.

[11] 施巍松，张星洲，王一帆，等. 边缘计算：现状与展望[J]. 计算机研究与发展，2019，56（1）：69.

[12] 徐志伟，冯百明，李伟，等. 网格计算技术[M]. 北京：电子工业出版社，2004，5.

反侵权盗版声明